化工冶金应用技术专著

普通高等教育"十三五"规划教材

北京大学工学院研究生教学参考书

Excel 解析化学反应工程学

袁章福　张　涛　徐　聪　王　志　编著

北　京

冶金工业出版社

2016

内 容 提 要

结合北京大学工学院、北京科技大学和中国科学院大学的本科或研究生课程,如化学反应工程学、清洁生产过程原理和工业生态学等的教学经验,编著本书。本书的宗旨是有益于读者从理论基础开始,加深对冶金与化学反应工程学的理解。本书首先介绍 Excel 方法解析的基础方法,然后分别针对物料守恒、流动、传热、蒸馏与蒸发、吸收、萃取、吸附、搅拌、粉体与集尘、加湿与干燥等进行了 Excel 数值方法解析。最后结合作者实际应用研究结果的实例,分别论述了组合式流化床氯化制取 $TiCl_4$ 和 $TiCl_4$ 高温气相氧化法反应器制备 TiO_2 科研结果。

本书适合于能源与资源工程、冶金工程、化学工程与技术和材料化学等相关专业的本科生、研究生学习阅读,对于一般工程科学和生物工程技术等方面的科研工作者以及使用 Excel 软件的人员也具有参考价值。

图书在版编目(CIP)数据

Excel 解析化学反应工程学/袁章福等编著 . —北京:
冶金工业出版社,2016.5
普通高等教育"十三五"规划教材
ISBN 978-7-5024-7229-0

Ⅰ. ①E… Ⅱ. ①袁… Ⅲ. ①表处理软件—应用—
化学反应工程 Ⅳ. ①TQ03-39

中国版本图书馆 CIP 数据核字(2016)第 105740 号

出 版 人 谭学余
地　　址　北京市东城区嵩祝院北巷 39 号　邮编　100009　电话　(010)64027926
网　　址　www. cnmip. com. cn　电子信箱　yjcbs@ cnmip. com. cn
责任编辑　刘小峰　李鑫雨　美术编辑　彭子赫　版式设计　杨　帆　孙跃红
责任校对　石　静　责任印制　牛晓波
ISBN 978-7-5024-7229-0
冶金工业出版社出版发行;各地新华书店经销;三河市双峰印刷装订有限公司印刷
2016 年 5 月第 1 版,2016 年 5 月第 1 次印刷
787mm×1092mm　1/16;18.5 印张;447 千字;286 页
39.00 元

冶金工业出版社　投稿电话　(010)64027932　投稿信箱　tougao@ cnmip. com. cn
冶金工业出版社营销中心　电话　(010)64044283　传真　(010)64027893
冶金书店　地址　北京市东四西大街 46 号(100010)　电话　(010)65289081(兼传真)
冶金工业出版社天猫旗舰店　yjgycbs. tmall. com

(本书如有印装质量问题,本社营销中心负责退换)

前　言

科学技术研究都要收集记录数据、编辑加工数据、分析统计数据并以适当的形式表达数据，来解释某个科学现象或者论证某一理论。这些科研数据处理过程和工程放大设计，均可在 Microsoft Excel 软件中进行。Excel 进行数据计算、分析和统计的主要特点是：操作简单易行、模型简明直观、函数种类繁多、易生成图表，并且备有一系列数据分析工具，故智能程度高、数据处理能力强。Excel 的另一特点是通用性强，能与其他数学分析软件相互传递以及能直接输入现代仪器以 ASCII 语言记录的实验数据。本书不详解 Excel 的菜单和指令，而是重点介绍 Excel 在数值分析上的应用。鼓励读者尝试使用书中未介绍到的指令，开发 Excel 的函数功能，遇到困难可利用 Excel 的"帮助"菜单。本书也未介绍如何应用 Excel 强大的数据库管理功能分析、归纳、总结和存放浩瀚的文献资料和数据信息。

本书的编写，融入了北京大学工学院、北京科技大学和中国科学院大学的本科或研究生课程，包括化学反应工程学、清洁生产过程原理和工业生态学等的教学经验，同时结合化工冶金领域的科研成果，展示了应用 Excel 数值处理和解析化工过程的实例，期望能够满足相关课程的教学与科研需求。

本书有益于读者加深对冶金与化学反应工程学基础理论的理解。书中的例题选取化学反应工程学（化学工学）教学和科研中的常见现象，着重介绍数值计算、方程求解、线性回归和非线性回归等的 Excel 使用方法和技巧。

本书第 1 章介绍 Excel 方法解析的基础方法，内容上力求浅显易懂、循序渐进，尽量用实例和图形说明操作步骤。第 2 章到第 11 章分别针对物料守恒、流动、传热、蒸馏与蒸发、吸收、萃取、吸附、搅拌、粉体与集尘、加湿与干燥进行 Excel 解析和数值处理。第 12 章和第 13 章为作者实际应用实例，分别论述了组合式流化床氯化制取 $TiCl_4$ 和 $TiCl_4$ 高温气相氧化法反应器制备 TiO_2。这两章内容出自国家"863"高技术研究发展计划课题和中国科学院知识创新工程重点资助项目成果。

本书初稿第1~8章由张涛撰写，第9~11章由袁章福撰写，第12章由徐聪撰写，第13章由王志撰写，袁章福定稿。

袁章福博士为北京大学工学院教授，博士生导师，中国科学院研究生院教授，中国科学院过程工程研究所兼职研究员，北京科技大学教授，"百人计划"引进国外杰出人才，日本东京大学客员教授，承担"863"、自然科学基金和"985"等十余项国家科技项目以及与日本、韩国合作的国际科研项目。

张涛于2008年1月获得大连理工大学应用化学工学硕士学位后，直接赴日本富士精细化工株式会社工作两年，从事化学产品研发及生产工作，现任职于北京振东光明药物研究院。

徐聪博士1997年毕业于清华大学化工系，2002年获得清华大学化学工程工学博士学位，现为清华大学核能与新能源技术研究院副教授。先后主持过多项国家自然科学基金项目和工信部"三废"治理专项等科技项目，并获得工业和信息化部国防科技进步二等奖（2008，2009）和中国石油和化学工业协会科技进步一等奖（2007）等多项奖励。本书第12章内容是根据国家自然科学基金项目"复合式流化床氯化高钙镁原料制取 $TiCl_4$ 的研究（20306030）"的研究成果撰写的。

王志博士2008年入选北京市科技新星计划，2014年获国家自然科学基金优秀青年基金资助，现为中国科学院过程工程研究所研究员。

本书的形成得益于作者在北京大学工学院、中国科学院大学化学学院和北京科技大学冶金系的教学经历。衷心感谢北京科技大学钢铁共性技术协同创新中心徐金梧、徐科、何安瑞、陈雨来、侯新梅教授和中国金属学会秘书长赵沛教授等。钢铁冶金新技术国家重点实验室薛庆国、杨天钧、郭占成、包燕平、李京社、胡晓军、焦树强教授和冶金与生态工程学院张立峰、邢献然、张建良、宋波、王福明、王静松、郭汉杰、徐安军教授等专家的支持帮助和宝贵意见，在此深表谢意。

第一作者指导的北京大学工学院研究生徐秉声、吴燕、张利娜、傅振祥、战亚鹏、王晨钰、周舟、江涌、吴湖、方艳、吴振华、邱腊松、娄元元、徐红艳、林路、王文静、陈军伟、徐致远，本科生朱元晴、顾佳欢、王启晨、韩琳、张翰宇、张海歌、陈嘉、郑裕贤、孔祥翔、戴城、韩鹏等，北京大学能源与资源工程系科研助理刘敬霞，对本书的编著进行了文献收集和书稿整理，在此表示感谢。

本书的出版得到了国家高技术研究发展计划"863"课题（高镁钙钛矿资源新型氯化工艺关键技术研究 2008AA06Z107、冶金炉窑微孔陶瓷管膜除尘器研制 2013AA065105）和国家科技支撑项目（菱镁矿高效制备重烧氧化镁新技术 2012BAB06B02）的资助，衷心感谢国家科技部社会发展科技司和中国 21 世纪议程管理中心资源环境技术领域的王磊、裴志永、王顺兵和樊俊博士等。另外，得到国家自然科学基金项目（CO_2 溅渣护炉质能转换和炉渣润湿机理的研究 51174008 和烧结烟气净化过滤脱硫脱硝一体化集成技术 U1560101）的支持，在此特别感谢工程与材料学部朱旺喜博士。

本书在编写过程中得到了日本东京大学月桥文孝教授、松浦宏行副教授和日本九州工业大学向井楠宏教授的指导和极大关照，在此一并深表诚挚的感谢和崇高的敬意。

化学反应工程学、材料与冶金物理化学、化学动力学等相关化学工学的研究生或课程目前都是采用书籍来进行教学。在电脑飞速发展、软件日新月异的今天，这些教学内容完全可以发挥计算机技术的优势来开展教学。本书尝试以 Excel 软件为方法解析化学冶金过程，期待能为 Excel 解析其他课程起到抛砖引玉的作用。

由于作者水平和经验所限，书中难免有疏漏和不妥之处，敬请各位读者和专家给予批评指正。

袁章福

2015 年 12 月于北京大学电教楼

目　　录

1 化工冶金学用 Excel 解题所需的基础知识

化工冶金学是化学工程与技术和冶金工程领域中重要的以计算为中心的边缘学科，它通过专业设备装置捕捉化学现象的具体数据进行计算，然后再模拟设计出一些设备装置[1]。基于上述原因，利用 Excel 工作表（worksheet）为工具进行设计和计算具有非常重要的意义。

另外，日常工作中，通过利用作图来预测数据的方法也经常使用，Excel 具备数据展示和处理的功能，是非常实用的工具。通过本书的学习，可以熟练掌握 Excel 的功能，并以此为基础来进行化工操作方面的计算。

1.1 算式和函数

构建数学模型来研究化工方面的问题，既直观又简洁，是解决化学工程问题最重要的手段[2]。Excel 的工作表中有很多的运算公式可以使用，是解决化工问题最常用的工具之一。另外，Excel 工作表中还配备了多种函数和统计分析工具，作为研究化工冶金领域的研究者，非常有必要熟练掌握使用 Excel 进行各种运算的能力。

Excel 伴随着 Windows 操作系统的发展，其操作版本也在逐年更新，其功能也在更新，现在比较普遍使用的是 Excel 2003 版。图 1 - 1 是 Excel 2003 版插入函数的窗口视图。本书也是按照这个版本编写教材。然而，2002 版和 2007 版也被大家广泛使用。Excel 2007 版（如图 1 - 2 所示）工作表的设计和文件管理有所变化，但软件本身的功能并没有发生太大变化，完全可以根据本书进行学习。

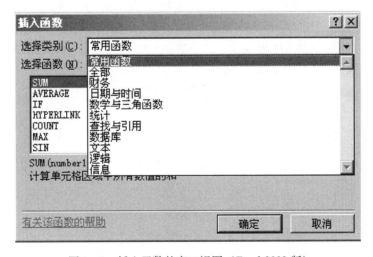

图 1 - 1　插入函数的窗口视图（Excel 2003 版）

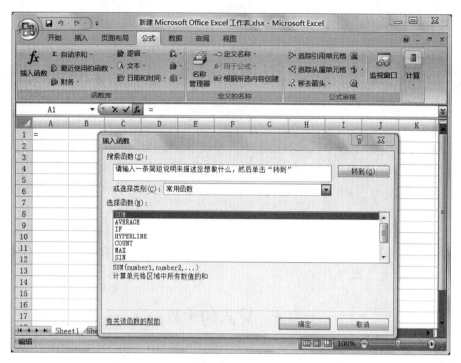

图 1 - 2 插入函数的窗口视图 （Excel 2007 版）

1.1.1 输入常量和公式

在 Excel 工作表中选定单元格或区域后，即可在所选的工作区输入常量和公式。常量是直接键入到单元格的数据，这些数据可以是文字和数值。常量的值不能改变，除非选定常量所在的单元格，在编辑框中进行修改。

常用的数字输入格式有"常规"、"数值"和"科学记数"，默认格式是"常规"。常规的格式不包含任何特定数字格式，将数字显示为整数、小数，或者在数字长度超出单元格宽度时，以科学记数形式表示。科学记数是用 E 表示的指数格式：$1.029E-04$ 表示 1.029×10^{-4}。数值格式用于一般数字表示。数值的表示和科学记数都要设置小数点位置，默认值是 2。化学问题常要考虑有效数字，小数点设置可保证数据有适当的有效数字，使数据排列规整。数字设置窗口，如图 1 - 3 所示。

图 1 - 3 单元格中的数字设置窗口

公式是由常量、单元格引用、名称、函数或操作符组成的一串序列，它以等号"="开始输入。利用公式可以从工作表中已有的值产生所需新值。它们的运算顺序同于一般算数运算规则。后续例题中，我们录入公式时，将使用到下面的算数计算符号。

算数计算符号有：

+   -   *   /   ^

加   减   乘   除   乘幂

自动填充功能是 Excel 表格计算的特有功能，可以利用行和列关联自动控制拷贝编辑。如图 1-4 所示，将鼠标的位置放到单元格的右下角，会出现一个黑色的"+"字，然后可以对相应的行和列进行拖拽。如果单元格使用"$"符号进行固定，将被作为是一个固定的数值使用。

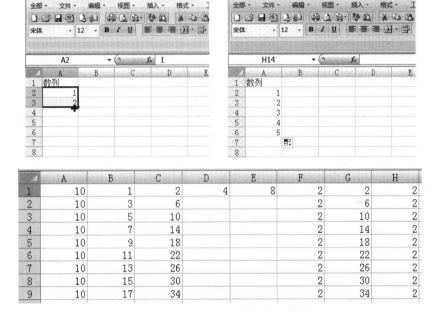

图 1-4 Excel 中的自动填充功能

Excel 通过地址和名字引用单元格或区域中的数据。在电子表格处理数据的过程中，单元格地址是系统运行的基本要素，借助它许多功能才可以正确执行。若被引用单元格的地址改变了，则被引用的公式中它的地址也随之改变；若被引用单元格的值改变了，则引用它的单元格也随之改变。

引用单元格的地址分为绝对地址、相对地址和混合引用地址[3]。相对地址的形式等同于普通单元格地址，即仅用列标和行号标示单元格。相对单元格是以活动单元格为基准，其他单元格地址相对此单元格的相对位置变化。绝对地址是 Excel 被引用单元在工作表的确切位置，不以任何单元格为基准。绝对地址的列标和行号前均加符号"$"，例如绝对地址 $E$2。混合引用地址只在行号或列标其中一个前面加符号"$"，表示对该行或该列绝对引用。例如 $E2 表示引用过程中列标不变，行号 2 随活动单元格改变而改变。E$2 表明列标 E 随活动单元格而变，行号 2 不变。

在介绍活动单元格及相对引用和绝对引用等概念之前，先介绍下 Excel 的自动填充功能，可以方便地输入有变化规律（如以固定值递增或递减）的一系列数据。这一功能可用鼠标拖拽填充柄，或用"编辑"菜单的"填充"指令完成。

现以图 1-4 为例介绍用拖拽填充柄自动填充过程：

（1）复制功能（A 列数据）。在 A1 单元格输入 10 后，选定 A1，鼠标指向填充柄，这时鼠标由空心十字（＋）变为实心十字（＋），按住左键不放，拖拽到 A9 单元格，所有单元格均填入 10。

（2）扩展序列（B 列数据）。B1 单元格输入 1，B2 单元格输入 3。选定 B1 和 B2 单元格，鼠标指针指向填充柄，将实心十字拖拽到 B9 单元格。Excel 根据 B1 和 B2 的递增量 2，继续填充下面的单元格，于是得：5，7，9…。

（3）相对引用（C 列数据）。在 C1 单元格输入公式：$=2*B1$，单击 Enter，C1 的值为 2。公式中 B1 是相对地址。选定 C1 单元格，使其成为活动单元格。若向下拖拽填充柄，公式引用地址的行号随之而变，C2 单元格为：$=2*B2(=6)$；C3 单元格为：$=2*B3(=10)$…。若向右拖拽，则公式引用地址的列标随之而变，D1 单元格为：$=2*C1(=4)$；E1 单元格为：$=2*D1(=8)$。

（4）绝对引用（F 列数据）。F1 输入：$=2*\$B\$1$，得到值 2。公式中 $\$B\$1$ 是绝对引用，选中 F1 后向下拖拽填充柄，自动填充同一值。在 F2，F3……单元格中的公式均为 $2*\$B\$1$，引用地址未变。

（5）混合引用（G 列和 H 列）。G1 输入公式：$=2*\$B1$，得到值 2。$\$B1$ 是混合引用地址，G1 为活动单元格后向下拖拽填充柄，列标不变，行号变。因此向下拖拽效果等同于向下拖拽相对引用公式（C 列）。H1 输入公式：$=2B\$1$，得到值 2。$B\$1$ 是混合引用地址，H1 为活动单元格拖拽填充柄，列标变，行号不变，向下拖拽填充柄效果等同于绝对引用（F 列）。

1.1.2　单变量求解

使用 Excel 进行数据预测方法中，有一种通过单元格就可以尽快得到最佳解的方法，叫做单变量求解（为得出特定结果而进行单变量求解，Goal Seek 方法）。这种方法对于预测与设定条件一致的单元格的数据有效。

例题 01

利用单变量求解二次方程式 $x^2+5x+1=0$。

如图 1-5 所示，在工作表上设定好数据，为了运行单变量求解，需要预先设定好公式输入单元格、目标单元格和可变单元格三个单元格。

	TREND	▼	X ✓ fx	=B4*D6^2+B5*D6+B6	
	A	B	C	D	E
1	二次方程式				
2	$x^2+5x+1=0$				
3	Goal Seek				
4	a=	1	公式输入单元格	=B4*D6^2+B5*D6+B6	
5	b=	5	目标单元格	0	
6	c=	1	可变单元格	-4.791288174	
7					

图 1-5　以二次方程的解法为例说明单元格的设定（初始值 $x_0=1$）

在 D4 单元格中输入二次方程。由于能够变化的单元格是方程式的解，应设定好初始化值。

单元格的设定

单元格 D4　= B4 * D6^2 + B5 * D6 + B6

单元格 D5　设定为 0

单元格 D6　初始值设定为 1

由于单变量求解计算只可以得到一个解，应该注意二次方程也会出现两个实根的情况。

为了判定二次方程有几个解，使用散点图中的图表确认也很重要。

具体如图 1-6 所示，画出 $y = x^2 + 5x + 1$ 的图表，与 x 轴的交点在 0 附近和 -5 的附近。

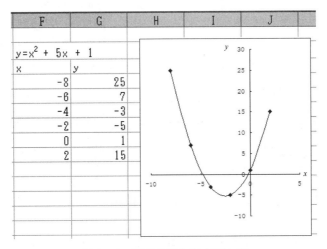

图 1-6　图表显示方程有两个根

通过菜单栏中的"工具"选择"单变量求解"。按照图 1-7 进行单变量求解的设定，执行命令后会变成像图 1-8 一样的结果，仅可以得到一个解 -0.2087。这个方程式还有一个解，有必要求出。得到的根 -0.2087 是可变单元格的数值为 1 时求得的，必须理解为得到的是接近于 1 的解。这个方程式接近 -5 时也有解，单元格 D6 中输入 -5 以后再计算，如图 1-9 所示。

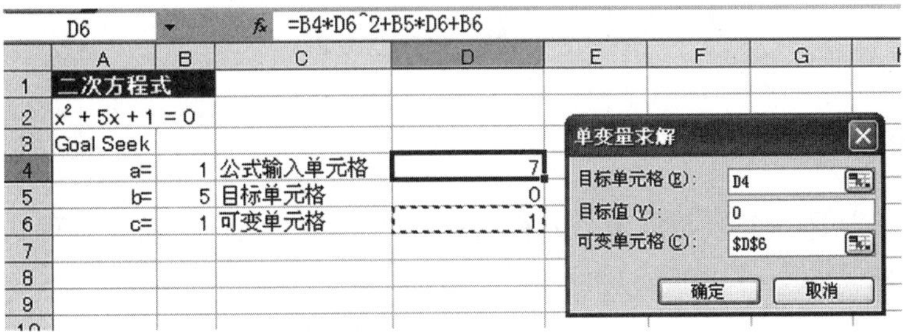

图 1-7　单变量求解的对话框中进行单元格的设定

图 1-8 解的结果 1

图 1-9 再次计算（初始值 $x_0 = -5$）

单元格的设定

单元格 D4   = B4 * D6^2 + B5 * D6 + B6   算式输入单元格（单变量求解）

单元格 D5   0   目标值

单元格 D6   最适解   可变单元格

单变量求解的初始设定值是 -5 时，就会得到如图 1-10 一样的结果，得到的另一个解为 -4.79。

需要注意的是，只有在知道存在几个解的情况下，才可以运用单变量求解计算。

图 1-10 解的结果 2

1.1.3 规划求解

当方程式不单是一个，而是多个方程式存在的情况，也就是联立方程式求解时，可以利用规划求解器（Solver）求解。

例题 01

将下述三元联立方程用规划求解器计算求解。

$$\begin{cases} 3x + y + z = 2 \\ x + 3y + z = 0 \\ x + y + 3z = 5 \end{cases}$$

如图 1 - 11 所示，按照三元联立方程式于工作表中对单元格进行设定。

在规划求解器中输入算式，需要设定好目标单元格。由于有三个方程式，要设定三个目标单元格。目标值是方程式的结果值，同单变量求解一样进行设定。可变单元格也是为了求解，设定好初始值。

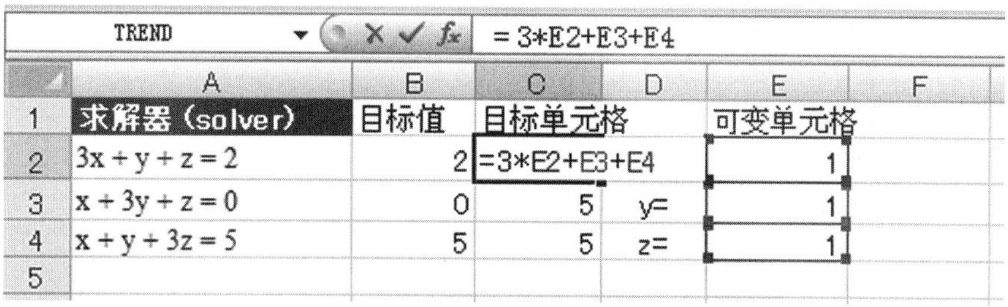

图 1 - 11　算式参数的设定

单元格的设定

单元格 C2　　$= 3 * E2 + E3 + E4$

单元格 C3　　$= E2 + 3 * E3 + E4$

单元格 C4　　$= E2 + E3 + 3 * E4$

设定好目标单元格及其他单元格的数值。

从菜单栏的"工具"中选择"规划求解"，点击窗口"约束"中的"添加"，就会显示成如图 1 - 12 所示的添加约束条件的窗口。约束条件通过目标值设定后，显示结果如图 1 - 13 所示。设定好可变单元格，添加下面两个联立方程式的限制条件后，点击"求解"，就会变成如图 1 - 14 所示的结果。

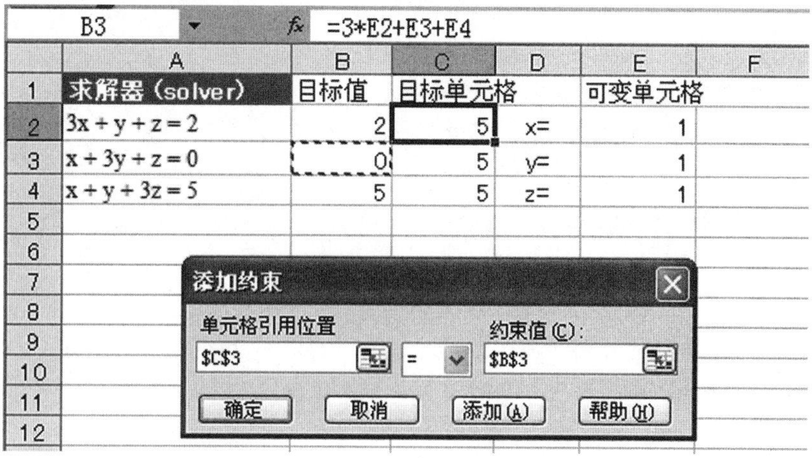

图 1 - 12　添加约束条件的单元格设定

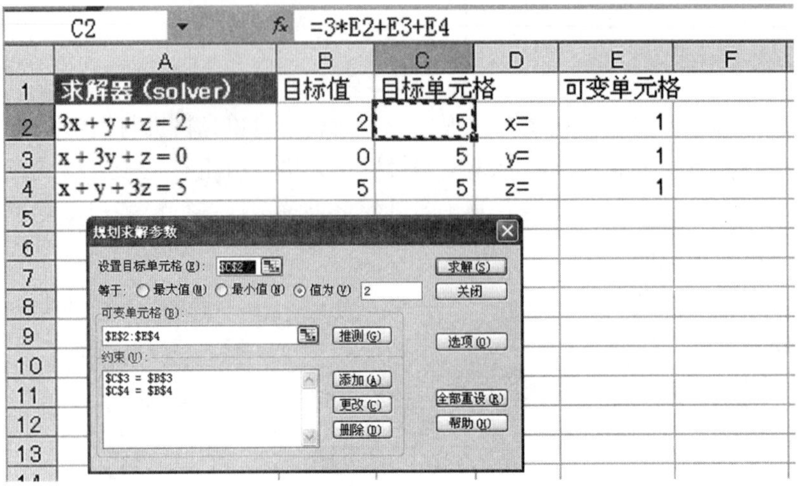

图 1-13 追加三个约束条件的设定

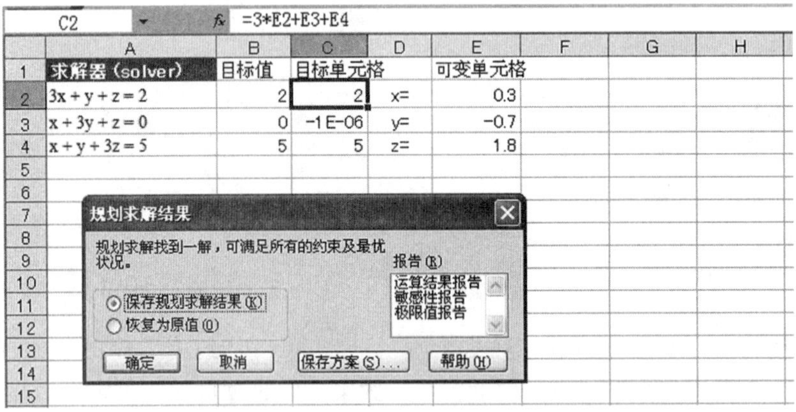

图 1-14 最适解的结果（规划求解结果）

单元格的设定

单元格 C2 $= 3 * E2 + E3 + E4$ 目标单元格 1（Solver）

单元格 C3 $= E2 + 3 * E3 + E4$ 目标单元格 2（Solver）

单元格 C4 $= E2 + E3 + 3 * E4$ 目标单元格 3（Solver）

单元格 B2   2   目标值 1

单元格 B3   0   目标值 2

单元格 B4   5   目标值 3

单元格 E2   x 最适解   可变单元格 1

单元格 E3   y 最适解   可变单元格 2

单元格 E4   z 最适解   可变单元格 3

从结果可以看出求得的解为 $x = 0.3$，$y = -0.7$，$z = 1.8$。

确认如图 1-14 所示报告栏的解答后，解答报告可以用其他工作表进行显示。上述操作即是利用 Excel 中的"规划求解"（Solver）进行运算。

1.2 数据的处理和图表表示

Excel 工作表广泛用于分析实验数据，数据量有时很大，若手动将数据录入到各个单元格，则既费时、费力，又容易出差错，因此需要一种直接导入数据的输入法。现在已有专门的软件，可以将仪器采集到的信号直接转换成 Microsoft Excel，成为 Excel 数据工作表。

大多数现代仪器用计算机控制，数值化采集信号，分析数据和结果被存放到数据文件。电脑操作的仪器通常有多种存盘或输出方式，Excel 可用"打开"指令直接导出以"文本文件"形式存储的文件。有些数学分析和科学绘图软件，如 Origin，有以 Excel 格式输出的存储选项。

化学工程中，如图 1 - 15 所示，圆形管中的流体摩擦系数的图表也经常用到，可以从图表中读取最适数据。

这个图表中所描述的解答曲线实验式的例题于第 3 章中还要提到，问题的解决需要从图表中读取数据。解决化工冶金方面的问题，也必须具备从图表中获取数据的技能。

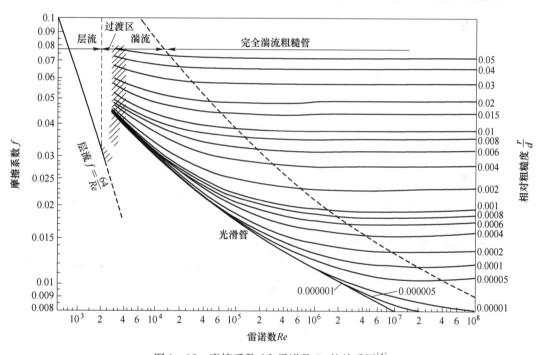

图 1 - 15 摩擦系数 f 和雷诺数 Re 的关系图[4]

例题 01

摩擦系数 f 与 Re 如图 1 - 15 所示，相关平滑管的卡尔曼公式如下式时，作图表示出 f 与 Re 的关系。

$$\frac{1}{\sqrt{f}} = 4.0\log(Re\sqrt{f}) - 0.4$$

首先，按照上述的算式，进行如图 1 - 16 所示的设定。卡尔曼公式中的对数是常用对数，使用工作参数中的"LOG（ ）"。然后在 C 列中相关的每行都进行单变量求解，求得

未知数 *f* 的解，就会变成如图 1－17 所示的窗口。

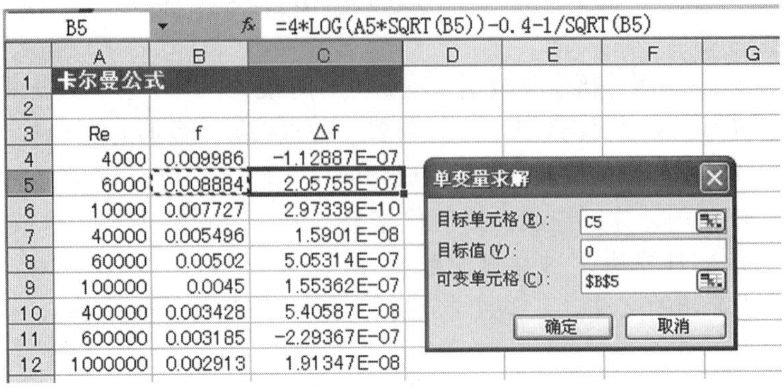

	A	B	C
1	卡尔曼公式		
2			
3	Re	f	Δf
4	4000	0.009986	-1.12887E-07
5	6000	0.008884	2.05755E-07
6	10000	0.007727	2.97339E-10
7	40000	0.005496	1.5901E-08
8	60000	0.00502	5.05314E-07
9	100000	0.0045	1.55362E-07
10	400000	0.003428	5.40587E-08
11	600000	0.003185	-2.29367E-07
12	1000000	0.002913	1.91347E-08

图 1－16　数据、算式和单变量求解的设定

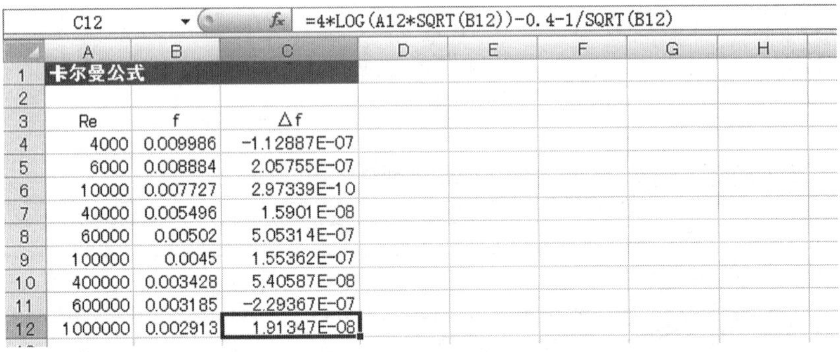

	A	B	C
1	卡尔曼公式		
2			
3	Re	f	Δf
4	4000	0.009986	-1.12887E-07
5	6000	0.008884	2.05755E-07
6	10000	0.007727	2.97339E-10
7	40000	0.005496	1.5901E-08
8	60000	0.00502	5.05314E-07
9	100000	0.0045	1.55362E-07
10	400000	0.003428	5.40587E-08
11	600000	0.003185	-2.29367E-07
12	1000000	0.002913	1.91347E-08

图 1－17　计算结果

单元格的设定

单元格 C4　=4 * LOG(A4 * SQRT(B4)) - 0.4 - 1/SQRT(B4)　目标单元格 1(规划求解)

单元格 B4　最适解　可变单元格 1

单元格 B5　从单元格 C5 开始到单元格 B12:C12　单元格 B4:C4 用相同的方法用规划求解计算。目标值的设定都是 0。

LOG（）是常用对数的函数，于引数中它是以 10 为底的常用对数，以对数值输出。对数函数中，以自然数（e）为底的函数是自然对数，用 LN（）表示运算功能。

SQRT（）是平方根的函数，引数中以平方根值的形式输出。这个工作函数于 VBA 中的平方根函数以 Sqr（）的形式，使用中请注意它们的不同。

然后，计算结果使用图表进行表示，选择菜单栏中的“插入”，点击“图表”中“散点图”，进行图表设定，如图 1－18 所示。解决化工问题的图表大都使用散点图。使用平滑线散点图的图表类型进行作图。

“图表向导”的对话框共有四枚提示板，图 1－16 为第一枚（步骤 1）。第二枚提示板进行添加数据等操作。

“图表向导”的第三枚提示板（如图 1－19 所示）基本是所有相关散点图的设定。坐标轴上加上标题，去掉网络线和图例。

　　图 1 – 19 完成之后点击右下角的"完成（F）"，粗略的散布图将于工作表上表示出来。

　　在散点图上中间部位双击或右击选择"绘图区格式"，如图 1 – 20 所示将边框设定成"黑色"，区域设定成"空白"。

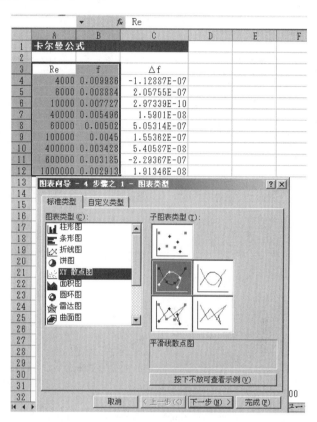

图 1 – 18　散点图的设定

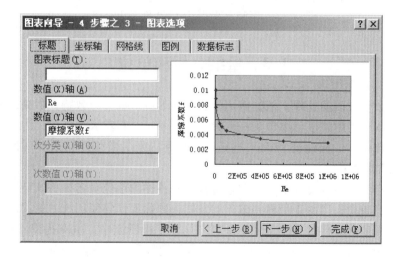

图 1 – 19　通过图表选项进行图表设计

　　用散点图表示的情况，像这个例题中的坐标轴刻度格式有必要使用对数轴，如图 1 -
21 所示的提示板，将坐标轴格式选择"对数刻度"表示。这样，就可以完成显示以对数
刻度坐标轴模式的图表，如图 1 - 22 所示。

　　图表的表示方法还有很多种，随后续章节的学习适当地加以说明。

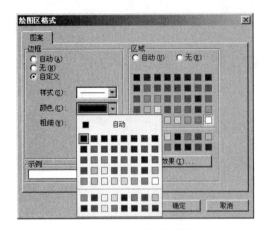

图 1 - 20　绘图区的设定

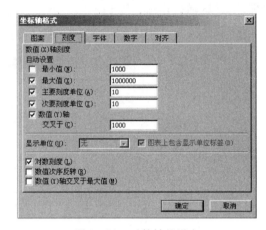

图 1 - 21　对数轴的设定

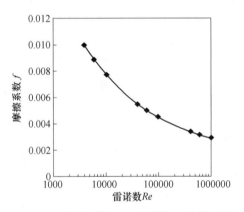

图 1 - 22　摩擦系数 f 和雷诺数 Re 的关系图

1.3　量纲分析和单位

　　对于物性数值方面的处理，依据使用什么样的单位，也会导致物性数值本身的等级产
生差异。如天气预报中，压力单位用一个大气压（atm）来表示；最近，为了描述天气图
上的大气压，单位 Hectopascal（hPa）也逐渐被使用。压力单位中帕斯卡（Pa）为国际单
位制（SI），推荐使用。

　　在化工冶金学的研究过程中，经常会碰到各种各样的单位。各国因文化差异各自沿用
其历史中常用的单位，但由于世界一体化的发展，国际上倡导使用统一的国际单位，SI 单
位体系，国际单位被提倡优先使用。于是，在化学工程研究中，也有提倡不要使用"L"，
应使用统一单位"dm^3"。但是，"升"（L）是我们日常生活中所经常使用的单位，相反
"dm^3"在生活中却没有普遍使用。在化学工程的研究中，如果强制使用"dm^3"代替

"L"的话，可能会让很多人困惑。就像知晓其他的外语要比仅会国语能够得到更多知识一样，生活中经常使用的单位，我们理解为原则上也可以使用。基于上述原因，实际工作中还会碰到各种各样的单位，因此在单位使用方面，我们应该学习它们的换算方法，深入研究科学的本质。

例题练习中虽然使用了各种各样的单位，但是按照 SI 单位系统进行整理后，发现所有单位都可以用基本单位表示对应的物理量，基本单位见表 1-1。

表 1-1　对应基本物理量的 SI 基本单位

物理量	名称	符号	物理量	名称	符号
长　度	米	m	物质的量	摩尔	mol
质　量	千克	kg	电　流	安培	A
时　间	秒	s	光的强度	坎德拉	cd
温　度	开尔文	K			

为了描述物理量大小级别的程度，需要加上前缀作为辅助单位，见表 1-2 的规定。

表 1-2　SI 单位系统的辅助单位

尺寸	前缀	符号	尺寸	前缀	符号
10^{-1}	deci	d	10	deca	da
10^{-2}	centi	c	10^2	hecto	h
10^{-3}	mili	m	10^3	kilo	k
10^{-6}	micro	μ	10^6	mega	M
10^{-9}	nano	n	10^9	giga	G
10^{-12}	pico	p	10^{12}	tera	T
10^{-15}	femto	f	10^{15}	peta	P
10^{-18}	atto	a	10^{18}	exa	E

七个基本单位推导出的单位有 10 个，见表 1-3。

表 1-3　SI 单位体系的导出单位

物理量	名称	符号	SI 单位的定义	物理量	名称	符号	SI 单位的定义
能量	焦耳	J	$kg \cdot m^2/s^2$	电荷	库仑	C	A/s
力	牛顿	N	$kg \cdot m/s^2$	电压	伏特	V	$kg \cdot m^2/(s^3 \cdot A)$
压强	帕斯卡	Pa	$kg/(m \cdot s^2)$	电阻	欧姆	Ω	$kg \cdot m^2/(s^3 \cdot A^2)$
功率	瓦特	W	$kg \cdot m^2/s^3$	电导率	西门子	S	$A^2 \cdot s^3/(kg \cdot m^2)$
频率	赫兹	Hz	s^{-1}	电容	法拉第	F	$A^2 \cdot s^4/(kg \cdot m^2)$

以上是根据 SI 单位体系的规定整理出来的单位，是化工冶金学中所经常使用的单位。确认基本单位和相关导出单位的惯用单位是非常重要的工作。

例题 01

能量的单位除焦耳（J）以外，erg、cal、L·tm 也经常使用，请用 Excel 工作表进行单位换算。

有关能量单位的换算如图 1 – 23 所示。

N16			f_x	
	A	B	C	D	E
1	能量单位				
2					
3		J	erg	cal	Latm
4	1 J	1	1.00E+07	0.239006	0.009869
5	1 cal	4.184	4.18E+07	1	0.041293
6	1 Latm	101.325	1.01E+09	24.21726	1
7					

图 1 – 23　计算结果

单元格的设定

单元格 C5　= B5 * C4

单元格 C6　= B6 * C4

单元格 D4　= 1/B5

单元格 D6　= B6/B5

单元格 E4　= 1/B6

单元格 E5　= B5/B6

例题 02

体积的单位除 dm^3 以外，L、cm^3、m^3 也经常使用，请用 Excel 工作表进行单位换算。

有关体积单位的换算，如图 1 – 24 所示。

K18			f_x	
	A	B	C	D	E
1	体积单位				
2					
3		L	dm^3	cm^3	m^3
4	1 L	1	1	1000	0.001
5	1 dm^3	1	1	1000	0.001
6	1 cm^3	0.001	0.001	1	0.000001
7	1 m^3	1000	1000	1000000	1
8					

图 1 – 24　计算结果

单元格的设定

由于体积的单位换算都是 10 倍级数的倒数关系，这里省略单元格的设定。

例题 03

压强的单位除帕斯卡（Pa）以外，气压（atm）、mmHg（水银柱）、N/m^2（牛顿力学理论）也经常使用，请用 Excel 工作表进行单位换算。

有关压强单位的换算如图 1 – 25 所示。

L23

	A	B	C	D	E
1	压强单位				
2					
3		atm	mmHg	N/m²	Pa
4	1 atm	1	760	101324.3	101324.3
5	1 mmHg	0.001315789	1	133.3214	133.3214
6	1 N/m²	9.8693E-06	0.0075007	1	1
7	1 Pa	9.8693E-06	0.0075007	1	1
8					
9	g	9.80665	m/s²		
10	d_{Hg}	13595	kg/m³		

图 1-25 计算结果

单元格的设定

单元格 D4 = C4/1000 * B10 * B11

单元格 D5 = D4 * B5

单元格 C6 = 1/D5

单元格 B5 = 1/C4

压强的单位是通过重力加速度 g 和水银的密度计算出来的，如上所示设定好算式。

例题 04

用 Excel 工作表将气体常数 R 用各种单位换算后表示。

国际单位体系推荐使用“J”（焦耳，Joule）作单位。

将气体常数 R 用各种单位换算后表示，如图 1-26 所示。

计算时经常使用的数值有 0.08206L·atm/(K·mol)，8.3144J/(K·mol)，1.987cal/(K·mol)。将其换算后，变成随时可以使用的数值会非常方便计算。

B9 =B8*E12*E10

	A	B	C	D	E	F	G
1	气体常数R						
2							
3	状态方程式 PV=nRT						
4	P	1	atm	1atm 相当于每cm²施加1kg重的压力。			
5	V	22.414	L	g	9.80665	m/s²	
6	T	273.15	K	d_{Hg}	13595	kg/m³	
7	n	1	mol	T	237.15	K	
8	R	0.08206	Latm/Kmol	水银柱	0.760	m	
9		8.3144	J/Kmol	1atm	101324.3	N/m²	kgm/s²·m²
10		1.987	cal/Kmol		101324.3	Pa	kg/s²m
11				1L	1	dm³	
12					0.001	m³	
13				1 cal	4.184	J	

图 1-26 数据、算式的设定及计算结果

单元格的设定

单元格 E9 = E8 * E6 * E5

单元格 B8 = B4 * B5/B6/B7

单元格 B9 = B8 * E12 * E10

单元格 B10 = B9/E13

为了能够使气体常数 R 用各种单位的数值表示出来，进行算式设定。

　　化学工程研究中，解释复杂现象的情况特别多，有时理论上解析也比较困难。为了解释某种复杂的现象，需要将其所关联的所有物理情报掌握后，研究他们之间的关系、列出算式，以及与现象有关的物理量关系式，将左边和右边的量纲（也叫因次）进行分析而解决问题的方法，称为"量纲分析"。

　　组合的基本量纲有：长度（L）、时间（T）、质量（M）、电荷（Q）、温度（D）。举个例子来说，按照量纲分析，压强是单位面积上的压力，力是质量与加速度的乘积。

$$[力] = [质量] \times [加速度] = [M] \times [L/T^2] = [M][L][T]^{-2}$$

$$[压强] = [压力]/[面积] = [MT^2/L]/[L^2] = [M][L]^{-1}[T]^{-2}$$

例题 05

　　对于圆形管内流动的流体，与流量相关的物理量有横截面积（A）、平均流速（$\bar{u}$）、体积流量（Q），将这些物理量的关系表达式进行量纲分析。

　　将关联的关系式先写成：

$$f = (A)^a (\bar{u})^b (Q)^c$$

　　f 暂时被视为量纲为 1。将这些物理量的量纲符号（基本单位）表示后，就会变成如下所述的式子：

$$[-] = [L^2]^a [L/T]^b [L^3/T]^c = [L]^{2a+b+3c} [T]^{-b-c}$$

　　这样的话，基本单位就是长度 L 和时间 T。

　　因为

$$2a + b + 3c = 0$$
$$-b - c = 0$$

　　依据上述条件，可以得到

$$c = -b$$
$$a = b$$

　　因此，结果变成

$$f = (A)^b (\bar{u})^b (Q)^{-b} = \left(\frac{A\bar{u}}{Q}\right)^b$$

$$\frac{A\bar{u}}{Q} = f^{1/b} = 1$$

$$Q = A\bar{u}$$

　　也就是体积流量可以用横截面积和平均流速的乘积来表示。

例题 06

　　雷诺数（Reynolds number）是用来表征流体流动情况的量纲为 1 的数，请说明它的量纲为 1。

　　雷诺数，按照下式被定义：

$$Re = \frac{Du\rho}{\mu}$$

　　但是，D 是管道的直径、u 是流速、ρ 是流体的密度、μ 是流体的黏度。用这些物理量的基本单位表示后，结果量纲变成 1。

$$[Re] = [L]\left[\frac{L}{T}\right]\left[\frac{M}{L^3}\right]\left[\frac{M}{LT}\right]^{-1} = \left[\frac{M}{LT}\right] \cdot \left[\frac{M}{LT}\right]^{-1} = 1$$

1.4   VBA 和数据计算法

解决化工冶金学中的问题，有物料守恒关系图、图解式数学模型等解析方法。另外，建立好算式模型之后，方程式需要根据各种单位进行计算操作的情况很多。要求得方程式的最适解，可以使用之前我们讲过的单变量求解和规划求解进行计算。

将测定的数据统计汇总后求出实验式，像这种情况，用散点图表示出对应的数据点后，右击图表上的数据点选择"添加趋势线"，就会出现如图 1 – 27 所示的对话框，可以根据需要满足的事项选择趋势曲线的类型。如图 1 – 27 所示，Excel 具有六组"趋势预测/回归分析类型"的趋势线用于近似分析。

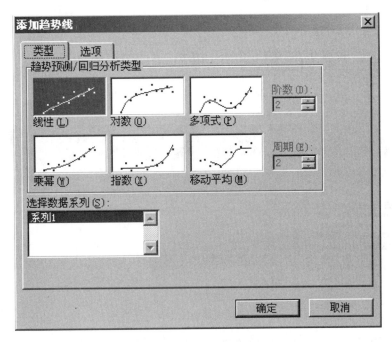

图 1 – 27　趋势线的类型

数学解析技巧中的微分和积分于 Excel 功能中并没有直接配备。由于没有其相应的功能，可以依靠 VBA 宏（Excel 所使用的程序语言）进行编写程序来进行数据的运算。

VBA 是 Visual Basic for Application 的缩写，是为了制作 Excel 等 Microsoft Office 软件而进行编写程序语言的编写程序。能将程序制作成什么样的自动化水准要看使用者的水平。其宏代码是通过 VBE（Visual Basic Editor）的工具编辑画面构筑的。用 VBE 进行表示，画面的左侧将展现项目资源管理器和属性两个窗口，右侧的窗口可以录入代码构筑程序。VBA 编写程序是这个程序中很小的一个工序单元。几个程序集结在一块儿才可以构成一个模块。将模块进行汇总集成后会使工作变得很方便。

这里，要说明一下 VBA 宏中编写程序的导入，虽然是依据 2003 版的 Excel 进行讲解，与 Excel 2007 版的菜单画面或图标的表示多少有些不同，但是几乎都是使用相同的 Visual Basic 文法，以本书中的例题来尝试说明和学习宏的使用和运用。

例题 01

通过温度的单位换算将华氏温度 $T_F(°F)$ 变换成摄氏温度 $T_c(℃)$，按照用户定义的函数进行换算。

$$T_C = \frac{5}{9}(T_F - 32)$$

首先，如图 1-28 所示，从工具栏中点击为进行 VBA 宏代码编辑的"VBE 编辑器"的图标。这样就会出现如图 1-29 所示的编辑画面，从菜单栏中选择"插入"点击"模块"后，就打开了程序代码的画面，然后，再从"插入"的菜单栏中点击"过程"。

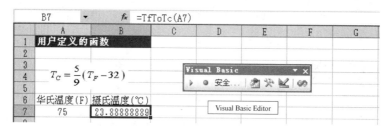

图 1-28　点击 VBE 编辑器图标的画面

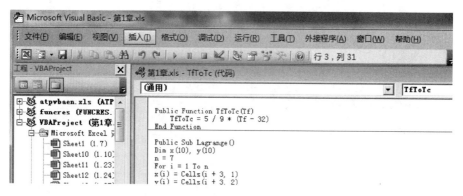

图 1-29　VBE 编辑器画面中"过程"的插入

为了设定用户定义的函数，出现如图 1-30 所示的提示窗。这里，我们为了解题的方便将函数的名称设定为"TfToTc"。然后，录入宏代码，如图 1-31 所示。

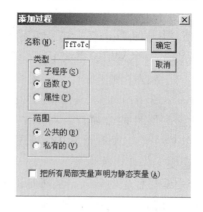

图 1-30　命名为"TfToTc"和添加命名的程序

图1-31 命名为"TfToTc"的宏代码

定义的函数所使用的VBA文法中的文件名与计算时的变量要一致，这种情况下，可以使得文件名与变量一致。

作成的用户定义函数"TfToTc"，在运行参数的一览表中找到后运行，就会显示如图1-32所示的画面，如图1-33所示为指定函数的参数。

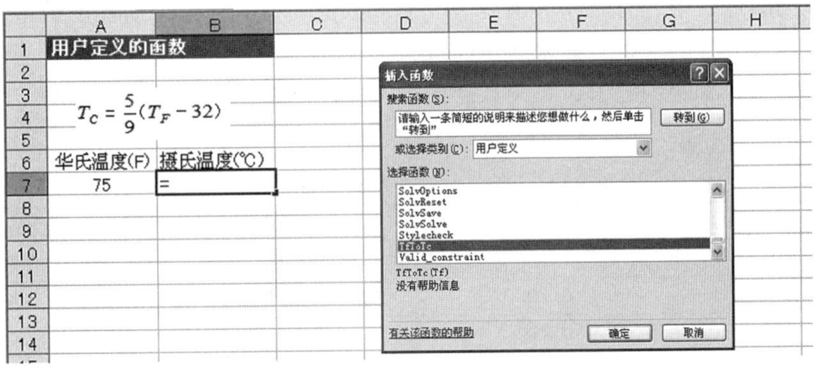

图1-32 插入作好的用户定义函数

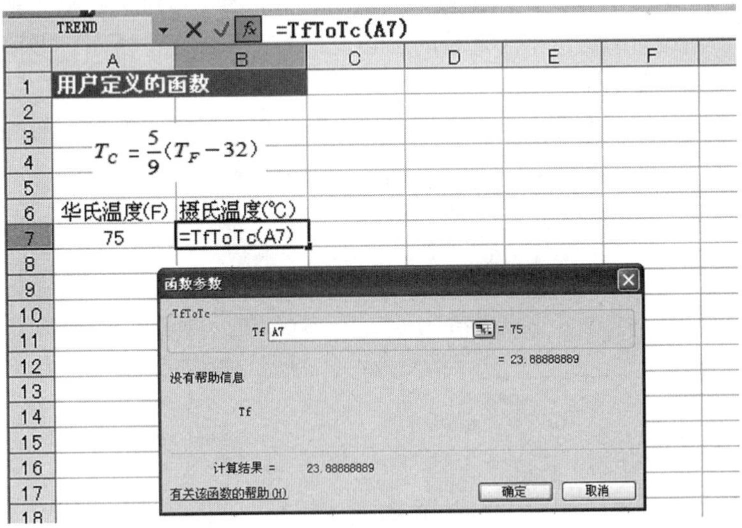

图1-33 工作表中B7单元格用户定义函数的设定和指定参数

单元格的设定

单元格 B7　　=TfToTc(A7)

指定用户定义的函数。

　　最终的计算结果如图 1 - 34 所示。函数即工作表中的数据处理都是以参数的形式运行的。

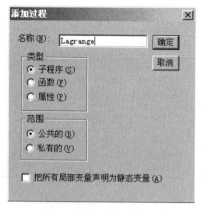

图 1 - 34　计算结果

　　测定数据的过程中，有时候会出现需要插入数值的情况。如果需要的数值在直线关系式中，可以通过差分法求解，如果居于曲线关系式中，则需要使用拉格朗日多项式插入值法求解。本书第 5 章的例题中，表中数据的插入就使用了拉格朗日多项式的 VBA 宏程序。

例题 02

　　下表给出了甲醇—水体系的液相 x 和气相 y 的摩尔组分比率。求 $y = 0.5$ 时的插入值。

x_M	y_M	x_M	y_M
1	1	0.287	0.593
0.756	0.925	0.177	0.430
0.574	0.838	0	0
0.415	0.727		

　　查看测定的数据，$y = 0.5$ 的附近没有固定的数值，有必要插入值后求解。这里，我们使用拉格朗日多项式插值法，基于此目的，必须编写宏代码。拉格朗日多项式插值法的详细计算，需要参照专业的工具书[5]。

　　程序设定好后，如图 1 - 35 所示，指定子程序，命名程序的为 "Lagrange"。

图 1 - 35　子程序的指定和代码名（Lagrange）

　　根据拉格朗日多项式插值法，将程序和数据表录入，如图 1 - 36 所示。

　　按照 VBA 文法的命令代码是以蓝色的字体显示的。图 1 - 37 说明了每行代码相对应的意思。

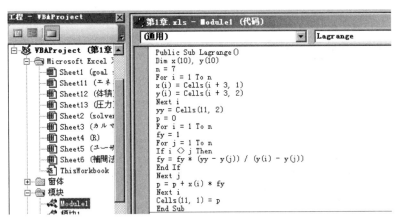

图 1-36 模块 1 中 "Lagrange" 的宏录入数据

```
Public Sub Lagrange()            Lagrange 的插入
Dim x(10), y(10)                 制定排列
n = 7                            数据数目的指定
For i = 1 To n                   数据的读取
x(i) = Cells(i + 3, 1)           单元格 A4: A10→x(i)
y(i) = Cells(i + 3, 2)           单元格 B4: B10→y(i)
Next i
yy = Cells(11, 2)                指定单元格 B11 的读取
p = 0                            指定单元格 B11 的读取
For i = 1 To n
fy = 1
For j = 1 To n
If i <> j Then
fy = fy * (yy - y(j)) / (y(i) - y(j))
End If
Next j
p = p + x(i) * fy
Next i
Cells(11, 1) = p                 插入数值后的输出
End Sub
```

图 1-37 Lagrange 插值法插入的 VBA 代码

完成的拉格朗日多项式插值法的"宏"运行后如图 1-38 所示。计算结果如图 1-39 所示，结果为 $x = 0.223$。

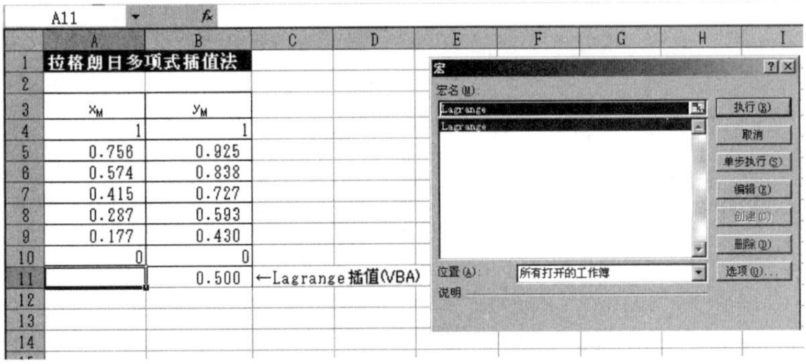

图 1-38 "Lagrange" 程序的运行

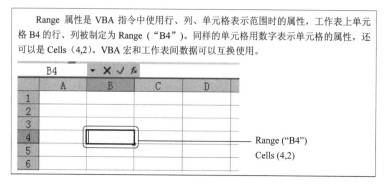

图 1-39　计算结果

单元格的设定
单元格 A11　使用拉格朗日多项式插值法计算之后的插入值

"Lagrange"的宏代码如图 1-37 所示。

各行命令的意思已在图 1-37 中进行了说明，数据运算方面请参考专业的书籍[5]。

Excel 功能中，没有配备"积分"和"微分"的计算方法，这些数据的计算，均需要利用 VBA 的宏代码进行编程计算，要实现宏和工作表上数据的互换需要使用到 Range（）函数，如图 1-40 所示。

> Range 属性是 VBA 指令中使用行、列、单元格表示范围时的属性，工作表上单元格 B4 的行、列被制定为 Range（"B4"）。同样的单元格用数字表示单元格的属性，还可以是 Cells（4,2）。VBA 宏和工作表间数据可以互换使用。
>
> ——— Range（"B4"）
> Cells（4,2）

图 1-40　宏和工作表上数据的互换

有关积分方面，第 8 章吸附方面的问题，是通过辛普森法则来进行数据积分运算的，请参考。

习　题

1. 通过 Excel 工作表，使用单变量求解计算得到二次方程式 $x^2 + 4x - 2 = 0$ 的根。

2. 通过 Excel 工作表，利用规划求解计算得到下面三元一次方程的解。

$$（1）\begin{cases} x + y - z = 6 \\ x - 3y + 2z = 1 \\ 3x + 2y - z = 4 \end{cases} \qquad （2）\begin{cases} x + y = 3 \\ y + z = 5 \\ x + z = 6 \end{cases}$$

3. 一个大气压下（760mmHg），含有丙酮的空气于水中达到溶解平衡时的摩尔百分比数据（20℃）如下所示。计算得出 y（丙酮 mol/mol 空气）和 x（丙酮 mol/mol 水）以及丙酮的分压 $P(\text{mmHg})$，并以 mol 为单位作图表示 $y-x$ 和丙酮分压的溶解度曲线（遵守道尔顿分压定律）。

溶液中的丙酮 x	空气中的丙酮 y	溶液中的丙酮 x	空气中的丙酮 y
0	0	0.0136	0.0255
0.0034	0.006	0.017	0.0285
0.0068	0.012	0.0204	0.03
0.0102	0.021		

4. 求一个标准大气压下，10mol% 的乙醇水溶液的沸点 $t(\text{K})$ 是多少？未知数 t 遵守下面的关系式，于 Excel 工作表中，使用单变量求解计算。

$$101.3 \times 10^3 = 3.23 \times 0.1 \times e^{\left(23.8047 - \frac{3803.98}{t - 41.68}\right)} + 1.03 \times (1 - 0.1) \times e^{\left(23.181964 - \frac{3816.44}{t - 46.13}\right)}$$

5. 利用热交换器用温度 $T_1 = 80℃$ 的高温流体加热温度 $t_1 = 25℃$ 的低温流体，分别求出高温流体的出口温度 T_2 和低温流体的出口温度 t_2。高温流体的流量 $W = 0.3\text{kg/s}$，比热容 $C_p = 1800\text{J}/(\text{kg} \cdot \text{K})$；低温流体的流量 $w = 0.15\text{kg/s}$，比热容 $c_p = 4200\text{J}/(\text{kg} \cdot \text{K})$；热交换器的传热面积 $A = 5\text{m}^2$，总传热系数 $U = 464\text{J}/(\text{S} \cdot \text{m}^2 \cdot \text{K})$ 与未知数 Q、T_2、t_2 有关的三元联立方程式如下所示，使用 Excel 用规划求解计算。

$$Q = WC_p(T_1 - t_2)$$
$$Q = wc_p(t_2 - t_1)$$
$$Q = UA \frac{(T_1 - t_2) - (T_2 - t_1)}{\ln[(T_1 - t_2)/(T_2 - t_1)]}$$

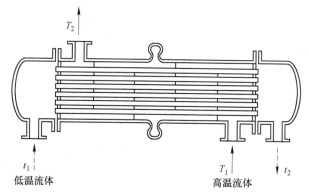

6. 甲醇—水体系的液相和气相的摩尔百分率如下表所示。从这些数据中，通过拉格朗日插值法求得气相 70mol% 时 x_M 的值。

若要通过闪速蒸馏得到 70mol% 的馏出液时，求每 100mol 原液蒸馏后的残留液量为多少。此时，原液的甲醇量为 60mol%。

x_M	y_M	x_M	y_M
1	1	0.287	0.593
0.756	0.925	0.177	0.430
0.574	0.838	0	0
0.415	0.727		

注：闪速蒸馏，是将两种成分组成的原液以供应速度 $F(\text{mol/s})$ 加入到蒸馏器内，其组成为 x_F、蒸汽

蒸出的量为 $D(\mathrm{mol/s})$、组成为 y_D、残留液体量为 $W(\mathrm{mol/s})$、组成 x_w 所对应的物料守恒的关系式如下：

$$F = D + W$$

$$fx_F = Dy_D + Wx_w$$

$$\frac{y_D - x_F}{x_w - x_F} = -\frac{W}{D}$$

参 考 文 献

[1] 朱炳辰. 化学反应工程 [M]. 4 版. 北京：化学工业出版社，2010.

[2] 毛在砂. 化工数学模型方法 [M]. 北京：高等教育出版社，2008.

[3] 徐抗成. Excel 数值方法及其在化学中的应用 [M]. 兰州：兰州大学出版社，2000.

[4] 夏清，陈常贵. 化工原理（上册）[M]. 天津：天津大学出版社，2005.

[5] 李庆扬. 数值分析 [M]. 北京：清华大学出版社，2008.

2 ◆ 物料守恒

化学工程中，工艺操作及处理需要由很多的装置组成。在这些装置中，物质需要由一个装置转移到另一个装置，会发生化学或物理方面的变化。对于化学工程来说，大致可以分为不进行化学反应的物理过程和有化学反应的过程。

本章着重介绍一下工艺过程中所涉及的质量或能量守恒方面使用 Excel 工作进行计算的问题。

2.1 物理过程

物理过程根据物质的传质方式可以分为：分离（蒸发、蒸馏等）、混合（稀释、溶解等）、接触（吸收、干燥等）等[1]。物料守恒的基本原则是质量守恒定律。质量守恒定律的定义是化学反应前后元素的种类和数量不发生变化。

按照质量守恒定律，化学设备中流动物质的质量守恒，主要是流入质量、流出质量、蓄积质量之间的关系。

"流入质量 = 流出质量 + 蓄积质量"的关系式成立。一般情况下，蓄积的质量可以忽略不计，流入质量和流出质量就变成了一种等量关系。

物理过程中所涉及的计算，可以按照以下的思维方式进行：

（1）详细研究工艺的情况，描绘出物质流向的流程图，标注出体系中进出物质的质量和组成等数据。

（2）设定计算的标准（统一单位）。

（3）使用统一的单位，列出总量和各成分（或各元素）质量守恒的算式。

（4）将质量守恒的算式联立之后进行求解。

（5）验证求解得到的结果是否满足质量守恒的算式。

例题 01

将重量比为 10% 的氯化钠水溶液加入到蒸发装置中，如果想要得到重量比为 25% 的浓缩液，并以 500kg/h 的速度取出浓缩液。求每小时原氯化钠水溶液的供给量和水分的蒸发量为多少。

（1）将物料守恒的流程图用 Excel 工作表整理之后，如图 2-1 所示。

（2）将图 2-1 计算中数值和算式的基准单位设定为 1h。

（3）所有的质量都用"kg"为单位进行计算。则供给液量 F、蒸发量 V、氯化钠的重量比百分率 x 的关系式为：

总体物料守恒 $\qquad\qquad$ $F = V + 500$ （kg）

主要成分的质量守恒（氯化钠） $\qquad$ $F(0.10) = V(0) + (500)(0.25)$ （kg）

如图 2-2 所示，将主要成分物料守恒的关系式用单变量求解进行计算。

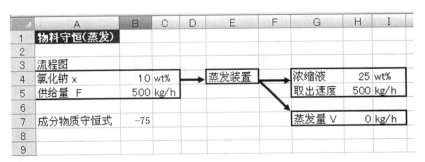

图 2-1 流程图

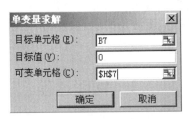

图 2-2 单变量求解的设定

（4）如图 2-3 所示，得到的结果为 $F = 1250\text{kg/h}$，$V = 750\text{kg/h}$。

（5）点击"确定"后，工作表完成。

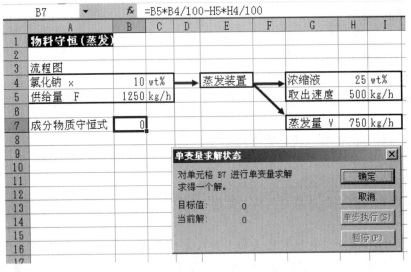

图 2-3 计算结果

单元格的设定

单元格 B5 $= \text{H7} + \text{H5}$

单元格 B7 $= \text{B5} * \text{B4}/100 - \text{H5} * \text{H4}/100$ 单变量求解的算式

单元格 H7 未知数 单变量求解的可变单元格

例题 02

将 10wt% 的乙醇水溶液注入到蒸馏装置中，蒸馏浓缩乙醇。釜残出液以 400kg/h 的速度取出，乙醇的组成为 3.5wt% 。求馏出液中乙醇的浓度。

（1）将物料守恒的流程图用 Excel 表格整理后，如图 2 – 4 所示。

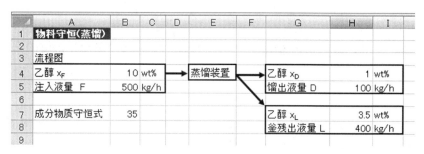

图 2 – 4　流程图

（2）将图 2 – 4 中计算数值和算式的基准单位设定为 1h 。

（3）所有的质量用 "kg" 为单位进行计算。则注入液量 F 、馏出液量 D 、釜残出液量 L 、乙醇的重量比百分率 x_D 的关系式为：

总体物料质量守恒　　　　　　　$500 = D + 400$

主要成分质量守恒（乙醇）　　　$(500)(0.100) = Dx_D + (400)(0.035)$

如图 2 – 5 所示，主要成分物料守恒的关系式用单变量求解进行计算。

图 2 – 5　单变量求解的设定

（4）如图 2 – 6 所示，得到的结果为 $D = 100\text{kg/h}$ ，$x_D = 0.36$ 。

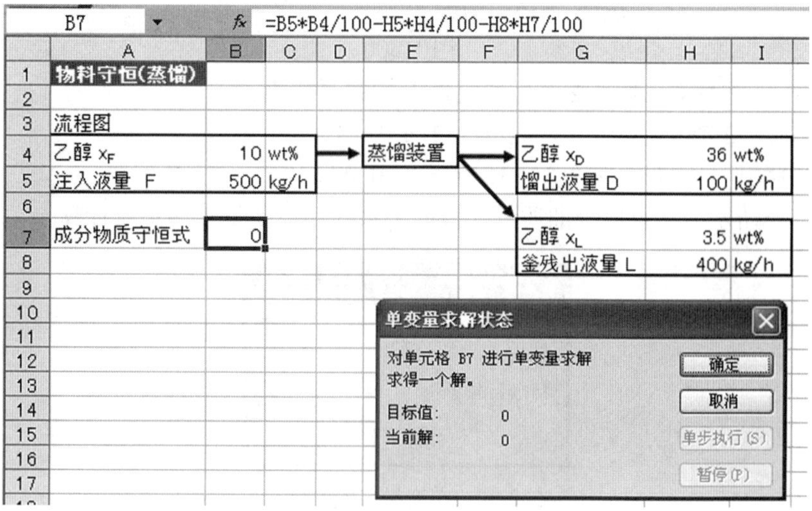

图 2 – 6　计算结果

（5）点击"确定"后，工作表完成。

单元格的设定

　　单元格 H5　= B5 − H8

　　单元格 B7　= B5 * B4/100 − H5 * H4/100 − H8 * H7/100　　单变量求解的算式

　　单元格 H4　未知数　单变量求解的可变单元格

例题 03

　　300K、101300Pa 的干燥空气以一定的流速在圆管内流动，调节干燥空气的流量，以 1.0kg/min 的速度通入氨气，这样混合空气中氨气的浓度达到 7.0vol%。求此时干燥空气的流量。

　　（1）将物料守恒的流程图用 Excel 表格整理后，如图 2 − 7 所示。

图 2 − 7　流程图

　　（2）将图 2 − 7 中计算数值和算式的基准单位设定为 1min。

　　（3）所有的体积用"m³"为单位进行计算。

　　如图 2 − 7 所示，求出注入氨气的体积 V。假定是理想气体的状态，则

$$V = \frac{nRT}{P} = \frac{\left(\dfrac{1.0}{17 \times 10^{-3}}\right)(8.314)(300)}{101300} = 1.45\,\mathrm{m}^3$$

干燥空气的流量 G、氨气混入后的流量 Y 的关系式为：

总体物料质量守恒　　　　　$G + 1.45 = Y$

主要成分的质量守恒（氨气）　$1.45 = Y(0.07)$

　　如图 2 − 8 所示，主要成分的质量守恒的关系式用单变量求解进行计算。

图 2 − 8　单变量求解的设定

　　（4）如图 2 − 9 所示，得到的结果为 $Y = 20.7\,\mathrm{m}^3/\mathrm{min}$，$G = 19.2\,\mathrm{m}^3/\mathrm{min}$。

（5）点击"确定"后，工作表完成。

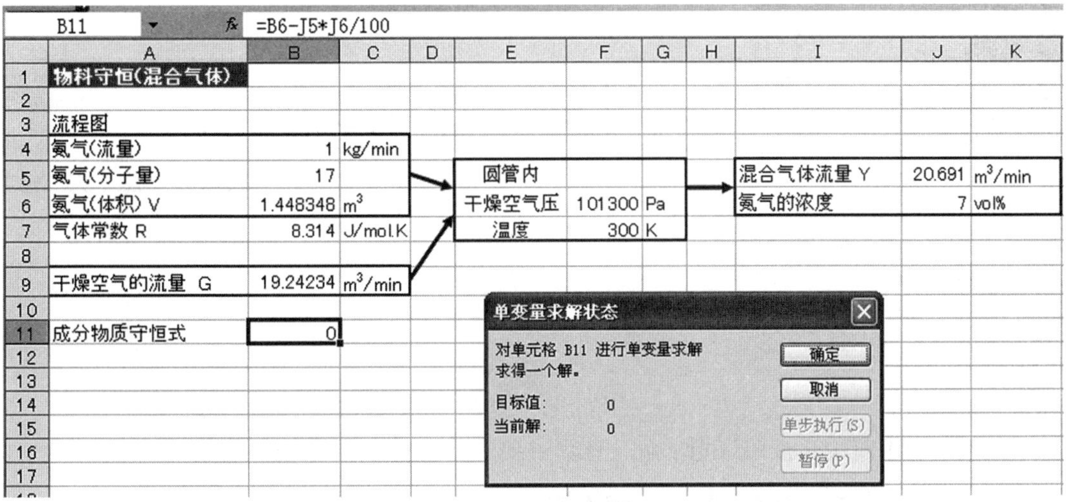

B11	▼	f_x	=B6-J5*J6/100								
	A	B	C	D	E	F	G	H	I	J	K
1	物料守恒(混合气体)										
2											
3	流程图										
4	氨气(流量)	1	kg/min								
5	氨气(分子量)	17									
6	氨气(体积) V	1.448348	m³		圆管内				混合气体流量 Y	20.691	m³/min
7	气体常数 R	8.314	J/mol.K		干燥空气压	101300	Pa		氨气的浓度	7	vol%
8					温度	300	K				
9	干燥空气的流量 G	19.24234	m³/min								
10											
11	成分物质守恒式	0									
12											
13											
14											
15											
16											
17											

单变量求解状态

对单元格 B11 进行单变量求解
求得一个解。

目标值：   0
当前解：   0

确定　　取消　　单步执行(S)　　暂停(P)

图2-9　计算结果

单元格的设定

单元格 B6　　＝B4/（B5/1000）＊B7＊F7/F6

单元格 B9　　＝J5－B6

单元格 B11　　＝B6－J5＊J6/100　　单变量求解的算式

单元格 J5　　未知数　　单变量求解的可变单元格

例题 04

在293K、101300Pa 的条件下，吸收塔的塔底以 50m³/h 的速度注入氨气60vol%、空气40vol% 的混合气体；水从塔顶以 900kg/h 的速度落下，进行氨气的吸收。从塔顶出来的混合气体的组成为氨气3vol%、空气97vol% 时，求从塔底排出来的水中氨气的浓度是多少。另外，求出氨气的吸收率（注入到吸收塔中的氨气的总量中被水吸收的氨气所占的比率）。这时，假定空气于水中不溶，水分不蒸发。

（1）将物料守恒的流程图用 Excel 表格整理后，如图 2-10 所示。

（2）将图 2-10 中计算数值和算式的基准单位设定为 1h。

（3）所有的物质的量用"mol"为单位进行计算。

注入水量　　　　　　　　 900/18 ＝ 50000mol/h

注入气体的量假定是理想气体，则：

$$n = \frac{PV}{RT} = \frac{(101300)(50)}{(8.314)(293)} = 2080 \text{mol/h}$$

排出水的量 L、排出气体的量 G、氨气所占的百分率 X_L 的关系式为：

总体物料质量守恒　　　　 50000 ＋ 2080 ＝ G ＋ L

主要成分的质量守恒（氨气）　 (2080)(0.60) ＝ G(0.03) ＋ LX_L

　　　　　　　　　　（空气）　 (2080)(0.40) ＝ G(0.97)

　　　　　　　　　　（水）　　 50000 ＝ L(1 － X_L)

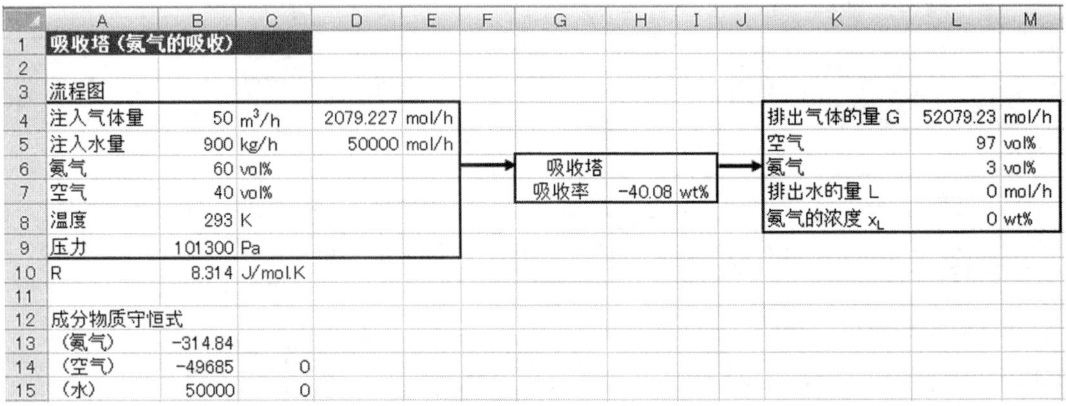

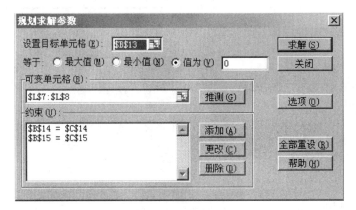

图 2 - 10　流程图

如图 2 - 11 所示，按照规划求解，计算主要成分物料守恒的三个算式。

图 2 - 11　规划求解的设定

（4）如图 2 - 12 所示，得到的结果为 $G = 857\,\text{mol/h}$，$L = 51222\,\text{mol/h}$，$X_L = 0.0239$。

$$\text{吸收率} = \frac{51222 - 50000}{(2080)(0.60)} = 0.979$$

（5）点击"确定"后，工作表完成。

单元格的设定

　　单元格 D4　　　= B9 * B4/B10/B8

　　单元格 D5　　　= B5/18 * 1000

　　单元格 H7　　　= (L7 - D5)/D4/(B6/100)

　　单元格 L4　　　= D5 + D4 - L7

　　单元格 L5　　　= 100 - L6

　　单元格 B13　　= D4 * B6/100 - L4 * L6/100 - L7 * L8/100　　规划求解的算式 1

　　单元格 B14　　= D4 * B7/100 - L4 * L5/100　　规划求解的算式 2

　　单元格 B15　　= D5 - L7 * (1 - L8/100)　　规划求解的算式 3

　　单元格 L7:L8　　未知数 1，2　　规划求解的可变单元格

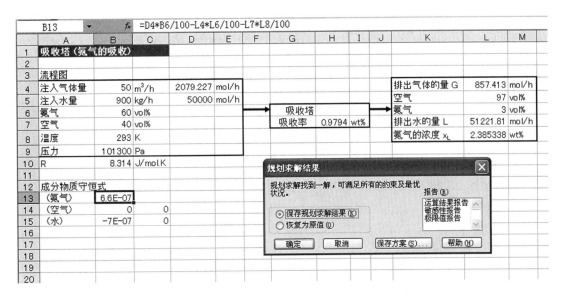

图 2 - 12　计算结果

例题 05

混合浓度不同的 NaOH 水溶液，将浓度 13wt% 的 NaOH 水溶液 100kg 与浓度 25wt% 的 NaOH 水溶液 300kg 混合后，求将得到多少 wt% 的 NaOH 水溶液。

（1）将物料守恒的流程图用 Excel 表格整理后，如图 2 - 13 所示。

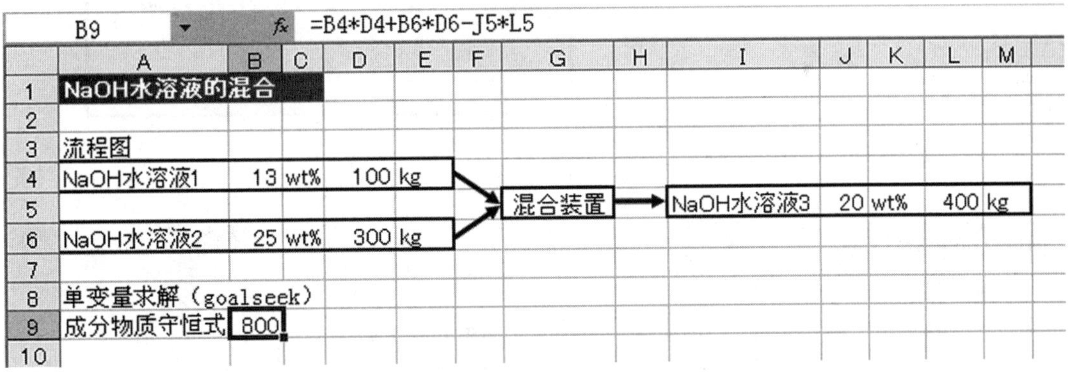

图 2 - 13　流程图

（2）将图 2 - 13 中计算数值和算式的基准单位设定为 1kg。

（3）将所有的物质的质量用 "wt% ×kg" 为单位进行计算。

注入 NaOH 的量 1　　　　　　$13 \times 100 (wt\% \times kg)$

注入 NaOH 的量 2　　　　　　$25 \times 300 (wt\% \times kg)$

混合后 NaOH 水溶液用 $X_L (wt\%)$ 进行表示后：

总体物料质量守恒　　　　　　$100 + 300 = 400$

主要成分的质量守恒　　　　　$13 \times 100 + 25 \times 300 = 400 \times X_L$

如图 2 - 14 所示，主要成分的质量守恒关系式，用单变量求解进行计算。

图 2-14　单变量求解的设定

（4）如图 2-15 所示，得到的结果是 $X_L = 22(wt\%)$

（5）点击"确定"后，工作表完成。

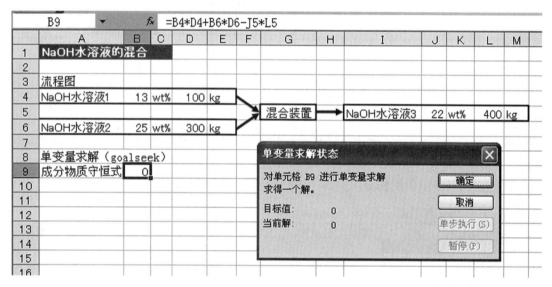

图 2-15　计算结果

单元格的设定

　　单元格 L5　　= D4 + D6

　　单元格 B9　　= B4 * D4 + B6 * D6 - J5 * L5　　单变量求解的算式

　　单元格 J5　　= 未知数　单变量求解的可变单元格

2.2　反应过程

　　反应过程中，物质的状态及化学组成会发生变化，同时也会发生吸、放热的状态变化，由于新物质的生成和原物质的消失，物质的形态会发生变化，但是物质（元素）的总量不会发生变化[2]。

　　化学反应操作中的质量守恒，是指注入到反应器内的物质会发生燃烧或氧化等化学反应，但反应前后物质（元素）的总量是守恒的，即参加化学反应的各物质的质量总和，等于反应后生成的各物质的质量总和。

例题 01

求出下述化学反应的摩尔数。

$$a(C_2H_4)+b(Cl_2)+c(O_2) = d(C_2H_3Cl)+e(H_2O)$$

按照各元素总量守恒的关系整理后，如图 2－16 所示。假定开始时的摩尔数 a 是 1。

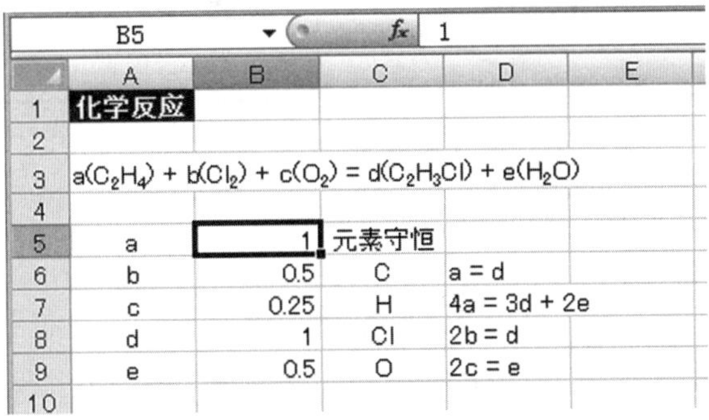

B5 fx 1

	A	B	C	D	E
1	化学反应				
2					
3	a(C₂H₄) + b(Cl₂) + c(O₂) = d(C₂H₃Cl) + e(H₂O)				
4					
5	a	1	元素守恒		
6	b	0.5	C	a = d	
7	c	0.25	H	4a = 3d + 2e	
8	d	1	Cl	2b = d	
9	e	0.5	O	2c = e	
10					

图 2－16 流程图

如图 2－16 所示，b、c、e 的摩尔数不是整数，如果将单元格 B5 整数值放大，如图 2－17所示，$a=4$ 的话，所有的数值都变成了整数。

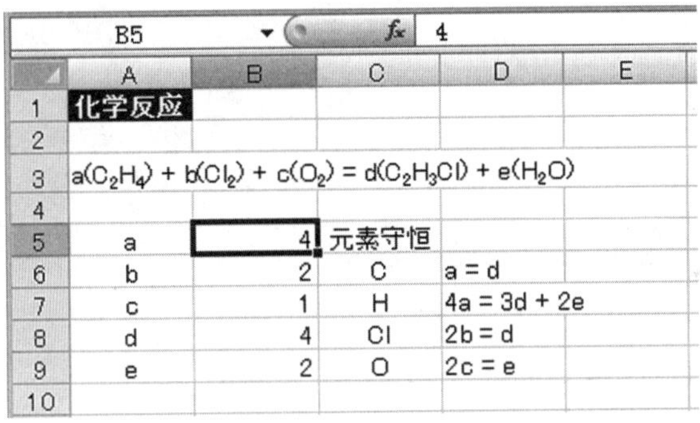

B5 fx 4

	A	B	C	D	E
1	化学反应				
2					
3	a(C₂H₄) + b(Cl₂) + c(O₂) = d(C₂H₃Cl) + e(H₂O)				
4					
5	a	4	元素守恒		
6	b	2	C	a = d	
7	c	1	H	4a = 3d + 2e	
8	d	4	Cl	2b = d	
9	e	2	O	2c = e	
10					

图 2－17 计算结果

则化学反应式变为：

$$4C_2H_4+2Cl_2+O_2 = 4C_2H_3Cl+2H_2O$$

单元格的设定

单元格 B6 ＝B8/2

单元格 B7 ＝B9/2

单元格 B8 ＝B5

单元格 B9 ＝B5/2

例题 02

向燃烧装置中加入碳（C）125kg 和氧气（O_2）650kg，使其完全燃烧，求完全燃烧后的气体中二氧化碳（CO_2）和氧气（O_2）的量各是多少。

燃烧装置中加入的碳、氧气及相应的生成燃烧气体的流程图如图 2－18 所示。然后，设定好与反应相关的（碳、氧）元素守恒的算式。

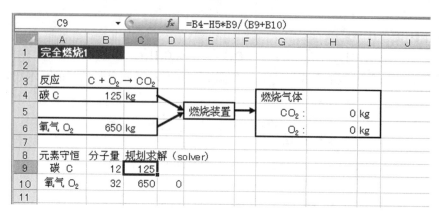

图 2-18 流程图

各元素所对应的质量守恒的算式应按照规划求解的参数进行设定，如图 2-19 所示。

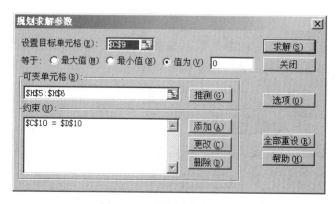

图 2-19 规划求解的设定

按照规划求解计算后，得到如图 2-20 所示的结果。

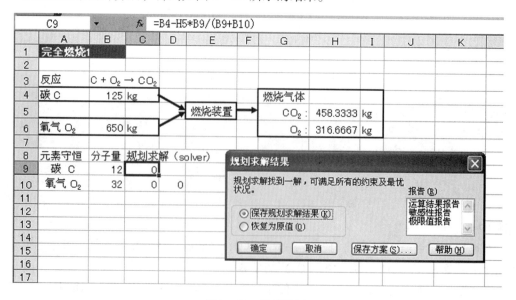

图 2-20 计算结果

依据计算结果，燃烧后气体的成分为二氧化碳458kg、氧气317kg。

单元格的设定

单元格 C9　　 $= B4 - H5 * B9/(B9 + B10)$ 　规划求解的算式1

单元格 C10　 $= B6 - H5 * B10/(B9 + B10) - H6$ 　规划求解的算式2

单元格 H5:H6　 未知数1,2　规划求解的可变单元格

例题03

向燃烧装置中加入碳（C）125kg和氧气（O_2）675kg，求完全燃烧后气体中二氧化碳（CO_2）和氧气（O_2）的量各是多少（kg）。

燃烧后的气体中二氧化碳（分子量：44）的量假设为 y，氧气（分子量：32）的量假设为 x，总体物料守恒的关系式如下：

总体物料质量守恒　　　　　　 $[C] + [O_2] = x + y$

完全燃烧后相关各元素的物料质量守恒关系式如下：

C：　　　　　　　　　　 $[C] = y(12/44)$

O：　　　　　　　　　　 $[O_2] = y(32/44) + x$

将上述算式汇总之后，使用单变量求解进行计算。

按照图2-21中的数据和算式进行设定，设定好单变量求解，计算后得到的结果，如图2-22所示。

根据计算结果，燃烧气体中二氧化碳的量为458kg，氧气的量为342kg。

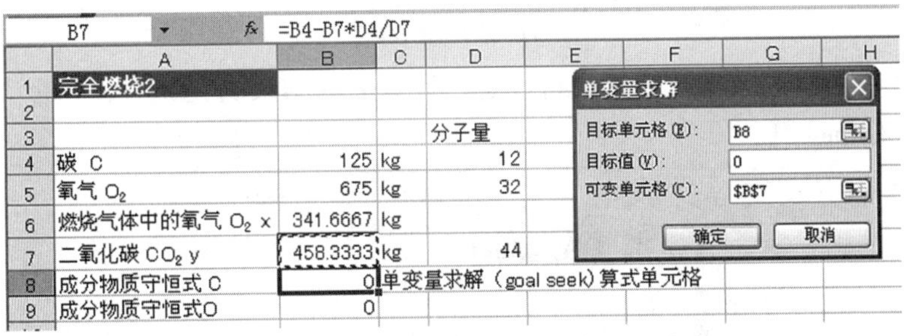

图2-21　数据、算式和单变量求解的设定

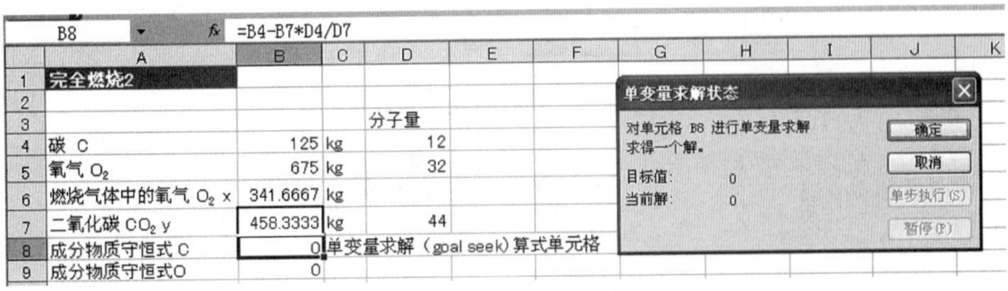

图2-22　计算结果

单元格的设定

单元格 B6　 $= B5 + B4 - B7$

单元格 B8　 $= B4 - B7 * D4/D7$ 　单变量求解的算式

单元格 B7　　未知数　　单变量求解的可变单元格
单元格 B9　　= B5 − B6 − B7 ∗ D5/D7

2.3　能量守恒

为了掌握化学工程中物料守恒，前面我们学习了物理过程中的质量守恒、化学反应前后的质量守恒，下面我们来学习一下能量守恒。质量守恒定律是自然界物质保存的基本定律，在能量方面，热力学第一定律也是自然界能量保存的基本定律。

能量有多种多样的存在形态，将其分类的话，有运动能量、位置能量、内部能量、热量和做功等[3]。

从体系 1 到体系 2 会有能量的进出，体系 1 的焓 H_1 到体系 2 的焓 H_2，其能量守恒用热量 Q 和做功 W 表示的式子为：

$$H_2 − H_1 = Q − W$$

将热焓用内部能量 U 与做功损失的能量 PV 可表示为：

$$H = U + PV$$

例题 01

一个大气压、25℃ 的条件下，氦内部的能量 U 为 3750J/mol，其摩尔容积 V 为 $2.45 \times 10^{-2} \text{m}^3/\text{mol}$ 时，求出氦的热焓。

按照热力学第一定律计算求解：

$$H = U + PV$$

按照图 2-23 中的数据、算式进行设定，计算后的结果为：25℃、一个大气压下，氦的热焓为 6232J/mol。

	B7		f_x	=B4+B6*B5*1000	
	A	B	C	D	E
1	能量守恒				
2					
3	氦				
4	U	3750	J/mol		
5	P	101.3	kPa		
6	V	2.45E-02	m³/mol		
7	H	6232	J/mol		
8					

图 2-23　数据、算式的设定及计算的结果

单元格的设定

单元格 B7　　= B4 + B6 ∗ B5 ∗ 1000

例题 02

470K 的空气中混入 300K 的乙烷气体之后，制备得到含乙烷 16.5% 的混合气体，求预热到 770K 时，混合气体的热量是多少。这时，混合气体中含有 280kg 的乙烷，乙烷的平均分子热容量 $C_p = 81.13 \text{kJ}/(\text{kmol} \cdot \text{K})$；770K 时，空气的平均分子热容量为 $C_p = 30.25 \text{kJ}/(\text{kmol} \cdot \text{K})$；470K 时，$C_p = 29.37 \text{kJ}/(\text{kmol} \cdot \text{K})$。

按照成为主成分的乙烷为基准处理后，

[乙烷]： 280/30(kmol)

[空气]： [乙烷] × (100 − 16.5)/(16.5)

的式子成立，这时的热量 Q 为：

$$Q = C_p(T_2 - T_1) = C_{p(300-T_2)}(T_2 - 300) - C_{p(300-T_1)}(T_1 - 300)$$

按照上述的式子进行求解。

按照图 2 − 24 中的数据、算式进行设定，计算后的结果为：预热到 770K 时混合气体的热量为 1022kJ。

	B9		f_x	=F4*D4*(B8-B4)+F5*D5*(B8-B4)-E5*(B5-B4)			
	A	B	C	D	E	F	G	H
1	混合气体的热量							
2								
3		温度(K)	分子量	平均分子热容Cp(kJ/kmol·K)		物料守恒		
4	乙烷	300	30	81.13		9.333333	kmol	
5	空气	470	29	30.25	29.37	47.23232	kmol	
6								
7	混合气体	16.5	vol%-Ethane	280	kg			
8	预热温度	770	K					
9	热量	1022423	J					
10		1022	kJ					

图 2 − 24 数据、算式的设定及计算的结果

单元格的设定

单元格 F4　　 = D7/C4

单元格 F5　　 = F4 * (100/B7) * (100 − B7)/100

单元格 B9　　 = F4 * D4(B8 − B4) + F5 * D5 * (B8 − B4) − E5 * (B5 − B4)

单元格 B10　 = B9/10000

例题 03

使用 300℃ 的绝热反应器，求将乙醇脱氢后生成乙醛的反应转化率是 30% 时，求生成物的温度是多少。这时，设定能量守恒的基准温度是 25℃。

$$C_2H_5OH(g) \longrightarrow CH_3CHO(g) + H_2(g) \quad H = 68.95kJ/mol$$

生成乙醛的反应是吸热反应。相关物质的热容量 C_p 为：

C₂H₅OH(g) 　　　　　 C_p = 0.110kJ/(mol·K)

CH₃CHO(g) 　　　　　 C_p = 0.080kJ/(mol·K)

H₂(g) 　　　　　 C_p = 0.029kJ/(mol·K)

按照化学反应操作中的质量守恒定律，反应釜中投入的原料，乙烷的基准设定为 100mol/h。转化率为 30%，则生成的乙醛是 30mol/h。

能量守恒的基准温度设定为 25℃ 时，入口乙烷的焓变 ΔH_{in} 按照下述式子进行求解。

$$\Delta H_{in} = \int_{25}^{300} C_p \mathrm{d}T$$

出口乙烷的焓变 ΔH_{out}，以出口的温度 T 进行设定，求出各组成物质的焓变，然后，可以按照下述式子求出 $\sum n \cdot \Delta H_{out}$，按照能量守恒，可以得到如下关系式：

$$\sum n \cdot \Delta H_{in} = \Delta H_R + \sum n \cdot \Delta H_{out}$$

如图 2－25 所示，进行数据和算式的设定，设定出口的温度为未知数，在单变量求解中设定。实行单变量求解运算后，就会得到如图 2－26 所示的结果。

根据运算的结果，出口的温度为 112.2℃。

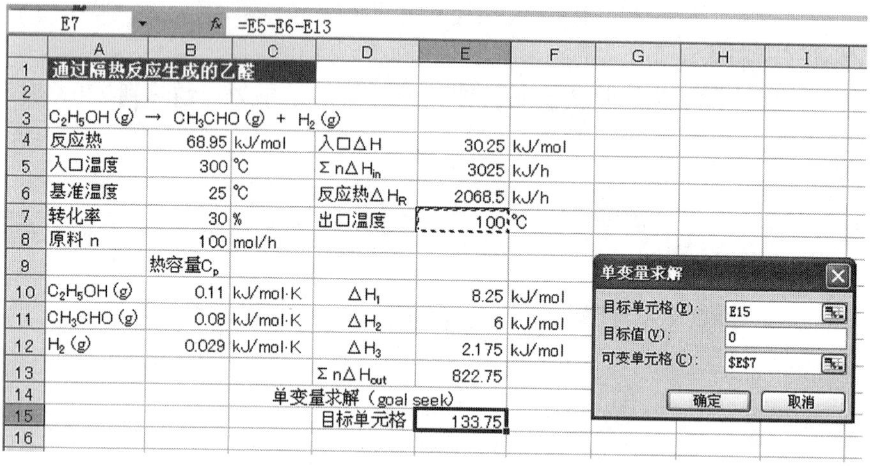

E7 =E5-E6-E13

	A	B	C	D	E	F
1	通过隔热反应生成的乙醛					
2						
3	C_2H_5OH (g) → CH_3CHO (g) + H_2 (g)					
4	反应热	68.95	kJ/mol	入口ΔH	30.25	kJ/mol
5	入口温度	300	℃	Σ nΔH_{in}	3025	kJ/h
6	基准温度	25	℃	反应热ΔH_R	2068.5	kJ/h
7	转化率	30	%	出口温度	100	℃
8	原料 n	100	mol/h			
9		热容量C_p				
10	C_2H_5OH (g)	0.11	kJ/mol·K	ΔH_1	8.25	kJ/mol
11	CH_3CHO (g)	0.08	kJ/mol·K	ΔH_2	6	kJ/mol
12	H_2 (g)	0.029	kJ/mol·K	ΔH_3	2.175	kJ/mol
13				Σ nΔH_{out}	822.75	
14			单变量求解（goal seek）			
15				目标单元格	133.75	
16						

图 2－25　数据、算式的设定及单变量求解的设定

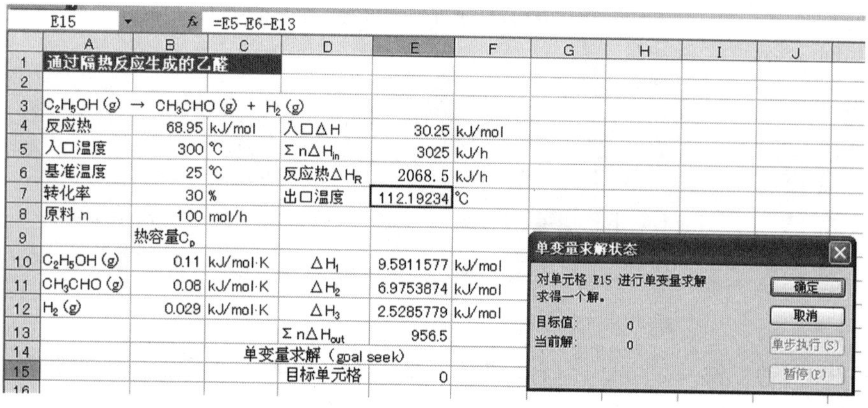

E15 =E5-E6-E13

	A	B	C	D	E	F
1	通过隔热反应生成的乙醛					
2						
3	C_2H_5OH (g) → CH_3CHO (g) + H_2 (g)					
4	反应热	68.95	kJ/mol	入口ΔH	30.25	kJ/mol
5	入口温度	300	℃	Σ nΔH_{in}	3025	kJ/h
6	基准温度	25	℃	反应热ΔH_R	2068.5	kJ/h
7	转化率	30	%	出口温度	112.19234	℃
8	原料 n	100	mol/h			
9		热容量C_p				
10	C_2H_5OH (g)	0.11	kJ/mol·K	ΔH_1	9.5911577	kJ/mol
11	CH_3CHO (g)	0.08	kJ/mol·K	ΔH_2	6.9753874	kJ/mol
12	H_2 (g)	0.029	kJ/mol·K	ΔH_3	2.5285779	kJ/mol
13				Σ nΔH_{out}	956.5	
14			单变量求解（goal seek）			
15				目标单元格	0	

图 2－26　计算结果

单元格的设定

单元格 B10　= B10 * (B5 − B6)

单元格 E5　= B8 * E4

单元格 E6　= B4 * B8 * B7/100

单元格 E10　= B10 * ($E$7 − $B$6)

单元格 E11　= B11 * ($E$7 − $B$6)

单元格 E12　= B12 * ($E$7 − $B$6)

单元格 E13　= (100 − B7) * E10 + B7 * E11 + B7 * E12

单元格 E15　单变量求解的算式

单元格 E7　未知数　单变量求解的可变单元格

习 题

1. 某种定量的理想气体由体积 V 等温可逆膨胀到体积 $10V$，需要做功 10kcal。最初的压强为 100atm，用 Excel 计算求出此时体积 V 是多少。

  单位换算：$1cal = 4.18 \times 10^{-2} L \cdot atm = 4.182J$

2. 温度 400K，体积为 7L 的理想气体 2mol 在外压为 1atm 的条件下，发生绝热膨胀，气体的压强变为 2atm 时，停止膨胀。用 Excel 求出此时气体的温度和气体的体积是多少。这时，定容热容 $C_V = 3cal/K$；$1L \cdot atm = 24.2cal$。

3. （1）用 Excel 求出下述化学反应的摩尔数。

$$aC_2H_5OH + bO_2 \Longrightarrow cCO_2 + dH_2O$$

  （2）95% 乙醇 100kg 和含氧气重量比为 25% 的空气 360kg，按照上述方程式完全燃烧后，用 Excel 计算生成气体中二氧化碳（CO_2）和剩余氧气（O_2）的量各是多少。

4. 一加热炉用空气（含 O_2 0.21，N_2 0.79）燃烧天然气（不含 O_2 与 N_2）。分析燃烧所得烟道气，其组成的摩尔分数为 CO_2 0.07，H_2O 0.14，O_2 0.056，N_2 0.734。求每通入 $100m^3$、$30℃$ 的空气能产生多少 m^3 烟道气。烟道气温度为 $300℃$，炉内为常压。

5. 某一湖泊的容积为 $10 \times 10^6 m^3$，上游有一未被污染的河流流入该湖泊，流量为 $50m^3/s$。一工厂以 $5m^3/s$ 的流量向湖泊排放污水，其中含有可降解污染物，浓度为 100mg/L。污染物降解反应速率常数为 $0.25d^{-1}$。假设污染物在湖中充分混合，求稳态时湖中污染物的浓度。

6. 有一个 $4 \times 3m^2$ 的太阳能取暖器，太阳光的强度为 $3000kJ/(m^2 \cdot h)$，有 50% 的太阳能被吸收用来加热流过取暖器的水流。水的流量为 0.8L/min，求流过取暖器的水升高的温度。

参 考 文 献

[1] 贾绍义，柴诚敬. 化工传质与分离过程 [M]. 2 版. 北京：化学工业出版社，2010.

[2] 毛在砂，陈家镛. 化学反应工程学基础 [M]. 北京：科学出版社，2004.

[3] 朱炳辰. 化学反应工程 [M]. 4 版. 北京：化学工业出版社，2010.

3 流　　动

气体和液体统称为流体。化工和冶金工程领域中需要将流体按照生产程序从一个设备输送到另一个设备，并且生产中的传热、传质过程大都在流动下进行。所以，流体的流动是最普遍的化工单元操作之一，同时研究流体的流动问题也是研究其他化工单元操作的重要基础[1]。本章学习怎样使用 Excel 工作表描述化工生产中流体的运动、传质、传能的现象，并利用这些性质来研究装置中流体的流动情况。主要学习有关流体的运动、流体的质量守恒以及与流体相关的摩擦损失等方面使用 Excel 工作表进行计算的内容。

3.1　流体的运动

流体在流动过程中如果是沿管壁平行流动，各层之间互不干扰、流线互不相混，如图 3-1(a) 所示，这种流动称为层流。流速逐渐增大，层流流动状态被破坏，流体质点除了沿管道轴线方向的纵向流动外，还有流体质点的无规则横向运动，结果把各层流体搅混而形成了一系列小旋涡，流体处于毫无规则的混乱运动状态，如图 3-1（b）所示，这种流动称为湍流。流体在管道内的实际流动中，存在着两种性质截然不同的流动，即层流和湍流。而层流和湍流之间存在着一个过渡的流动状态。这些状态是流体运动普遍存在的物理现象。流体的雷诺数（Re）为判断流动状态的标准。

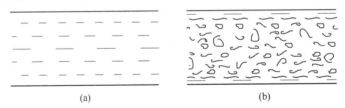

(a)　　　　　　　　　　　　　　(b)

图 3-1　层流和湍流的流动

（a）层流；（b）湍流

管内流体流动的时候，与流动方向垂直的任意横截面 $A(\mathrm{m}^2)$，单位时间内流过流体的量即流量 $Q(\mathrm{m}^3/\mathrm{s})$，与流速 $\bar{u}(\mathrm{m/s})$ 所对应的关系式如下：

$$Q = A\bar{u}$$

流速 $\bar{u}$ 是假定管内的某横截面上的速度一定，为平均速度。一般情况下，管内壁的附近由于其黏度大，会使流动速度减慢，中心部分的流动速度最大。

管内流体流动的速度分布，如图 3-2 所示，假定图 3-2(a) 的情况为层流，图 3-2（b）的情况为湍流。

层流的情况，管内的半径为 $r_0(\mathrm{m})$、管内中心的最大速度为 $u_{\max}(\mathrm{m/s})$，则处在从管的中心开始 $r(\mathrm{m})$ 的地方流速 $u(\mathrm{m/s})$ 为：

$$u = u_{\max}\left[1 - \left(\frac{r}{r_0}\right)^2\right]$$

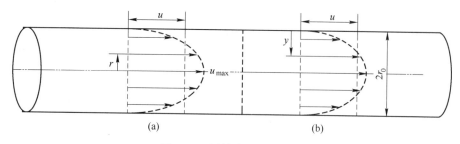

图 3-2　圆管内的速度分布

（a）层流；（b）湍流

湍流的情况，如下式表示：

$$u = u_{max}\left(\frac{y}{r_0}\right)^{1/n} = u_{max}\left(1 - \frac{r}{r_0}\right)^{1/n}$$

这里 $y(m)$ 为从管壁开始到能够测到的距离，多数情况 $n = 7$ 时，与实测值一致。这种现象被称为卡曼-普兰德 1/7 幂定律[2]。

例题 01

某种流体于圆管中以层流的形式流动，求出圆管内的平均流速是中央部分最大流速的多少倍。

总体流量是由流速与管内通过的体积求出的：

$$Q = \int_0^{r_0} u \cdot 2\pi r dr = \int_0^{r_0} u_{max}\left[1 - \left(\frac{r}{r_0}\right)^2\right]2\pi r dr$$

$$= u_{max}2\pi\left(\frac{r^2}{2}\right)_0^{r_0} - u_{max}\frac{2\pi}{r_0^2}\left(\frac{r^4}{4}\right)_0^{r_0} = u_{max}2\pi\left(\frac{r_0^2}{2} - \frac{r_0^2}{4}\right)$$

$$= \left(\frac{u_{max}}{2}\right)\pi r_0^2$$

则平均流速为：

$$\bar{u} = \frac{Q}{\pi r_0^2} = \frac{u_{max}}{2}$$

根据上述计算结果，平均流速为最大流速的 1/2 倍。

本例题使用积分就可以求出解，不再使用 Excel 工作表求解。

管内径用 $D(m)$、流体的平均速度用 $u(m/s)$ 表示时，流体的密度用 $\rho(kg/m^3)$、黏度用 $\mu(kg/(m \cdot s)$，$Pa \cdot s)$ 表示，则

$$\frac{Du\rho}{\mu} = \frac{Du}{\nu} = Re$$

Re 的量纲为 1，称之为雷诺数。雷诺数（Re）表示惯性力和黏性力之比。

可以根据管内径、流速和流体的物性变化，研究管内流体的流动情况，认为雷诺数（Re）小于 2300 的流动是层流，大于 4000 以上的流动为湍流。层流和湍流的分界点 2300，被称作临界雷诺数。如果更加严谨的话，$2300 \leqslant Re \leqslant 4000$ 的范围是层流过渡到湍流的状态变化范围，这个范围的流动称为过渡流。

例题 02

内径为 10mm 的圆管中，水以 15mL/s 的流速流动时，根据水温的变化计算对应的雷诺数，并判断其是层流、过渡流还是湍流。水温从 0℃ 到 100℃，每隔 10℃ 进行计算。这时，水的密度不受温度的影响，为 1000kg/m²；黏度（kg/(m·s)）遵守下述公式：

$$\mu = \frac{0.1}{2.1482[t - 8.435 + \sqrt{8078.4 + (t - 8.435)^2}] - 120}$$

首先，计算温度所对应的黏度，如图 3-3 所示。

然后，计算雷诺数，从 2300 到 4000 分为三组判定区间。三组判定区间的区分使用工作参数 IF（）和 AND（），如图 3-3 所示单元格 D9 的情况，用 D9 = IF（C9 < 2300，"层流"，IF（AND（2300 < = C9，C9 < 4000），"过渡流"，"湍流"））进行设定。

根据计算结果，这个条件下，我们判定 20℃ 以下为层流，30℃ 到 50℃ 为过渡流，60℃ 到 100℃ 为湍流。

D9		fx	=IF(C9<2300,"层流",IF(AND(2300<=C9,C9<4000),"过渡流","湍流"))					
	A	B	C	D	E	F	G	H	I
1	圆管内水的流动								
2									
3	圆管内径 D	10	mm						
4	流量 v	15	mL/s						
5	横截面积 A	7.85398E-05	m²						
6	流速 u	0.190985932	m/s						
7	密度 ρ	1000	kg/m³						
8	水温 t(℃)	黏度 μ(kg/m.s)	Re	判定					
9	0	0.001791846	1065.861	层流					
10	10	0.001307681	1460.493	层流					
11	20	0.001004866	1900.611	层流					
12	30	0.000800732	2385.142	过渡流					
13	40	0.000655959	2911.555	过渡流					
14	50	0.000549401	3476.259	过渡流					
15	60	0.000468667	4075.085	湍流					
16	70	0.000406032	4703.716	湍流					
17	80	0.000356449	5358.012	湍流					
18	90	0.000316506	6034.201	湍流					
19	100	0.000283827	6728.967	湍流					

图 3-3 数据、算式的设定及计算结果

单元格的设定

单元格 B5   = PI()/4 * (B3/1000)^2

单元格 B6   = B4/1000000/B5

单元格 B9   = 0.1/(2.1482 * (A9 - 8.435 + SQRT(8078.4 + (A9 - 8.435)^2)) - 120C)

单元格 C9   = $B$3/1000 * $B$6 * $B$7/B9

单元格 D9   = IF(C9 < 2300,"层流",IF(AND(2300 < = C9,C9 < 4000),"过渡流","湍流"))

单元格 B10:D19   单元格 B9:D9 的自动填充

例题 03

求外径为 60.5mm、厚度为 3.8mm 的钢管中，流体以流速为 2.5m/s 的流速流动时，流体的流量是多少。

圆管的内径可以根据外径和管子的厚度求出来，横截面积也可以求出来。

数据、算式的设定和计算结果，如图 3－4 所示。

根据计算结果，流量为 $5.49\times10^{-3}m^3/s$。

B8 　 fx =B6*B7

	A	B	C
1	流体的流量		
2			
3	管外径R	60.5	mm
4	厚度 d	3.8	mm
5	管内径 D	0.0529	m
6	横截面积 A	0.002198	m^2
7	流速 u	2.5	m/s
8	流量 Q	5.49E-03	m^3/s
9			

图 3－4　数据、算式的设定及计算结果

单元格的设定

单元格 B5　=(B3－B4*2)/1000

单元格 B6　=(B5/2)^2*PI()

单元格 B8　=B6*B7

例题 04

内径 20mm 圆管内流动的流体，黏度为 0.0080P(1P＝0.1Pa·s)，当密度为 $800kg/m^3$ 的液体以平均流速 120m/min 流动时，判定流体的流动状态是层流还是湍流。

流动状态的判定以 *Re* 比 2300 大还是小来决定。本例题首先应该通过计算 *Re* 来判定。

数据、算式的设定和计算结果，如图 3－5 所示。

根据计算结果，*Re* 为 40000，要比临界雷诺数 2300 大很多，所以为湍流。

A6 　 fx 流速u

	A	B	C	D	E
1	雷诺数 Re				
2					
3	密度ρ	800	kg/m^3		
4	黏度μ	0.008	Poise	0.0008	kg/m.s
5	内径D	20	mm		
6	流速u	120	m/min		
7	Re	40000			
8	流动的状态	湍流			

图 3－5　数据、算式的设定及计算结果

单元格的设定

单元格 B7　=B5/1000*B6/60*B3/D4

单元格 B8　=IF(B7>2300,"湍流","层流")

单元格 D4　=B4/10　单位的换算

3.2　流体的质量守恒

流体利用各种装置的管路进行输送。在钢管的横截面积上以一定的流动条件、流速、流量、温度和压力等稳定状态的流动，称为稳定流。流体通过储罐的横截面积 A_1 和钢管的横截面积 A_2 时，其流体的质量 w 相等，总体质量守恒。

即使横截面积不一样，流体的流量和质量也不会发生变化，则有如下式子：

$$w = \rho Q = \rho A_1 u_1 = \rho A_2 u_2 = \cdots = 一定$$

上述式子称为连续性方程。

只要流体在管路中以稳定流的形式存在，每个部分的横截面积上的质量都是守恒的。

例题 01

某横截面积不定的圆管，横截面积 A_1 为 1.2m^2 的地方流速 u_1 为 0.5m/s，求横截面积 A_2 为 0.7m^2 的地方流速 u_2 为多少。另外，求出管内的流量 Q 和流动流体的质量 w。这时，流体的密度为 1000kg/m^3。

数据、算式的设定及计算结果，如图 3-6 所示。

根据计算结果，横截面积 A_2 为 0.7m^2 的地方流速 u_2 为 0.857m/s；管内的流量 Q 为 $0.6\text{m}^3/\text{s}$，流动流体的质量 w 为 $2.16 \times 10^6 \text{kg/h}$。

	B9	▼	f_x	=B7*B8*60*60	
	A	B	C	D	
1	内径不同的圆管内的流速				
2					
3	横截面积 A_1	1.2	m²		
4	横截面积 A_2	0.7	m²		
5	流速 u_1	0.5	m/s		
6	流速 u_2	0.857143	m/s		
7	密度 ρ	1000	kg/m³		
8	流量 Q	0.6	m³/s		
9	流体质量 w	2.16E+06	kg/h		
10					

图 3-6　数据、算式的设定及计算结果

单元格的设定

单元格 B6　= B5 * B3/B4

单元格 B8　= B3 * B5

单元格 B9　= B7 * B8 * 60 * 60

刚才提到的连续性方程是质量守恒定律在流体力学中的具体表述形式，我们也可以用同样的方法来推导出流动流体能量守恒定律的基础公式。

对于各种形状的管路，外部对其所做的功用 $W(\text{J/kg})$ 表示，外部所施加的热量用 $q(\text{J/kg})$ 进行表示，对于施加能量前的状态 1 的位置 Z_1 和施加能量后的状态 2 的位置 Z_2 的关系式为：

$$gZ_1 + P_1v_1 + \frac{u_1^2}{2} + q + W = gZ_2 + P_2v_2 + \frac{u_2^2}{2} + U_2$$

能量守恒的关系式成立。这里，$U(\mathrm{J/kg})$ 为内能，$v(\mathrm{m^3/kg})$ 是比容积，$P(\mathrm{Pa})$ 是压强，$u(\mathrm{m/s})$ 为流速，重力加速度是 $g = 9.80\mathrm{m/s^2}$。

以流动的流体为研究对象，不考虑热量的进出，机械能守恒的情况较多。像这种流体机械能守恒的关系，被称为伯努利定律[1]。

自然界中实际存在的流体，由于存在黏性，为了抵抗黏性的阻力，流体的一部分机械能将不可逆地转化为热能。这种情况被称为摩擦损失，用 $F(\mathrm{J/kg})$ 表示：

$$gZ_1 + P_1v_1 + \frac{u_1^2}{2} + W = gZ_2 + P_2v_2 + \frac{u_2^2}{2} + F$$

$$W = g(Z_2 - Z_1) + (P_2v_2 - P_1v_1) + \frac{1}{2}(u_2^2 - u_1^2) + F$$

机械能 = 重力势能 + 压力势能 + 动能 + 摩擦损失（热能），这样可以求出外部所做的功 $W(\mathrm{J/kg})$。

例题 02

内径为 0.50cm 的圆管内，水以 $20\mathrm{dm^3/min}$ 的流速流动。设计的入口要比出口低 50m，出口的压强为 1atm（101.3kPa）。不考虑管路的摩擦损失，求入口的压强是多少。

这道例题中，水在内径固定的圆管内以固定的流量流动，所以计算中入口的流速与出口的流速是相等的。

$$g(Z_2 - Z_1) + (P_2 - P_1)v_{av} = 0$$

数据、算式的设定及计算结果，如图 3 - 7 所示。

根据计算的结果，入口的压强是 $5.91 \times 10^5 \mathrm{Pa}$。

	E5	▼	f_x	=(B6*1000-B5)*B3+B4*B7	
	A	B	C	D	E
1	伯努利原理				
2					
3	水的比体积 v_{av}	1.00E-03	m³/kg		
4	重力加速度 g	9.80	m/s²		
5	入口压强 P_1	5.91E+05	Pa	算式单元格	0.00E+00
6	出口压强 P_2	101.3	kPa		
7	位置 △Z	50	m		

图 3 - 7　数据、算式的设定及计算结果

单元格的设定

单元格 E5　　$= (B6 * 1000 - B5) * B3 + B4 * B7$　　单变量求解的算式输入单元格

单元格 B5　　可变单元格（初始值 100）

例题 03

使用内径为 0.205cm 的钢管，向高度为 18m 的水槽中以 $20.0\mathrm{m^3/h}$ 的流量抽水。如果摩擦损失为 17J/kg，求抽水泵所做的功为多少。

抽水泵所做的功用 $W(\mathrm{J/kg})$ 表示，则可以按照下述公式进行求解：

$$W = \frac{1}{2}(u_2^2 - u_1^2) + g(Z_2 - Z_1) + \left(\frac{P_2}{\rho_2} - \frac{P_1}{\rho_1}\right) + F$$

$v_{av}=1/\rho$。假设入口的流速为 0，由于处于开放的大气中，压强的能量差也认为是 0。则水的流出速度 u，可以按照下述公式进行求解。

$$u = \frac{Q}{\pi(D/2)^2}$$

数据、算式的设定及计算结果，如图 3－8 所示。

根据计算的结果，抽水泵所做的功为 193J/kg。

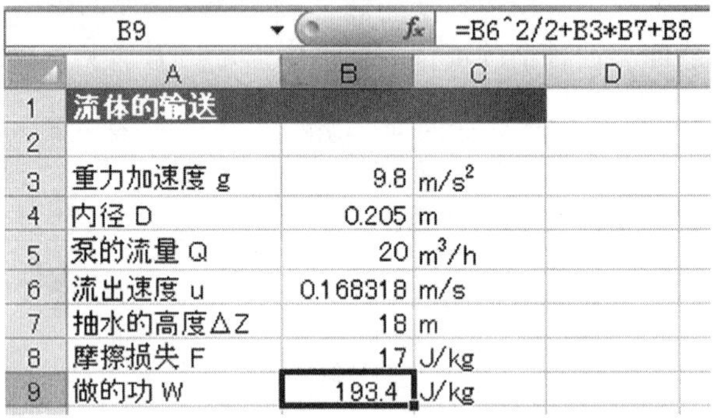

B9　fx　=B6^2/2+B3*B7+B8

	A	B	C	D
1	流体的输送			
2				
3	重力加速度 g	9.8	m/s²	
4	内径 D	0.205	m	
5	泵的流量 Q	20	m³/h	
6	流出速度 u	0.168318	m/s	
7	抽水的高度ΔZ	18	m	
8	摩擦损失 F	17	J/kg	
9	做的功 W	193.4	J/kg	

图 3－8　数据、算式的设定及计算结果

单元格的设定

单元格 B6　= B5/60/60/PI( )/(B4/2)^2

单元格 B9　= B6^2/2 + B3 * B7 + B8

PI（）是一个函数，此函数可以返回数字 3.14159265358979，即圆周率精确到小数点后 14 位。

3.3　摩擦损失

前面例题学习中，直型圆管中流体因摩擦所产生的能量损失（摩擦损失）F(J/kg) 在各例题中可以判断出来，并且可以通过范宁公式（Fanning's Equation）计算出来。

$$F = 4f\left(\frac{u^2}{2}\right)\left(\frac{L}{D}\right)$$

上述公式，当管径为 D(m)、管长为 L(m)、流速为 u(m/s) 时，f 为摩擦系数 (1)，是雷诺数（Re）的函数。对于层流来说，有如下函数关系：

$$f = \frac{16}{Du\rho/\mu} = \frac{16}{Re}$$

Re 比 2300 大的湍流，f 用 Re 表示比较困难，对于粗糙管和平滑管，摩擦系数 f 和 Re，一般通过图 3－9 的线形图作图求出。

例题 01

对于粗糙管和平滑管，按照图 3－9 的线形关系图，求湍流情况下的摩擦系数 f 和 Re 的相关实验公式。

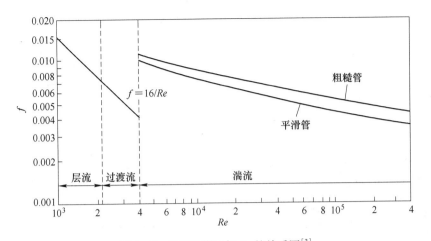

图 3 - 9　摩擦系数 f 与 Re 的关系图[3]

（出自：化学工学协会编，《化学工学便览改订 5 版》，丸善株式会社（1988）

图 5 - 1 管摩擦係数とレイノルズ数 Re との関係，P262）

从摩擦系数 f 和 Re 的关系图中可以读出坐标点，且纵坐标和横坐标的数据都是以对数形式的散点图表示的。Excel 中一般使用散点图描绘出坐标点的曲线，首先双击坐标轴，选择"坐标轴格式"，出现的对话框如图 3 - 10 所示，选择"对数刻度"表示，如图 3 - 11 所示，两坐标轴用对数表示的散点图就做好了。

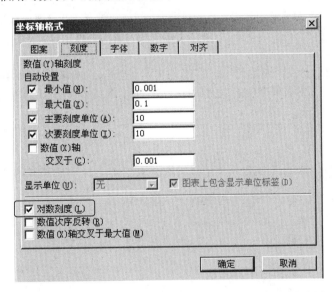

图 3 - 10　坐标轴格式的设定（用对数刻度表示）

双击坐标点，出现"趋势线格式"的对话框，选择类型用"乘幂"进行设定，选择选项用"显示公式"进行设定，这样就可以让需要求得的公式表示出来。

按照上述要求的事项进行设定，求出的粗糙管和平滑管的摩擦系数 f 与 Re 的相关实验公式为：

粗糙管：

$$f = 0.0613Re^{-0.2099}$$

平滑管： $f = 0.0601 Re^{-0.2231}$

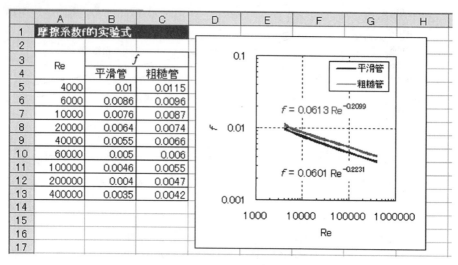

图 3-11   对数轴表示的散点图和乘幂趋势线的算式

单元格的设定

这个工作表,仅是为了通过摩擦系数和 Re 的关系图读取数据而录入的数据。

流体流动壁面的粗糙光滑程度由其凸凹程度决定。完全没有凸凹壁面的管被称为平滑管。实际上,管的壁面多少都有些凸凹不平,基本上都是粗糙管。也可以说,平滑管只是理想情况的管子。

层流状态,壁面的粗糙光滑程度不进行考虑也可以,但湍流的状态,壁面的影响比较大。因此,对于湍流的情况,应了解各种材料壁面的粗糙与光滑程度,然后再根据实测值推算其流体的摩擦系数。

例题 02

前面的例题 01,求出了摩擦系数 f 的实验公式。但是,一般湍流的情况,

平滑管卡尔曼实验公式：$\dfrac{1}{\sqrt{f}} = 4.0\log(Re\sqrt{f}) - 0.4$

粗糙管尼古拉兹实验公式：$\dfrac{1}{\sqrt{f}} = 3.2\log(Re\sqrt{f}) + 1.2$

上述公式是被总结提出的半理论经验公式。这些公式中的 log 为常用对数。请分别研究钢管的实验公式和半理论经验公式的误差。Excel 的对数函数中,LOG（）为常用对数函数,LN（）为自然对数函数。

要解出这个半理论经验的方程式,可以按照图 3-12 所示的工作表,对各行数据进行单变量求解设定,然后再求解。

为了表示对应做成散点图的误差范围,如图 3-13 所示,双击曲线上的坐标点,出现数据系列格式对话框,选择"误差线 Y"进行设定。然后,各自对应 Y 值求出误差,这样就可以做成如图 3-14 所示的对数轴散点图。

图 3-12 为求出半理论经验式使用单变量求解设定后的画面

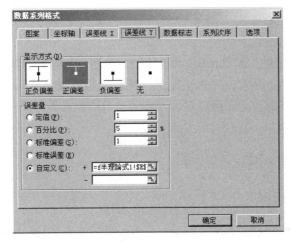

图 3-13 数据系列格式的设定（误差范围的表示）

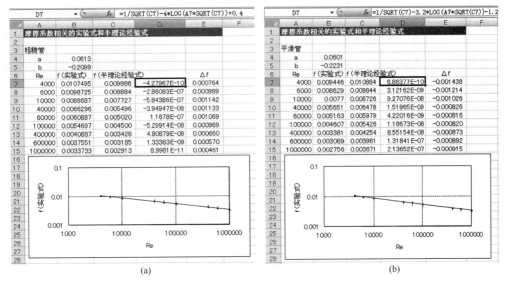

(a)

(b)

图 3-14 用对数轴表示误差的散点图

(a) 粗糙管；(b) 平滑管

单元格的设定

（a）单元格 D7　= 1/SQRT(C7) - 4 * LOG(A7 * SQRT(C7)) + 0.4　算式录入单元
格（单变量求解的设定）

（b）单元格 D7　= 1/SQRT(C7) - 3.2 * LOG(A7 * SQRT(C7)) - 1.2　算式录入单
元格（单变量求解的设定）

单元格 C7　可变单元格（初期值 0.01）

单元格 E7　= B7 - C7

单元格的范围 C8:E15　按照上述操作对每行数据进行单变量求解

例题 03

水平方向上输送流量为 $200\text{m}^3/\text{h}$、密度为 850kg/m^3 和黏度为 60cP 的流体。求内径为 0.15m 或 0.20m 的管子输送流体 2km 时，理论上所需要的动力（kW），并确定使用哪根管子最节省动力。

这是一道"输送某种流体 2km 时，管子内径的大小决定所需要的动力为多少"的问题。假设储水槽的水面足够大，为水平输送，机械能与位置势能和压强势能的变化无关，可以忽略。则结合流体的动能和摩擦损失，所需动力的公式为：

$$W = \frac{u^2}{2} + F$$

$$P = W \cdot w$$

这里 w 为流体的质量流量。

数据、算式的设定及计算结果，如图 3 - 15 所示。

根据计算的结果，设理论上所要的动力为 P，则当输送管的内径 D 为 0.15m 时，P 为 120.4kW；内径为 0.20m 时，P 为 30.4kW。前者所需要的动力是后者的 4 倍，因此，使用大内径的管子输送流体可以节省动力。

	A	B	C	D	E
	B3	fx	0.15		
1	理论上所需要的动力				
2					
3	D	0.15	m		
4	L	2	km		
5	Q	200	m³/h	0.0556	m³/s
6	u	3.143801	m/s		
7	质量流量w	47.22222	kg/s		
8	ρ	850	kg/m³		
9	μ	60	cP	0.06	Pa.s
10	Re	6680.578	湍流		
11	粗糙管 a, b	0.0613	-0.2099		
12	f	0.009652			
13	F	2543.964	J/kg		
14	W	2548.906	J/kg		
15	理论上所需要的动力 P	120.365	kW		

(a)

	A	B	C	D	E
	B3	fx	0.2		
1	理论上所需要的动力				
2					
3	D	0.2	m		
4	L	2	km		
5	Q	200	m³/h	0.0556	m³/s
6	u	1.768388	m/s		
7	质量流量w	47.22222	kg/s		
8	ρ	850	kg/m³		
9	μ	60	cP	0.06	Pa.s
10	Re	5010.433	湍流		
11	粗糙管 a, b	0.0613	-0.2099		
12	f	0.010253			
13	F	641.2714	J/kg		
14	W	642.835	J/kg		
15	理论上所需要的动力 P	30.3561	kW		

(b)

图 3 - 15　数据、算式的设定及计算结果
（a）$D = 0.15\text{m}$；（b）$D = 0.20\text{m}$

单元格的设定

单元格 B6	= D5/(PI( )/4 * B3^2)
单元格 B7	= D5 * B8
单元格 D5	= B5/60/60
单元格 B10	= B3 * B6 * B8/D9
单元格 C10	= IF(B10 > 2300,"湍流","层流")
单元格 B11	0.0613(输入数值)
单元格 C11	−0.2099(输入数值)
单元格 B12	= B11 * B10^C11
单元格 B13	=4 * B12 * B6^2/2 * B4 * 1000/B3
单元格 B14	= B13 + B6^2/2
单元格 B15	= B14 * B7/1000

例题 04

内径为 0.0276m 的钢管中水以 2.5m/s 的速度流动。求管子的长度为 20m 时，粗糙管和平滑管的摩擦损失（J/kg）各是多少。

为了研究流体的流动物性，首先要计算得出 Re。如图 3 − 16 所示，算出的 Re 数值为 69000，判定的结果如单元格 C8 确定为"湍流"。

管子的摩擦系数，使用之前例 01 中求得的乘幂趋势线实验公式。

根据计算的结果，所用钢管的摩擦损失，粗糙管的情况为 53.6J/kg，平滑管的情况为 45.3J/kg。

		H5			fx	=4*G5*$B$7^2/2*$B$4/$B$3			
	A	B	C	D	E	F	G	H	I
1	摩擦损失								
2									
3	内径 D	0.0276	m					摩擦损失 F	
4	管的长度 L	20	m	管的摩擦系数	a	b	f		
5	水的密度 ρ	1000	kg/m³	粗糙管	0.0613	-0.2099	0.005913	53.557	J/kg
6	水的黏度 μ	0.001	Pa·s	平滑管	0.0601	-0.2231	0.005004	45.327	J/kg
7	流速 u	2.5	m/s						
8	Re	69000	湍流						

图 3 − 16　数据、算式的设定及计算结果

单元格的设定

单元格 B8	= B3 * B7 * B5/B6
单元格 C8	= IF(B8 > 2300,"湍流","层流")
单元格 E5	0.0613(输入数值)
单元格 E6	0.0601(输入数值)
单元格 F5	−0.2099(输入数值)
单元格 F6	−0.2231(输入数值)
单元格 G5	= E5 *$B$8^F5
单元格 G6	= E6 *$B$8^F6

单元格 H5	$= 4 * G5 * \$B\$7^2/2 * \$B\$4/\$B\$3$
单元格 H6	$= 4 * G6 * \$B\$7^2/2 * \$B\$4/\$B\$3$

例题 05

　　如下图所示，有两个储水槽，用平滑的直型管路连接。求两液面的高度差为 1.5m 的时管路中水的流量。这时，管径为 10cm、长度为 120m、水的密度为 $1000 kg/m^3$、黏度为 $0.001 Pa \cdot s$。

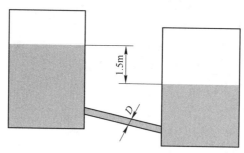

　　题目中仅知道两个储水槽用平滑的直型管路连接，流速、Re、摩擦系数等不清楚的情况下，假定流量可以通过摩擦系数的变化用试行法求出。

　　摩擦系数可以根据刚才例题中求得的摩擦系数趋势曲线算式求出，计算得出 Re 之后，可以算出流速，然后再计算出流量。

　　数据、算式的设定及计算结果，如图 3-17 所示。

　　图 3-17(a) 中，首先设定 $f = 0.0050$ 计算，流速为 0.69m/s，比较小；图 3-17 (b) 中，稍微减小一下数值，$f = 0.0044$ 时，流速为 1.23m/s；这个管路体系是以假定的数值进行计算的，这时算出的流量为 $0.00965 m^3/s$。

B6		fx	0.005
	A	B	C	D
1	管摩擦系数的实行法			
2				
3	摩擦系数	平滑管		
4	a	0.0601		
5	b	-0.2231		
6	f	0.005		
7	Re	69254.87	湍流	
8	D	10	cm	
9	ρ	1000	kg/m³	
10	μ	0.001	Pa·s	
11	u	0.692549	m/s	
12	L	120	m	
13	F	0.057555	J/kg	
14	Q	0.005439	m³/s	

(a)

B6		fx	0.0044
	A	B	C	D
1	管摩擦系数的实行法			
2				
3	摩擦系数	平滑管		
4	a	0.0601		
5	b	-0.2231		
6	f	0.0044		
7	Re	122827.4	湍流	
8	D	10	cm	
9	ρ	1000	kg/m³	
10	μ	0.001	Pa·s	
11	u	1.228274	m/s	
12	L	120	m	
13	F	0.159314	J/kg	
14	Q	0.009647	m³/s	

(b)

图 3-17　数据、算式的设定及计算结果
(a) $f = 0.0050$；(b) $f = 0.0044$

单元格的设定

　　单元格 B7　　$= EXP(LN(B6/B4)/B5)$

单元格 C7	= IF (B7 > 2300 , " 湍流 " , " 层流 ")
单元格 B11	= B7 * B10 / (B8/100) / B9
单元格 B13	= 4 * B6 * B11^2/2 * B12/B8
单元格 B14	= PI ( ) /4 * (B8/100)^2 * B11

IF（引数 1，引数 2，引数 3）是判断分歧的函数。引数 1 的条件是如果是真的情况，选择引数 2 的命令；如果是伪的情况，选择引数 3 的命令。

EXP（）是以自然常数 e 为底的乘幂函数，对应的引数以自然常数的乘幂形式输出。

3.4　管件内的流体

对于装置中管内流体的流动，考虑到了因摩擦产生的机械能损失，同时也必须考虑到配管等管路变化而导致的能量损失。管路在拐弯、扩大和缩小时，管件的附属物也会导致能量的损失。

管件附属物有接口、阀门、流量计等，每个部分所引起的湍流都会产生能量损失。能量损失的大小因使用管件附属物的不同差异很大，摩擦系数也有所差别，对于管件附属物所造成的能量损失，可以将其视为与同管径某一长度管道产生的沿程水头损失，这被称为"当量长度"。对于相当长度对应系数的关系，请参照化工方面的专业工具书。这时，如果管路整体的能量损失用管的长度 L 和当量长度 L_e 表示后，就有如下关系式：

$$F = 4f\left(\frac{u^2}{2}\right)\left(\frac{L + L_e}{D}\right)$$

例题 01

内径为 0.050m 的钢管使用 90° 弯头（当量长度为 32）3 个、球形阀门（当量长度为 300）4 个、十字接口（当量长度为 50）1 个连接成 350m 的管路。其中密度为 800kg/m³、黏度为 0.054Pa·s 的流体以 0.50m/s 的流速流动。求球形阀门全开的情况下，液体的能量损失是多少。

管的当量长度，用各自的对应量与连接个数的乘积的和表示：

$$L_e = D(C_1 N_1 + C_2 N_2 + \cdots)$$

则管路所造成的总体能量损失的公式为：

$$F = 4f\left(\frac{u^2}{2}\right)\left(\frac{L + L_e}{D}\right)$$

数据、算式的设定及计算结果，如图 3 - 18 所示。

这种情况下的雷诺数 $Re = 370$，为层流，则使用摩擦系数 $f = 16/Re$。

根据计算的结果，当量长度为 67.3m，能量损失为 180.3J/kg。

单元格的设定

单元格 B11	= B4 * (B5 * C5 + B6 * C6 + B7 * C7)
单元格 B12	= B4 * B8 * B9/B10
单元格 C12	= IF (B12 > 2300 , " 湍流 " , " 层流 ")

单元格 B13　=16/B12

单元格 B14　=4 * B13 * B8^2/2 * (B3 + B11)/B4

B11　=B4*(B5*C5+B6*C6+B7*C7)

	A	B	C	D	E
1	管的当量长度				
2					
3	管路 L	350	m		
4	内径 D	0.05	m		
5	90°弯头 C_1	32	3	个	
6	球形阀门 C_2	300	4	个	
7	十字接口 C_3	50	1	个	
8	流速 u	0.5	m/s		
9	密度 ρ	800	kg/m^3		
10	黏度 μ	0.054	Pa.s		
11	当量长度 L_e	67.3	m		
12	Re	370.3704	层流		
13	摩擦系数 f	0.0432			
14	能量损失 F	180.2736	J/kg		

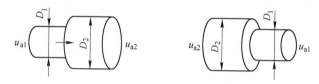

图 3－18　数据、算式的设定及计算结果

如图 3－19 所示，当管子的内径急速变化时，假定为迅速扩大的情况和迅速缩小的情况，研究流体能量的损失。

图 3－19　扩大管和缩小管

（1）急速扩大的情况，能量损失 F_e 为：

$$F_e = f_e \frac{u_{a1}^2}{2}$$

$$f_e = \left(1 - \frac{D_1^2}{D_2^2}\right)^2$$

（2）急速缩小的情况，能量损失 F_c 为：

$$F_c = f_c \frac{u_{a1}^2}{2}$$

$$f_c = \left(1 - \frac{D_1^2}{D_2^2}\right)^2$$

例题 02

某种油于内径 80.7mm 的管中以 6m^3/h 的流量流动，中途流入内径为 27.6mm 的管子中，然后再流到原内径为 80.7mm 的管子中，求管子缩小和扩大变换时所造成的能量损失。

将上述关系式于工作表中设定好之后，计算结果如图 3－20 所示。

根据计算的结果，管路中扩大和缩小所造成的能量损失为 4.40J/kg。

	B8	▼	f_x	=0.4*(1-B4^2/B3^2)*B7^2/2	
	A	B	C	D	E	F

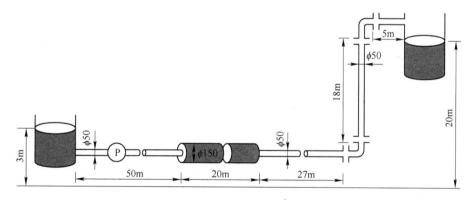

图 3 – 20　数据、算式的设定及计算结果

单元格的设定

单元格 B6　　= B5/PI( ) ∗ 4/(B3/1000)^2/60/60

单元格 B7　　= 6/PI( ) ∗ 4/(B4/1000)^2/60/60

单元格 B8　　= 0.4 ∗ (1 − B4^2/B3^2) ∗ B7^2/2

单元格 B9　　= (1 − B4^2/B3^2)^2 ∗ B7^2/2

单元格 B10　 = B8 + B9

例题 03

如图所示，有个输水管道系统。如果送水量为 50m³/h，求当电动机和水泵的综合效率 η 为 50% 时，所需要的动力是多少。这个问题是计算输送管体系中各个部分的能量损失。①内径为 50mm 的钢管直管部分；②内径为 150mm 的钢管直管部分；③下图的储水罐到 50mm 钢管的缩小部分；④内径为 50mm 钢管到内径为 150mm 钢管的扩大部分；⑤内径为 150mm 钢管到内径为 50mm 钢管的缩小部分；⑥50mm 钢管的弯头部分 2 个；⑦50mm 钢管进入到上部储水罐的部分，假设钢管为平滑管。我们认为最后⑦管出口的能量消失。

对于平滑管的摩擦系数 f，可以根据卡尔曼公式 $\frac{1}{\sqrt{f}} = 4.0\log(Re\sqrt{f}) - 0.4$ 进行计算，然后计算能量损失 F。

急速缩小的部分③，储水罐的内径要比管子的内径大的多，我们认为 $\frac{D_1}{D_2} \approx 0$。相应的

$f_c = 0.4$。另一个急速缩小的部分⑤按照式子进行计算。

急速扩大的部分④，求出 f_e 后再进行计算。

弯头部分的当量长度 L_e，系数 $C = 30$ 进行计算。

通过水泵输送的水，管的出口输送能量全部消失，这部分也要加入到能量损失中，如图 3 – 21 所示。

	A	B	C	D	E	F	G
1	输送管路体系中所需要的动力						
2							
3	送水量 Q	50	m³/h	①			
4	综合效率 η	50	%	L	100	m	
5	密度 ρ	1000	kg/m³	D	0.05	m	
6	粘度 μ	0.001	kg/m·s	u	7.073553	m/s	
7	Z_1	3	m	Re	353677.7	湍流	
8	Z_2	20	m	平滑管 f	0.003508	算式单元格	-5.6E-07
9	L_1	50	m	F_1	702.0367	J/kg	
10	L_2	20	m				
11	L_3	27	m	②			
12	L_4	18	m	L	20	m	
13	L_5	5	m	D	0.15	m	
14	D_1	50	mm	u	0.78595	m/s	
15	D_2	150	mm	Re	117892.6	湍流	
16				平滑管 f	0.00435	算式单元格	-8E-08
17	③, ⑤	缩小部分		F_2	0.716471	J/kg	
18	fc_1	0.4					
19	fc_2	0.355556		⑥	弯头部分		
20	F_c	18.90217	J/kg	N	2	个	
21				C	30		
22	④	扩大部分		L_e	3	m	
23	fe	0.790123		F_6	21.0611	J/kg	
24	F_e	19.76697	J/kg				
25							
26	⑦	流动能量					
27	U	25.01758	J/kg				
28							
29	全部能量损失						
30	F	787.501	J/kg				
31	W	954.101	J/kg				
32	Q	13.88889	kg/s				
33	动力	26502.81	J/s				

图 3 – 21　数据、算式的设定及计算结果

单元格的设定

　　单元格 E4　 = B9 + B11 + B12 + B13

　　单元格 E5　 = B14/1000

　　单元格 E6　 = B3/60/60/PI( ) ∗ 4/E5^2

　　单元格 E7　 = E5 ∗ E6 ∗ B5/B6

　　单元格 F7　 = IF(E7 > 2300,"湍流","层流")

单元格 E8	可变化单元格(初期值设定为 0.001)
单元格 G8	$=4*LOG(E7*SQRT(E8))-0.4-1/SQRT(E8)$ 输入算式单元格
	(单边求解的设定)
单元格 E9	$=4*E8*E6^2/2*E4/E5$
单元格 E12	$=20$ 输入数值
单元格 E13	$=B15/1000$
单元格 E14	$=B3/60/60/PI()*4/E13^2$
单元格 E15	$=E13*E14*B5/B6$
单元格 F15	$=IF(E15>2300,"湍流","层流")$
单元格 E16	可变化单元格(初期值设定为 0.001)
单元格 G16	$=4*LOG(E15*SQRT(E16))-0.4-1/SQRT(E16)$ 输入算式单元
	格(单边求解的设定)
单元格 E17	$=4*E16*E14^2/2*E12/E13$
单元格 B18	$=0.4$ 输入数值
单元格 B19	$=0.4*(1-(B14/B15)^2)$
单元格 B20	$=(B18+B19)/2*E6^2$
单元格 B23	$=(1-(B14/B15)^2)^2$
单元格 B24	$=B23/2*E6^2$
单元格 E22	$=E20*E21*E5$
单元格 E23	$=E9*E22/E4$
单元格 B27	$=E6^2/2$

例题 04

使用压差式流量计,研究管内流动气体的流量。测定条件为管径 $D=0.0194m$、最大流量 $q_{max}=0.0085kg/s$、最大压强差 $\Delta P=9806Pa$、气体的密度 $\rho=7.50kg/m^3$,气体的黏度 $\mu=1.50\times10^{-5}Pa\cdot s$ 时,求电动压差式流量计中的节流直径 $d(m)$。

使用压差式流量计的节流系数 β,按照 JIS Z8762—1995 的规定,给出了下述关系式。这里,气体的膨胀辅正系数 ε 为 1。

$$\beta=d/D$$

$$q_{max}=\frac{C}{\sqrt{1-\beta^4}}\varepsilon\frac{\pi}{4}d^2\sqrt{2\Delta P\rho}$$

$$C=0.5959+0.0312\beta^{2.1}-0.184\beta^8+0.0029\beta^{2.5}\left(\frac{10^6}{Re_D}\right)^{0.75}$$

$$Re_D=\frac{Du\rho}{\mu}$$

$$u=\frac{\pi}{4}\frac{q_{max}/\rho}{D^2}$$

这是假设节流直径 d 为未知数的方程式的解法,采用单变量求解计算。节流直径 d 的初期设定值为 $0.01m$,算式单元格 E4 中输入单变量求解的算式。图 3 - 22 表示了数据、算式的设定和单变量求解运行计算的画面。

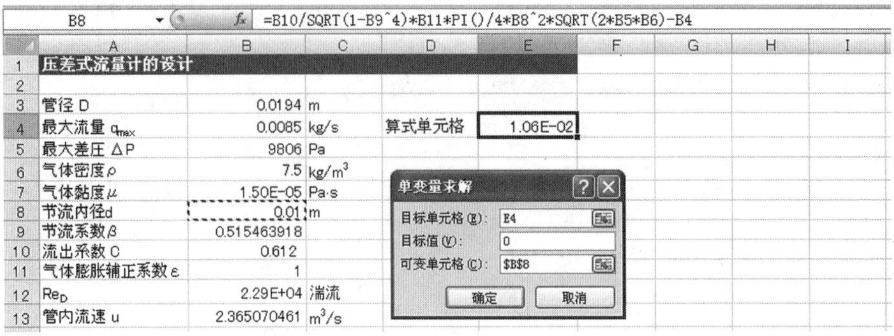

图 3 - 22　数据、算式的设定及单变量求解运行计算的画面

单变量求解计算后（如图 3 - 23 所示），节流内径 d 为 $0.00682m$，这时的流出系数 C 为 0.603。

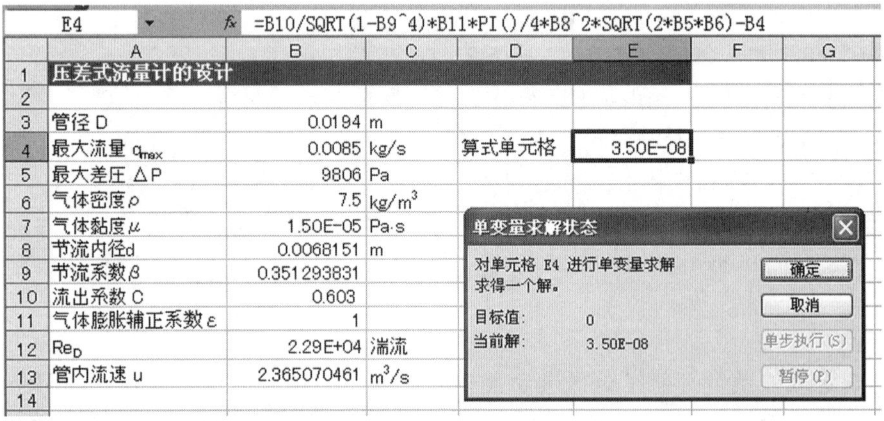

图 3 - 23　计算结果

单元格的设定

单元格 E4	$=B10/SQRT(1-B9^4)*B11*PI()/4*B8^2*SQRT(2*B5*B6)-B4$

单变量求解的设定

单元格 B8	可变化单元格（初期值设定为 0.01）
单元格 B9	$=B8/B3$
单元格 B10	$=0.5959+0.0312*B9^2.1-0.184*B9^8+0.0029*B9^2.5*$ $(1000000/B12)^0.75$
单元格 B11	$=1$　输入数值
单元格 B12	$=B3*B13*B6/B7$
单元格 C12	$=IF(B12>2300,"湍流","层流")$
单元格 B13	$=PI()/4*B4/B6/B3^2$

1. 如图所示，管路由 $\phi 89 \times 4\text{mm}$ 的管 1、$\phi 108 \times 4\text{mm}$ 的管 2 和两段 $\phi 57 \times 3.5\text{mm}$ 的分支管 3a 及 3b 连接而成。若水以 $9 \times 10^{-3}\text{m}^3/\text{s}$ 的体积流量流动，且在两段分支管内的流量相等，用 Excel 工作表求出水在各段管内的速度。

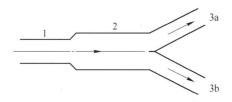

2. 水在图所示的虹吸管内做定态流动，管路直径没有变化，水流经管路的能量损失可以忽略不计，用 Excel 工作表计算管内截面 $2-2'$、$3-3'$、$4-4'$ 和 $5-5'$ 处的压强。大气压强为 $1.0133 \times 10^5\text{Pa}$。图中所标注的尺寸均以 mm 计。

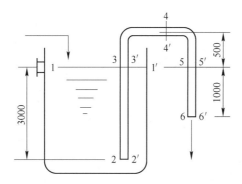

3. 如图所示，用无缝钢管将高位槽中的料液输送到储罐中，管路总长 20m，管径 $\phi 108 \times 4\text{mm}$，料液密度为 1100kg/m^3，黏度为 1.1cP，其余如图。为保证管内流速达到 2m/s，求高位槽液面到储罐液面的最小距离 h 为多少。（用 Excel 工作表计算）

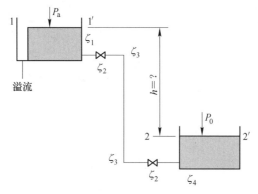

4. 水流经如图所示的管路系统从细管喷出。已知 d_2 管段的压头损失 $H_{f2} = 1\text{m}$（包括局部阻力），d_3 管段的压头损失 $H_{f3} = 2\text{m}$（不包括出口损失）。用 Excel 工作表求：管口喷出时水的速度 $u_3 = $ _____ m/s，d_2 管段的速度 $u_2 = $ _____ m/s，水的流量 $V = $ _____ m³/h。

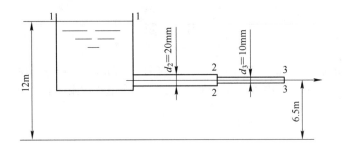

参 考 文 献

［1］夏清，陈常贵. 化工原理（上册）［M］. 天津：天津大学出版社，2005.

［2］朱克勤. 黏性流体力学［M］. 北京：高等教育出版社，2011.

［3］化学工学协会编. 化学工学便览改订5版［M］. 丸善株式会社，1988：262.

4 传 热

化学工程和冶金工程工艺操作中，加热和冷却等热量传递的情况很多，这样的操作被称为传热操作。传热装置有热交换器、蒸发器、加热器等。

只要一个介质中或两个介质之间存在温度差，就必然会发生传热。我们把不同类型的传热过程称为不同的传热模式。当在静态介质中存在温度梯度时，不论介质是固体还是流体，介质中都会发生传热，这种传热过程被称为热传导。与此不同，当一个表面和一种运动的流体处于不同温度时，他们之间发生的传热称为对流。第三种传热模式称为热辐射，所有具有一定温度的表面都以电磁波的形式发射能量。因此，若两个温度不同的表面之间不存在参与传热的介质，则它们只能通过热辐射进行传热。热量从温度高的地方向温度低的地方流动，主要围绕这三种形式发生传递。另外，这三种热量传递形式，也有可能同时发生[1]。

本章主要学习三种传热机制、热交换器以及传热膜系数的变化等方面所涉及的数据处理，使用 Excel 工作表进行计算。

4.1 热 传 导

热传导的热量移动，在单位时间、单位面积上传递的热量 q 与温度梯度差成正比例关系。这样的热量称为热流束。传热介质的厚度为 $x(\mathrm{m})$、温度差为 ΔT，即（$T_2 - T_1$），则有如下关系式：

$$q = -k\frac{\mathrm{d}T}{\mathrm{d}x} = -k\frac{\Delta T}{x}$$

这个式子称为傅里叶定律。这里的 k 为热导率（导热系数），是物质的固有属性。

传热面积用 $A(\mathrm{m}^2)$ 表示，则传热速度 $Q(\mathrm{W})$ 的式子为：

$$Q = qA = -kA\frac{\Delta T}{x} = -kA\frac{T_2 - T_1}{x}\cdots$$

当传热面积为一定的平板状壁面的情况，上述公式为：

$$Q = -\frac{\Delta T}{R} = \frac{T_2 - T_1}{R}$$

同欧姆定律一样，这里 R 被称为传热阻力。

对于多种复合材料组成的复合平板状壁面的热传递，这个定律同样适用。如图 4-1 所示，三种材料组成的三层平板，通常情况下，壁内的传热式为：

$$Q = \frac{k_1 A(T_1 - T_2)}{x_1} = \frac{k_2 A(T_2 - T_3)}{x_2} = \frac{k_3 A(T_3 - T_4)}{x_3} = \frac{T_1 - T_4}{R_1 + R_2 + R_3} = \frac{\Delta T}{\sum R}$$

接触面层中间的温度为：

$$\frac{\Delta T_1}{\Delta T_2} = \frac{T_1 - T_2}{T_1 - T_4} = \frac{R}{\sum R}$$

通过上式进行求解。

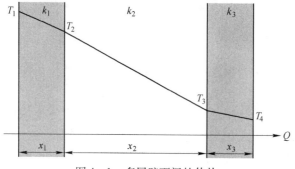

图 4 - 1　多层壁面间的传热

绝热窗玻璃　使用一枚玻璃做窗玻璃，一到冬天，窗玻璃就会凝结露水，隔热效果差；最近的窗玻璃经常使用隔热窗玻璃。一般是使用两枚 3mm 厚的玻璃，像三明治一样将空气密夹到中间。

隔热效果与玻璃本身的隔热性能有关系，我们可以说两枚玻璃的隔热效果是一枚玻璃的两倍。但是不仅隔热，防结露和隔音方面的性能也很好。可使用多层壁面的绝热效果来确认绝热玻璃的隔热效果。

例题 01

木造住宅的玻璃窗（面积 $1m^2$、厚度 5mm），室内温度维持在 25℃ 的时候，室外温度为 0℃。求通过玻璃窗放出热量的传热速度。此时，玻璃的热传导率为 3W/（m・K）。

另外，如果玻璃的外侧覆盖隔热板（厚度为 2mm，热传导率为 0.1W/（m・K）），求进行防寒时的传热速度。此时，室内外的温度与前面相同。

（1）仅为玻璃窗的情况，传热速度可以根据 $Q = kA\dfrac{\Delta T}{d}$ 求解。

数据、算式的设定及计算结果，如图 4 - 2 所示。
根据计算结果，传热速度 Q 为 15000W。

	B9		f_x	=B7*B5*(B3-B4)/(B6/1000)	
	A	B	C	D	
1	传热速度				
2					
3	室内温度 T_1	25	℃		
4	室外温度 T_2	0	℃		
5	窗面积 A	1	m^2		
6	玻璃厚度 d	5	mm		
7	玻璃热导率 k	3	W/m・K		
8	①				
9	传热速度 Q_1	15000	W		

图 4 - 2　数据、算式的设定及计算结果 1

（2）玻璃的外侧被隔热层覆盖的情况，可以按照如下公式：

$$kA\frac{T_1 - T_s}{d} = k_s A\frac{T_s - T_2}{d_s}$$

求出玻璃与隔热层的界面温度 T_s。这个例题可以使用单变量求解计算。

传热阻力按照 $R = \dfrac{d}{kA} + \dfrac{d_s}{k_sA}$ 求解。

数据、算式的设定及计算结果，如图 4-3 所示。

根据计算结果，传热速度 Q 为 1154 W，如果覆盖隔热层的话，传热速度减小为原来的 7.7%。

	A	B	C	D	E
	B16		f_x	=B15/B9*100	
1	传热速度				
2					
3	室内温度 T_1	25	℃		
4	室外温度 T_2	0	℃		
5	窗面积 A	1	m²		
6	玻璃厚度 d	5	mm		
7	玻璃热导率 k	3	W/m·K		
8	①				
9	传热速度 Q_1	15000	W		
10	②				
11	隔热层的厚度 d_s	2	mm		
12	隔热层的热导率 k_s	0.1	W/m·K		
13	玻璃板的界面温度 T_s	23.07692	℃	算式单元格	-1.59162E-11
14	传热阻力 R	0.021667	K/W		
15	传热速度 Q_2	1153.846	W		
16	隔热效果	7.692308	%		

图 4-3 数据、算式的设定及计算结果 2

单元格的设定

单元格 B9　　$= B7 * B5 * (B3 - B4)/(B6/1000)$

单元格 B13　　初期值为 10(可变单元格,单变量求解的解)

单元格 E13　　$= B7 * B5 * (B3 - B13)/(B6/1000) - B12 * B5 * (B13 - B4)/(B11/1000)$（算式单元格）

单元格 B14　　$= (B6/1000)/B7/B5 + (B11/1000)/B12/B5$

单元格 B15　　$= (B3 - B4)/B14$

单元格 B16　　$= B15/B9 * 100$

如图 4-4 所示，存在壁厚的圆环形中空圆桶，传热面积会发生变化。

通过厚壁圆桶壁面的传热，传热面积会依据壁面半径的变化而变化。内径为 r_1、外径为 r_2，管长为 L，则内表面积 A_1 和外表面积 A_2 的对数平均面积 A_m 为：

$$A_m = \frac{A_2 - A_1}{\ln(A_2/A_1)}$$

这时的传热速度 Q 为：

$$Q = k_{av}A_m \frac{T_1 - T_2}{r_2 - r_1}$$

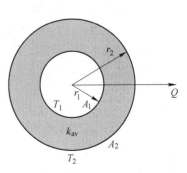

图 4-4 中空圆桶壁面的传热

这时的 k_{av} 为某个温度范围的平均导热系数。

例题 02

有种使用三种固体材料做成的壁炉，有耐火砖、隔热砖、普通砖三层，每层砖的厚度为 0.25m，当炉内表面的温度为 1000℃、外表面的温度为 130℃ 时，求出壁炉单位表面积上所放出的热量 Q(W)。这时，三种砖的热传导率依次为 1.5W/(m · K)、0.75W/(m · K)、1.0W/(m · K)。

利用上述的式子，进行数据、算式的设定及计算得到结果，如图 4 – 5 所示。

根据计算的结果，炉壁单位面积上放出的热量 Q 为 1160W，各层接触面的温度 T_2 为 807℃、T_3 为 420℃。

	B16		f_x	=(B7−B8)/B15		
	A	B	C	D	E	F
1	复合壁面砖的传热					
2						
3	耐火砖 k_1	1.5	W/m·K			
4	隔热砖 k_2	0.75	W/m·K			
5	普通砖 k_3	1	W/m·K			
6	砖的厚度 d	0.25	m			
7	炉内表面温度 T_1	1000	℃			
8	外表面温度 T_4	130	℃			
9	接触面温度 T_2	806.6667	℃			
10	接触面温度 T_3	420	℃			
11	单位壁面积 A	1	m²			
12	传热阻力 R_1	0.166667	K/W			
13	传热阻力 R_2	0.333333	K/W			
14	传热阻力 R_3	0.25	K/W			
15	总传热阻力 R	0.75	K/W			
16	放出热量 Q	1160	W			

图 4 – 5　数据、算式的设定及计算结果

单元格的设定

单元格 B9 　 = B7 − (B7 − B8) * B12/B15

单元格 B10 　 = B8 + (B7 − B8) * B14/B15

单元格 B12 　 = B6/B11/B3

单元格 B13 　 = B6/B11/B4

单元格 B14 　 = B6/B11/B5

单元格 B15 　 = SUM(B12:B14)

单元格 B16 　 = (B7 − B8)/B15

例题 03

外径为 60mm（壁厚为 3mm）的输送管用 8mm 的隔热材料包裹后保温。管内表面的温度为 120℃，隔热材料外表面的温度为 30℃ 时，求管长 1m 放出多少热量。另外，求输送管与隔热材料接触面的温度。此时，输送钢管、隔热材料的热导率依次为 30W/(m · K)、1.2W/(m · K)。

1m 管长所放出的热量 Q 的式子为：

$$Q = \frac{\Delta T}{\dfrac{\Delta r_1}{A_{m1}k_1} + \dfrac{\Delta r_1}{A_{m2}k_2}}$$

利用上述的式子，进行数据、算式的设定及计算得出结果，如图 4-6 所示。

根据计算的结果，1m 管长放出的热量为 2820W，输送管与隔热材料接触面的温度 T_2 为 118℃。

	B18	f_x	=(B15-B17)/((B5-B4)/2/1000/B10/B7+B11/1000/B14/B12)				
	A	B	C	D	E	F	G	H
1	中空圆桶壁面的传热							
2								
3	钢管的长度 L	1	m					
4	钢管内径 r₁	54	mm					
5	钢管外径 r₂	60	mm					
6	钢管壁厚 d₁	3	mm					
7	热导率 k₁	30	W/m·K					
8	内表面积 A₁	0.169646	m²					
9	外表面积 A₂	0.188496	m²					
10	对数平均面积 Aₘ₁	0.178905	m²					
11	隔热材料的厚度 d₂	8	mm					
12	热导率 k₂	1.2	W/m·K					
13	隔热外表面积 A₃	0.238761	m²					
14	对数平均面积 Aₘ₂	0.212639	m²					
15	管内表面温度 T₁	120	℃					
16	接触面温度 T₂	118.3954	℃					
17	隔热材料表面温度 T₃	30	℃					
18	放出热量 Q	2820.345	W					

图 4-6 数据、算式的设定及计算结果

单元格的设定

单元格 B4	$= B5 - B6 * 2$
单元格 B8	$= PI() * B3 * B4/1000$
单元格 B9	$= PI() * B3 * B5/1000$
单元格 B10	$= (B9 - B8)/LN(B9/B8)$
单元格 B13	$= PI() * B3 * (B5 + B11 * 2)/1000$
单元格 B14	$= (B13 - B9)/LN(B13/B9)$
单元格 B16	$= B15 - (B15 - B17) * (B5 - B4)/2/1000/B10/B7/(B11/1000/B14/B12)$
单元格 B18	$= (B15 - B17)/((B5 - B4)/2/1000/B10/B7 + B11/1000/B14/B12)$

4.2 对流传热

热量从固体传递到流体或从流体传递到固体的传热被称为对流传热。固体同流体的接触面存在着一层非常薄的区域，如图 4-7 所示，实线部分的温度分布已经被明确。但是，这样的温度分布不能够正确的测定，如虚线所描述的温度梯度中一个相当大区域的近似直

线模型，被称为传热界面。

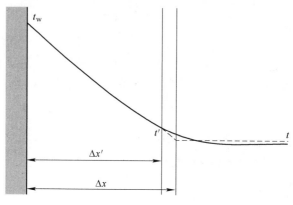

图 4 - 7 　固体—流体间的对流传热

界膜内存在的流体温度，从固体表面的温度 t_w 开始到界膜表面的温度 t' 为止，几乎呈直线下降。界膜外流体温度的变化缓慢，几乎是一定的。与流体温度相对应的界膜厚度为 Δx，则：

$$Q = kA \frac{t_w - t}{\Delta x} = hA(t_w - t)$$

比例常数 h 被称为传热膜系数（W/($m^2 \cdot K$)）。一般情况下，h 是与传热面的形状、流体的物性、流速相关的常数，可以通过实验求出来。

例题 01

烧杯中放入砸成细小碎块的冰 0.80kg，在室温 30℃ 的条件下放置。冰融化成水需要 11h。求此时烧杯表面与空气间的界膜导热系数。此时，烧杯被一个玻璃盖子盖住，其整个表面积为 500cm^2，冰的溶解热为 335kJ/kg，冰融化的过程中，容器表面的温度为 0℃。

这时，传递的热量 Q 为：

$$Q = w\lambda = hA(T_2 - T_1) \cdot t$$

按照上述式子进行求解。

数据、算式的设定及计算得出的结果，如图 4 - 8 所示。

根据计算的结果，单位壁面上的传热量 Q 为 268kJ，传热膜系数 h 为 6.20W/($m^2 \cdot K$)。

B10	▼	f_x	=B9/(D5*(B8-B7)*B6*60*60)	
	A	B	C	D	E
1	界膜传热系数				
2					
3	冰的质量 w	0.8	kg		
4	溶解热 λ	335	kJ/kg		
5	总表面积 A	500	cm^2	0.05	m^2
6	融化需要的时间 t	8	h		
7	容器内温度 T_1	0	℃		
8	室内温度 T_2	30	℃		
9	导热量 Q	268000	J		
10	界膜导热系数 h	6.2037037	W/m^2K		

图 4 - 8 　数据、算式的设定及计算结果

如图 4-9 所示，高温流体通过固体壁面向低温流体发生传热的现象，被叫作热贯流。因热量移动所引起的温度梯度，如图 4-9 中（1）所示，温度梯度从高温流体到固体的壁面，图 4-9 中（2）所示的是固体层内的温度梯度，图 4-9 中（3）所示的是从固体表面到低温流体的温度梯度，一般认为有如下三种界膜：

界膜（1）　　　　　$Q = h_1 A_1 (T_1 - T_{w1}) = \dfrac{T_1 - T_{w1}}{1/h_1 A_1}$

界膜（2）　　　　　$Q = k A_{av} \dfrac{T_{w1} - T_{w2}}{x} = \dfrac{T_{w1} - T_{w2}}{x/k A_{av}}$

界膜（3）　　　　　$Q = h_2 A_2 (T_{w2} - T_2) = \dfrac{T_{w2} - T_2}{1/h_2 A_2}$

三组界膜传递的热量 Q 是一定的，每层界膜传递的热量都是相等的。故：

$$Q = \frac{T_1 - T_{w1}}{1/h_1 A_1} = \frac{T_{w1} - T_{w2}}{x/k A_{av}} = \frac{T_{w2} - T_2}{1/h_2 A_2}$$

$$= \frac{T_1 - T_2}{1/h_1 A_1 + x/k A_{av} + 1/h_2 A_2}$$

$$= \frac{T_1 - T_2}{\dfrac{1}{A_1}\left(\dfrac{1}{h_1} + \dfrac{x}{k}\cdot\dfrac{A_1}{A_{av}} + \dfrac{1}{h_2}\cdot\dfrac{A_1}{A_2}\right)}$$

$$\frac{1}{U_1} = \frac{1}{h_1} + \frac{x}{k}\cdot\frac{A_1}{A_{av}} + \frac{1}{h_2}\cdot\frac{A_1}{A_2}$$

$$Q = U_1 A_1 (T_1 - T_2)$$

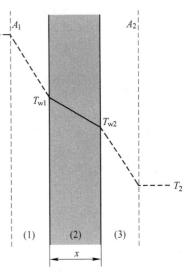

这里的 U_1 被称为是以内表面积，A_1 为基准的总导热系数。这时 $x(\mathrm{m})$ 为如图 4-9 所示的界膜厚度。

圆管内存在的内外传热面积的比 $A_2/A_1 > 2$ 的情况，A_{av} 使用 A_m，除此之外的情况，使用算术平均 $A_{av} = (A_1 + A_2)/2$ 进行求解。

例题 02

使用内径为 27.6mm、壁厚为 3.2mm 的钢管输送高温流体，外部使用冷却液进行冷却。此时，界膜导热系数 $h_1 = 3500\mathrm{W/(m^2 \cdot K)}$、$h_2 = 2900\mathrm{W/(m^2 \cdot K)}$。求钢管横截面上高温流体的温度为 70℃，冷却液的温度为 40℃ 时，以 A_1 为基准的总导热系数 U_1。另外，分别求出钢管内

图 4-9　热贯流传热

外两表面的温度 T_{w1} 和 T_{w2}。

总导热系数按照上述的式子进行求解。

钢管内表面的温度按照如下关系式：

$$h_1 A_1 (T_1 - T_{w1}) = U_1 A_1 (T_1 - T_2)$$

$$T_{w1} = T_1 - \frac{U_1}{h_1}(T_1 - T_2)$$

$$h_2 A_2 (T_{w2} - T_2) = U_1 A_1 (T_1 - T_2)$$

$$T_{w2} = T_2 + \frac{U_1}{h_2} \cdot \frac{D_1}{D}(T_1 - T_2)$$

进行求解。

数据、算式的设定及计算得出结果，如图 4 – 10 所示。

根据计算的结果，总导热系数 U_1 为 1596 W/(m² · K)，钢管内的温度 T_{w1} 为 56.3℃，钢管外温度 T_{w2} 为 53.4℃。

	B13	f_x	=1/(1/B8+B4/1000/B10*B3/B7+1/B9*B3/B5)			

	A	B	C	D	E	F	G
1	总导热系数						
2							
3	内径 D_1	27.6	mm				
4	厚度 d	3.2	mm				
5	外径 D_2	34	mm				
6	D_2/D_1	1.231884	<2				
7	D_{av}	30.8	mm				
8	界膜导热系数 h_1	3500	W/m²K				
9	界膜导热系数 h_2	2900	W/m²K				
10	热导率 k	47	W/m·K				
11	高温流体温度 T_1	70	℃				
12	高温流体温度 T_2	40	℃				
13	总导热系数 U_1	1595.801	W/m²K				
14	钢管内温度 T_{w1}	56.3217	℃				
15	钢管外温度 T_{w2}	53.40085	℃				

图 4 – 10 数据、算式的设定及计算结果

单元格的设定

单元格 B5   = B3 + B4 ∗ 2

单元格 B6   = B5/B3

单元格 B7   = (B3 + B5)/2

单元格 B13   = 1/(1/B8 + B4/1000/B10 ∗ B3/B7 + 1/B9 ∗ B3/B5)

单元格 B14   = B11 − B13/B8 ∗ (B11 − B12)

单元格 B15   = B12 + B13/B9 ∗ B3/B5 ∗ (B11 − B12)

例题 03

内径为 0.5mm、外径为 0.6mm 的混凝土圆管输送温水时，为了使圆管壁所造成的热

损失减少到现在的 r 倍（$r<1$），圆管外径以间隔为 0.05 的刻度进行数据运算。混凝土的热导率为 $0.1 kcal/(m \cdot h \cdot K)$。此时，假设温水的温度一定，温水侧的界膜导热系数为 0，外界大气侧的界膜传热系数为 $10 kcal/(m^2 \cdot h \cdot K)$。

参数 r 有如下关系式：

$$r = \frac{q_2}{q_1} = \frac{U_{i2}}{U_{i1}} = \frac{(h_o/2k)\ln(D_{o1}/D_i) + 1/D_{o1}}{(h_o/2k)\ln(D_{o2}/D_i) + 1/D_{o2}}$$

$$b = h_o/2k$$

$$p = b\ln(D_{o1}/D_i) + 1/D_{o1}$$

参数 a 为 $a = p/r$ 时，则上述式子变成：

$$aD_{o2} - bD_{o2}\ln(D_{o2}/D_i) - 1 = 0$$

依据 D_{o2} 对方程式进行求解。根据公式进行单变量求解得出最适解，结果如图 4-11 所示。D_{o2} 的数值变大的话，解会变成两个，如图 4-11 所示将初期设定的值按照预先设定的方法进行计算。$r=0.1$ 的情况，将初期值设定为 3 进行计算。

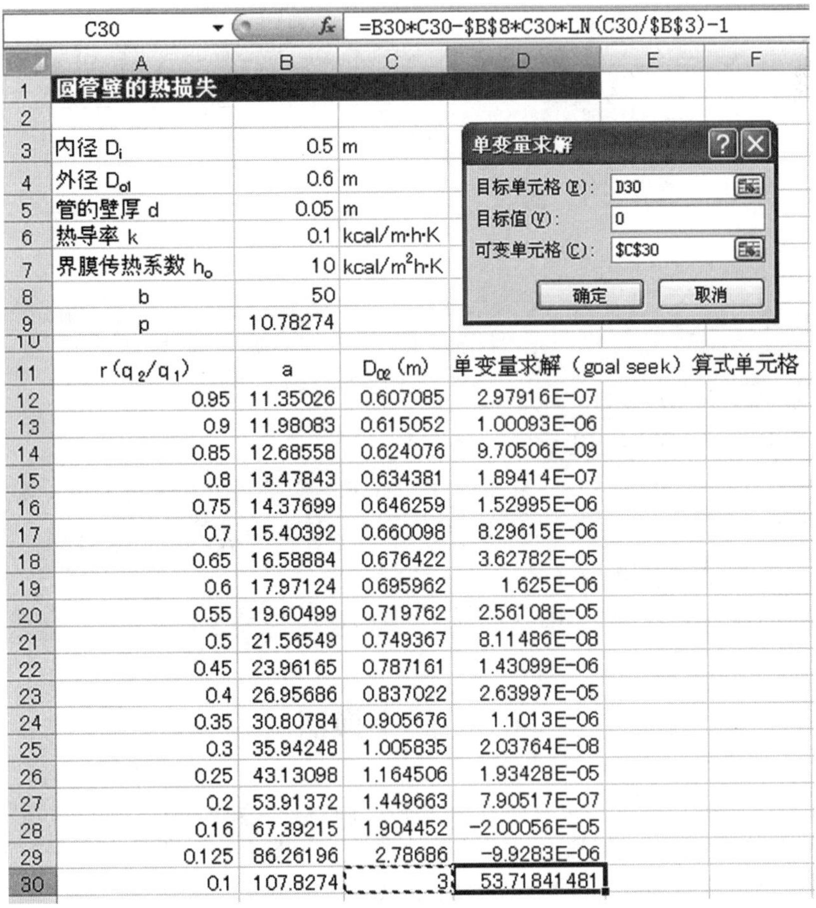

图 4-11 数据、算式的设定及单变量求解

如图 4-11 所示，按照 D 列中的算式单元格每行都进行单变量求解计算。这样求得的 D_{o2} 与 r 的关系作图，如图 4-12 所示。根据计算结果，我们知道圆管壁的热损失要达到

25%，外径约为 2 倍时最好，热损失要达到 10%，外径需要达到约 7 倍左右。

B9	f_x	=B8*LN(B4/B3)+1/B4							
	A	B	C	D	E	F	G	H	I
1	圆管壁的热损失								
2									
3	内径 D_i	0.5	m						
4	外径 D_{o1}	0.6	m						
5	管的壁厚 d	0.05	m						
6	热导率 k	0.1	kcal/m·h·K						
7	界膜传热系数 h_o	10	kcal/m²·h·K						
8	b	50							
9	p	10.78274							
10									
11	r(q_2/q_1)	a	D_{02} (m)	单变量求解（goal seek）算式单元格					
12	0.95	11.35026	0.607085	2.97916E-07					
13	0.9	11.98083	0.615052	1.00093E-06					
14	0.85	12.68558	0.624076	9.70506E-09					
15	0.8	13.47843	0.634381	1.89414E-07					
16	0.75	14.37699	0.646259	1.52995E-06					
17	0.7	15.40392	0.660098	8.29615E-06					
18	0.65	16.58884	0.676422	3.62782E-05					
19	0.6	17.97124	0.695962	1.625E-02					
20	0.55	19.60499	0.719762	2.56108E-05					
21	0.5	21.56549	0.749367	8.11486E-08					
22	0.45	23.96165	0.787161	1.43099E-06					
23	0.4	26.95686	0.837022	2.63997E-05					
24	0.35	30.80784	0.905676	1.1013E-06					
25	0.3	35.94248	1.005835	2.03764E-08					
26	0.25	43.13098	1.164506	1.93428E-05					
27	0.2	53.91372	1.449663	7.90517E-07					
28	0.16	67.39215	1.904452	−2.00056E-05					
29	0.125	86.26196	2.78686	−9.9283E-06					
30	0.1	107.8274	4.300586	−2.61437E-07					

图 4 – 12　计算结果

单元格的设定

单元格 B5　　=（B4 − B3）/2

单元格 B8　　=B7/2/B6

单元格 B9　　=B8 * LN（B4/B3）+1/B4

单元格 B12　=$B$9/A12　未知数（C12:C30　单变量求解的可变单元格）

单元格 D12　=B12 * C12 − $B$8 * C12 * LN（C12/$B$3）− 1　单变量求解（所有的单元格 D12:30）

单元格 B12:D30　=单元格 B12:D12 的自动填充

4.3　热交换器

二重管的内外管中分别流动着高温流体和低温流体，进行热贯流的装置叫做热交换器。热交换的目的是冷却或加热。热交换器的种类，如图 4 – 13 所示，有平行流和逆流的方式。另外，高温流体和冷却液也存在十字交叉直流的方式[2]。

根据流体流动的方向，大致可以分为以下三种方式：

（1）平行流式（parallel flow type）：沿着固体壁两流体的流动方向相同。

（2）逆流式（counter flow type）：两流体流动的方向正好相反。

（3）横流式（cross flow type）：两流体流动的方向垂直相交。

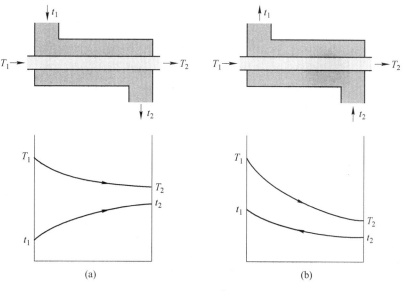

图 4-13 热交换的方式[3]

（a）平行流；（b）逆流

下面，重点介绍一下逆流式热交换器。

内管内有高温流动的流体，比热容量为 $C_a(J/(kg \cdot K))$，以流量 $W(kg/s)$ 流动，入口温度 T_1，经冷却后到达出口，温度变为 T_2；外管中有低温的流体，比热容量为 $C_b(J/(kg \cdot K))$，以流量 $w(kg/s)$ 流动，入口温度 t_2，经冷却后变为出口温度 t_1。研究通过这种逆流方式所引起热交换器的微小变化，有如下式子：

$$dq = -C_a W dT = -C_b w dt$$
$$C_a W(T_1 - T) = C_b w(t_1 - t)$$
$$\beta = \frac{C_b w}{C_a W} = \frac{T_1 - T}{t_1 - t}$$

内外管流体的温度一般情况下都是成直线关系，则可以得出：

$$\beta = \frac{T_1 - T}{t_1 - t}$$

例题 01

使用逆流式热交换器冷却高温流体。内管中的高温流体以比热容量为 2000J/(kg·K)，流量为 1.0kg/s 的速度流动，入口温度为 80℃经冷却后到达出口温度为 50℃。求外管中的冷媒，以比热容量为 800J/(kg·K)，温度为 18℃流动时，所需要的最小流量为多少（kg/s）。另外，求出热交换器总体的传热速度。

由于冷媒的出口温度达不到 80℃以上，假定最小流量时操作线的斜率 β 为：

$$\beta = \frac{T_1 - T_2}{T_1 - t_2}$$

按照上述式子进行求解。

数据、算式的设定及计算得出结果，如图 4-14 所示。

根据计算的结果，传热速度为 60kJ/s，此时 β 的值为 0.484，冷媒的流量为 1.21kg/s。

B9 =B3*B8*(B5-B6)

	A	B	C	D	E
1	热交换器				
2					
3	高温流体 C_a	2000	J/kg·K		
4	低温流体 C_b	800	J/kg·K		
5	高温流体 T_1	80	℃		
6	高温流体 T_2	50	℃		
7	低温流体 t_2	18	℃		
8	高温流体 W	1	kg/s		
9	传热速度 q	60000	J/s		
10	β	0.483871			
11	低温流体 w	1.209677	kg/s		

图 4－14 数据、算式的设定及计算结果

单元格的设定

单元格 B9 = B3 * B8 * (B5 - B6)

单元格 B10 = (B5 - B6)/(B5 - B7)

单元格 B11 = B3/B4 * B8 * B10

例题 02

使用逆流式热交换器冷却高温流体。使用的内管（内径为 55mm、壁厚为 4mm、热导率 $k = 42.0\text{W}/(\text{m}\cdot\text{K})$）将流动的 120℃ 热油冷却至 10℃。冷媒所用的水（比热容为 $4180\text{J}/(\text{kg}\cdot\text{K})$）以流量为 0.450kg/s 的速度流动时，到达出口时的温度为 60℃。求此时热交换器所需要的长度。此时，热油侧及冷却水侧的界膜传热系数分别为 $9300\text{W}/(\text{m}^2\cdot\text{K})$、$5800\text{W}/(\text{m}^2\cdot\text{K})$，假定污垢系数两侧都为 $12000\text{W}/(\text{m}^2\cdot\text{K})$。

交换热量 q 用 $q = C_p w(t_1 - t_2)$ 表示，用相加平均温度差 ΔT_{av} 表示，则 q 的式子为：

$$q = U_h A_h \Delta T_{av} = U_h A_h \frac{\Delta T_1 + \Delta T_2}{2}$$

如果总传热系数 U_h 可以求出，内管的内侧面积 A_h 也可以求出。

下面，将热贯流分为以下三个阶段进行研究：

（1）内管侧的流体与固体壁表面之间的热传递，传热膜系数 $h_h(\text{W}/(\text{m}^2\cdot\text{K}))$。

（2）固体壁内部的热传递，热传导率 $k(\text{W}/(\text{m}\cdot\text{K}))$、壁厚 $d(\text{m})$。

（3）固体壁的表面与外管侧流体间的热传递，传热膜系数 $h_c(\text{W}/(\text{m}^2\cdot\text{K}))$。

综合以上三个阶段，可以给出总传热系数 U 如下式：

$$U = \frac{1}{1/h_h + d/k + 1/h_c}$$

但是，传热面为圆筒形的情况，内管的传热面积会有所不同，以面积 A_h 为基准时，可以用如下式子表示：

$$U_h A_h = \frac{1}{1/h_h A_h + d/kA_m + 1/h_c A_c}$$

则相应的 U_h 的式子为：

$$U_h = \frac{1}{1/h_h + dA_h/kA_m + A_h/h_cA_c}$$

$$\frac{1}{U_h} = \frac{1}{h_h} + \frac{d}{k} \cdot \frac{A_h}{A_m} + \frac{A_h}{h_cA_c}$$

对于总传热系数 U_h，由于使用的热交换器越长，附着在壁面上的污垢很容易产生抵抗传热阻力，传热膜系数和同等次元的污垢系数 h_{sh} 和 h_{sc} 相加后，式子变为：

$$\frac{1}{U_h} = \frac{1}{h_h} + \frac{1}{h_{sh}} + \frac{d}{k} \cdot \frac{D_2}{D_{av}} + \frac{1}{h_c} \cdot \frac{D_2}{D_1} + \frac{1}{h_{sc}} \cdot \frac{D_2}{D_1}$$

这里，h_{sh}、h_{sc} 分别为高温流体侧和低温流体侧的污垢系数。

热交换器所需要的长度 L 按照如下式子求解：

$$A_h = 2\pi L \frac{D_h}{2}$$

数据、算式的设定及计算得出结果，如图 4-15 所示。

根据计算结果，总传热系数为 $420\mathrm{W}/(\mathrm{m}^2 \cdot \mathrm{K})$，热交换器所需要的长度为 17.6m。

	B21		fx	=B20/(2*PI()*B3/2/1000)	
	A	B	C	D	E
1	热交换器所需要的长度				
2					
3	内管外径 D_2	55	mm		
4	内管厚度 d	4	mm		
5	内管内径 D_1	47	mm		
6	D_{av}	51	mm		
7	内管的热导率 k	42	W/m·K		
8	冷却水 C_b	4180	J/kg·K		
9	冷却水流速 w	0.45	kg/s		
10	冷却水温度 t_2	20	℃		
11	冷却水温度 t_1	60	℃		
12	热油 T_1	120	℃		
13	热油 T_2	70	℃		
14	ΔT_{av}	55	℃		
15	冷却水侧 h_b	5800	W/m²K		
16	热油侧 h_h	9300	W/m²K		
17	污垢系数 h_s	1200	W/m²K		
18	交换热量 q	75240	W		
19	总传热系数 U_h	450.3478	W/m²K		
20	内管内侧的面积 A_h	3.037652	m²		
21	热交换器所要的长度 L	17.58027	m		

图 4-15　数据、算式的设定及计算结果

单元格的设定

单元格 B5 　　$= B3 - B4 * 2$

单元格 B6 　　$= (B3 + B5)/2$

单元格 B14 　$= ((B12 - B11) + (B13 - B10))/2$

单元格 B18 　$= B8 * B9 * (B11 - B10)$

单元格 B19 　$= 1/(1/B16 + 1/B17 + B4/1000/B7 * B3/B6 + 1/B15 * B3/B5 + 1/B17 * B3/B5)$

单元格 B20	= B18/B19/B14
单元格 B21	= B20/(2 * PI( ) * B3/2/1000)

研究平行流动，热交换器内温度的变化，高温流体的入口温度为 T_1 到达出口时温度为 T_2，低温流体的入口温度为 t_1，出口为 t_2 的情况，如图 4 – 16 所示。

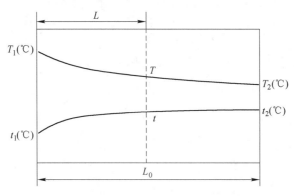

图 4 – 16　平行流式的温度变化

由热量守恒可得：

$$q = C_{pc}w_c(t_2 - t_1) = C_{ph}w_h(T_1 - T_2) = U_hA_h\Delta t_m$$

$$\Delta t_{h1} = T_1 - t_1$$

$$\Delta t_{c2} = T_2 - t_2$$

$$\Delta t_m = \frac{\Delta t_{h1} - \Delta t_{c2}}{\ln(\Delta t_{h1}/\Delta t_{c2})}$$

$$A_h = 2\pi L_0 \frac{D}{2}$$

由上述式子的关系可得：

$$q = C_{pc}w_c(t_2 - t_1) = C_{ph}w_h(T_1 - T_2) = U_h\pi DL_0\Delta t_m$$

高温流体温度为 T，低温流体的温度为 t 时，则有如下式子：

$$\frac{C_{pc}w_c}{C_{ph}w_h} = \frac{T_1 - T}{t - t_1}$$

部分热交换器所要的长度 L 所对应的热量守恒式子为：

$$\frac{U_h\pi DL}{C_{ph}w_h} \cdot \frac{\Delta t_{h1}}{\ln[\Delta t_{h1}/(T - t)]} = 1$$

例题 03

对于平行流式的热交换器，内管高温流体的入口温度为 130℃，出口温度为 66℃，环状管路中的低温流体的入口温度为 15℃，出口温度为 50℃ 时，求管内的温度变化，并用图表表示。

由上述的关系式可得：

$$q = C_{pc}w_c(t_2 - t_1) = C_{ph}w_h(T_1 - T_2) = U_h\pi DL_0\Delta t_m$$

$$\frac{C_{pc}w_c}{C_{ph}w_h} = \frac{T_1 - T_2}{t_2 - t_1}$$

$$\frac{U\pi DL_0}{C_{ph}w_h} = \frac{\Delta t_m}{T_1 - T_2}$$

高温流体温度为 T，低温流体温度为 t，代入数值后可得：

$$\frac{C_{pc}w_c}{C_{ph}w_h} = \frac{T_1 - T}{t - t_1} = 1.8286$$

$$t = 86.1 - 0.547T$$

部分热交换器所要的长度 L 所对应的热量守恒式子，代入相应的数值后可得：

$$C_{ph}w_h(T_1 - T) = U_h\pi DL\frac{\Delta t_{h1}(T - t)}{\ln[\Delta t_{h1}/(T - t)]}$$

$$\frac{U_h\pi DL}{C_{ph}w_h} \cdot \frac{\Delta t_{h1}}{\ln[\Delta t_{h1}/(T - t)]} = 1$$

$$\frac{U_h\pi DL_0}{C_{ph}w_h} = 1.275$$

$$\frac{L}{L_0} = \frac{\ln[\Delta t_{h1}/(T - t)]}{1.275\Delta t_{h1}}$$

数据、算式的设定及计算得出结果，如图 4 - 17 所示。

	C13		f_x	=(C3-C4)/(((C3-C7)-(C4-C8))/LN((C3-C7)/(C4-C8)))			
	A	B	C	D	E	F	G	H
1	热交换器（平行流式）							
2								
3	内管高温流体	入口温度 T_1	130	℃	L/L$_0$	T	t	
4		出口温度 T_2	66	℃	0	130	15	
5		质量流量 w_h	0.033	kg/s	0.1	116.6924	22.2776	
6		比热 C_{ph}	4186	J/kg·K	0.2	105.7669	28.25249	
7	环状管路低温流体	入口温度 t_1	15	℃	0.3	96.79704	33.15787	
8		出口温度 t_2	50	℃	0.4	89.43282	37.18518	
9		质量流量 w_c	0.133	kg/s	0.5	83.38681	40.49159	
10		比热 C_{pc}	4186	J/kg·K	0.6	78.42305	43.20615	
11					0.7	74.34781	45.43479	
12		$C_{pc}w_c/C_{ph}w_h$	1.828571		0.8	71.00204	47.26451	
13		$U\pi DL_0/C_{ph}w_h$	1.27505		0.9	68.25517	48.7667	
14		Δt_{h1}	115	℃	1	66	50	
15		Δt_2	16	℃				
16		Δt_m	50.1941					

图 4 - 17 数据、算式的设定及计算结果

L/L_0 所对应的 T、t 温度变化，作图后如图 4 - 18 所示。

单元格的设定

 单元格 C12 = (C3 - C4)/(C8 - C7)

 单元格 C13 = (C3 - C4)/(((C3 - C7) - (C4 - C8))/LN((C3 - C7)/(C4 - C8)))

 单元格 C14 = C3 - C7

 单元格 C15 = C4 - C8

 单元格 C16 = (C14 - C15)/LN(C14/C15)

单元格 F4   = ($C $14/EXP($C$13 ∗ (1 + 1/ $C$12) ∗ E4) + $C$3/
                     $C$12 + $C$7)/(1 + 1/ $C$12)

单元格 G4   = $C$7 + $C$3/ $C$12 − F4/ $C$12

单元格 F5:G14   = F4:G4 的自动填充

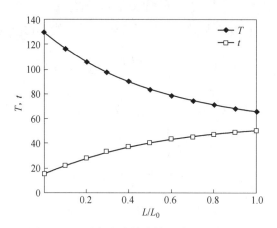

图 4 − 18 平行流式热交换器内的温度变化

例题 04

对于逆流式的热交换器，内管高温流体的入口温度为 130℃，出口温度为 66℃，环状
管路中的低温流体的入口温度为 56℃，出口温度为 20℃ 时，求管内的温度变化，并用图
表表示。

与上面的例题几乎是相同的，按照相同的设定在工作表中进行计算。

数据、算式的设定及计算得出结果，如图 4 − 19 所示。

L/L_0 所对应的 T、t 温度变化，作图后如图 4 − 20 所示。

	C16		f_x	=(C14-C15)/LN(C14/C15)		
	A	B	C	D	E	F	G
1	热交换器（逆流式）						
2							
3	内管高温流体	入口温度 T_1	130	℃	L/L_0	T	t
4		出口温度 T_2	66	℃	0	130	56
5		质量流量 w_h	0.033	kg/s	0.1	122.1467	51.58252
6		比热 C_{ph}	4186	J/kg·K	0.2	114.658	47.37015
7	环状管路低温流体	入口温度 t_1	56	℃	0.3	107.5171	43.35336
8		出口温度 t_2	20	℃	0.4	100.7077	39.52306
9		质量流量 w_c	0.133	kg/s	0.5	94.21442	35.87061
10		比热 C_{pc}	4186	J/kg·K	0.6	88.02265	32.38774
11					0.7	82.11836	29.06658
12		$C_{pc}w_c/C_{ph}w_h$	-1.77778		0.8	76.48821	25.89962
13		$U\pi DL_0/C_{ph}w_h$	1.086683		0.9	71.11947	22.8797
14		Δt_{h1}	74	℃	1	66	20
15		Δt_2	46	℃			
16		Δt_m	58.89483				

图 4 − 19 数据、算式的设定及计算结果

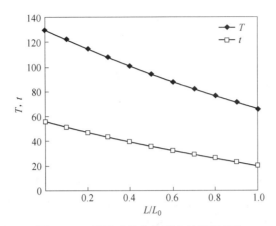

图 4 – 20　逆流式热交换器内的温度变化

单元格的设定

与例题 03 中的设定几乎相同，此处省略。

4.4　传热膜系数的变化

对于传热膜系数，因各种因素错综复杂地组合在一起，通过传热操作算出传热膜系数有时会有些问题[4]。于是，努塞尔对于流体在圆管内通过的过程，根据外部加热或冷却的操作情况，提出了如下关系式：

$$\frac{hD_e}{k} = K\left(\frac{D_e u \rho}{\mu}\right)^{\alpha}\left(\frac{C_p \mu}{k}\right)^{\beta}\left(\frac{L}{D}\right)^{\gamma} = Nu$$

努塞尔数，是一个特征数。被括弧所括起来的第一项为 Re，第 2 项为普朗特数（写成 Pr）。常数 α、β、γ、k 依据管内流体状态的不同而不同，可以通过实验求出。D_e 流动管路的当量直径。

流体的流动是湍流（$Re > 10000$）的情况，由于管子足够长，D/L 几乎可以忽略，普朗特数 $Pr = 0.7 \sim 120$ 时，用下列式子表示：

$$Nu = 0.023 Re^{0.28} Pr^{\frac{1}{3}}$$

流体的流动为层流（$Re < 2100$）的情况，由于可以忽略自然对流，可以用如下式子表示：

$$Nu = 1.86 Re^{\frac{1}{3}} Pr^{\frac{1}{3}}\left(\frac{D}{L}\right)^{\frac{1}{3}}\left(\frac{\mu}{\mu_w}\right)^{0.14}$$

这里的 μ_w 为流体于管路壁面时的黏度。

对于空气中所产生的自然对流，其传热膜系数 $h(W/(m^2 \cdot K))$，有如下提出的实验式：

（1）水平管或垂直管：　　　　$$h = 1.18\left(\frac{\Delta T}{d_0}\right)^{\frac{1}{4}}$$

（2）垂直面：
$$h = 1.35\left(\frac{\Delta T}{L}\right)^{\frac{1}{4}}$$

（3）向上的水平面：
$$h = 1.31\left(\frac{\Delta T}{L}\right)^{\frac{1}{4}}$$

（4）向下的水平面：
$$h = 0.59\left(\frac{\Delta T}{L}\right)^{\frac{1}{4}}$$

另外，d_0 为管的外径，L 为管长。

例题 01

内径为 25mm 的管内，冷却水以 2.3m/s 的流速流动。冷却水入口的温度为 20℃，出口的温度为 60℃ 时，求水的传热膜系数。这时，水的热导率为 0.61W/（m·K）、密度为 994kg/m³、比热为 4.18kJ/（kg·K）、这个温度下的黏度为 7.20×10^{-4}Pa·s。

按照上述规定的算式进行数据、算式的设定及计算得出结果，如图 4-21 所示。

根据计算结果，$Re = 79400$ 时为湍流，按照湍流情况下的关系式 $Nu = 0.023 Re^{0.8} Pr^{\frac{1}{3}}$ 进行求解，这时传热膜系数为 7938W/（m²·K）。

	B14	▼	f_x	=B13*B3/(B9/1000)	
	A		B	C	D
1	界膜导热系数的实验式1				
2					
3	水的热导率 k		0.61	W/m·K	
4	水的密度 ρ		994	kg/m³	
5	水的黏度 μ		7.20E-04	Pa·s	
6	水的比热 C_p		4.18	kJ/kg·K	
7	入口温度 T_1		20	℃	
8	出口温度 T_2		60	℃	
9	内径 D		25	mm	
10	流速 u		2.3	m/s	
11	Re		7.94E+04	湍流	
12	Pr		4.93		
13	Nu		325.34		
14	h		7938.2	W/m²K	

图 4-21　数据、算式的设定及计算结果

单元格的设定

单元格 B11　= B9/1000 * B10 * B4/B5

单元格 C11　= IF（B11 > 2300，"湍流"，"层流"）

单元格 B12　= B6 * 1000 * B5/B3

单元格 B13　= 0.023 * B11^0.8 * B12^0.333

单元格 B14　= B13 * B3/（B9/1000）

例题 02

内径为 15mm、管长为 10m 的管内，冷却水以 0.10m/s 的流速流动。冷却水入口的温度为 20℃，出口的温度为 60℃ 时，求水的传热膜系数。这时，水的热导率为 0.61W/（m·K）、密度为 994kg/m³、比热为 4.18kJ/（kg·K）、这个温度下的黏度为 7.20×10^{-4}Pa·s、管壁面

的黏度为 $7.00 \times 10^{-4} Pa \cdot s$。

按照上述规定的算式进行数据、算式的设定及计算得出结果，如图 4 - 22 所示。

根据计算结果，$Re = 2070$ 时为层流，按照层流情况下的关系式 $Nu = 1.86 Re^{\frac{1}{3}} Pr^{\frac{1}{3}} \left(\dfrac{D}{L} \right)^{\frac{1}{3}} \left(\dfrac{\mu}{\mu_w} \right)^{0.14}$ 进行求解。这时传热膜系数为 $184 W/(m^2 \cdot K)$。

	B16	f_x	=B15*B3/(B11/1000)		
	A	B	C	D	E
1	界膜导热系数的实验式2				
2					
3	水的热导率 k	0.61	W/m·K		
4	水的密度 ρ	994	kg/m³		
5	水的黏度 μ	7.20E-04	Pa·s		
6	管壁面的黏度 μ_w	7.00E-04	Pa·s		
7	水的比热 c_p	4.18	kJ/kg·K		
8	入口温度 T_1	20	℃		
9	出口温度 T_2	60	℃		
10	管长 L	10	m		
11	内径 D	15	mm		
12	流速 u	0.1	m/s		
13	Re	2.07E+03	层流		
14	Pr	4.93			
15	Nu	4.53			
16	h	184.2	W/m²K		

图 4 - 22　数据、算式的设定及计算结果

单元格的设定

单元格 B13　= B11/1000 * B12 * B4/B5

单元格 C13　= IF(B13 > 2300，"湍流"，"层流")

单元格 B14　= B7 * 1000 * B5/B3

单元格 B15　= 1.86 * B13^0.33 * B14^0.333 * (B11/1000/B10)^
　　　　　　 0.333 * (B5/B6)^0.14

单元格 B16　= B15 * B3/(B11/1000)

4.5　辐射传热

白天由于太阳光的照射而感觉比较暖和，一到夜晚又会变冷。这是温度从高温物体辐射出热放射线（主要是红外线）的证据。

白天正午，将涂黑的塑料瓶中装入冷水进行太阳光照射，由于吸收了太阳的热放射线，温度逐渐升高，冷水可以变成热水。像这种将接受到的热放射线全部吸收的假想物体被称为"黑体"。

温度为 T_1 的物体放到温度为 T_2 的巨大空间时，物体所产生的热放射线的流速 q_r 的式子表示为：

$$q_r = \varepsilon \sigma (T_1^4 - T_2^4)$$

这里的 σ 为 Stefan - Boltzmann 常数，$\sigma = 5.67 \times 10^{-6} W/(m^2 \cdot K^4)$，$\varepsilon$ 为物体的黑度（热

辐射率），是与物体的种类、表面的状态、温度等有关的常数。$\varepsilon = 1$ 的物体被称为"黑体"，一般的情况下，$\varepsilon < 1$。[5]

热量从物体辐射到大气中，实质上的移动热量 q_r 的式子可以写为：

$$q_r = h_r(T_1 - T_2)$$

相应地，式子可以写成：

$$h_r(T_1 - T_2) = \varepsilon\sigma(T_1^4 - T_2^4)$$

$$h_r = \varepsilon\sigma \frac{T_1^4 - T_2^4}{T_1 - T_2}$$

这里的 h_r 被叫做辐射换热系数。

例题 01

没有被覆盖的水平蒸汽管的温度为 110℃，其周围的外界温度为 10℃ 时，求因辐射和对流所导致的热量损失。此时，蒸汽管的黑度为 0.9。

首先，因辐射所产生的热量损失 q_r，按照公式 $q_r = 5.67 \times 10^{-8} \varepsilon(T_1^4 - T_2^4)$ 进行计算。

另外，自然对流所产生的热量损失 q_c，按照公式 $q_c = 1.18\left(\dfrac{T_1 - T_2}{d}\right)^{\frac{1}{4}}(T_1 - T_2)$ 进行计算。

按照上述的算式进行数据、算式的设定及计算得出结果，如图 4-23 所示。

根据计算结果，因辐射产生的热损失量为 771.8W/m^2；因自然对流产生的热损失量为 754.0W/m^2，总热损失量为 1525.71W/m^2。

	B10	▼	f_x	=B8+B9	
	A	B	C	D	E
1	辐射传热				
2					
3	温度 T_1	383.15	K	110	℃
4	外部气温 T_2	283.15	K	10	℃
5	外径 d	60	mm		
6	管的黑度 ε	0.9			
7	σ	5.67E-08	W/m²K⁴		
8	q_r	771.7539	W/m²		
9	q_c	753.9529	W/m²		
10	总热量损失	1525.707	W/m²		

图 4-23　数据、算式的设定及计算结果

单元格的设定

单元格 B3　　=273.15 + D3

单元格 B4　　=273.15 + D4

单元格 B8　　=B6 * B7 * (B3^4 - B4^4)

单元格 B9　　=1.18 * ((B3 - B4)/(B5/1000))^(1/4) * (B3 - B4)

单元格 B10　=B8 + B9

例题 02

此题为涉及地球温暖化的问题，太阳光以 1370W/m^2 的热量照射，地球将其 30% 的热

量反射至宇宙空间。另外，从地球到宇宙空间放出能量的辐射率为0.61%。求此时地球的平均表面温度。

由于大气中温室效应气体的增加，辐射率变为0.55时，求此时地球的平均表面温度。

地球的平均表面温度T，按照公式$S\pi r^2(1-A)=4\pi r^2\varepsilon\sigma T^4$计算。

按照上述给出的数据进行算式的设定及计算得出结果，如图4-24和图4-25所示。

根据计算结果，$\varepsilon=0.61$的情况，气温为15.4℃；$\varepsilon=0.55$的情况，气温为23.0℃；气温上涨了7.57℃。

B9　　f_x = POWER(B3*(1-B4)/4/B8/B6,1/4)

	A	B	C	D	E
1	地球温暖化				
2					
3	地球照射能量 S	1370	W/m²		
4	反射率 A	0.3			
5	地球半径 r	6.37E+06	m		
6	σ	5.67E-08	W/m²K⁴		
7	①				
8	热辐射率 ε	0.61			
9	地球的平均温度 T	288.54359	K	15.39359	

图4-24　数据、算式的设定及计算结果1

B12　　f_x =POWER(B3*(1-B4)/4/B6/B11,1/4)

	A	B	C	D	E
1	地球温暖化				
2					
3	地球照射能量 S	1370	W/m²		
4	反射率 A	0.3			
5	地球半径 r	6.37E+06	m		
6	σ	5.67E-08	W/m²K⁴		
7	①				
8	热辐射率 ε	0.61			
9	地球的平均温度 T	288.54359	K	15.39359	
10	②				
11	热辐射率 ε	0.55			
12	地球的平均温度 T	296.110097	K	22.9601	℃

图4-25　数据、算式的设定及计算结果2

单元格的设定

单元格 B9　　=POWER(B3*(1-B4)/4/B8/B6,1/4)

单元格 D9　　=B9-273.15

单元格 B12　　=POWER(B3*(1-B4)/4/B6/B11,1/4)

单元格 D12　　=B12-273.15

普朗克（Max Karl Ernst Ludwig Planck）　出生于德国，于1989年作为基尔霍夫的继任者被招入柏林大学。量子论领域中，以普朗克常数为特征，就是以他的名字命名的。1918年，他通过对热辐射的研究获得了诺贝尔物理学奖。

习　题

1. 一玻璃窗，尺寸为 60cm×30cm，厚度为 4mm。冬天，室内及室外温度分别为 20℃ 及 −20℃，内表面的自然对流换热系数为 1W/(m²·K)，外表面强制对流换热表面系数为 50W/(m²·K)。玻璃的导热系数为 0.78W/(m·K)。试用 Excel 工作表确定通过玻璃的热损失。

2. 一冷藏室的墙由钢皮、矿渣棉及石棉板三层叠合构成，各层的厚度依次为 0.794mm、152mm 及 9.5mm，导热系数分别为 45W/(m·K)、0.07W/(m·K) 及 0.1W/(m·K)，冷藏室的有效换热面积为 37.2m²，室内外气温分别为 −2℃ 及 30℃，室内外壁面的表面传热系数可分别按 1.5W/(m²·K) 及 2.5W/(m²·K) 计算。为维持冷藏室温度恒定，试用 Excel 工作表确定冷藏室内的冷却排管 1h 需带走的热量。

3. 在温度为 260℃ 的壁面上伸出一根纯铝的圆柱形肋片，直径 $d = 25\text{mm}$，高 $H = 150\text{mm}$。该柱体表面受温度 $t_f = 16℃$ 的气流冷却，表面传热系数为 15W/(m²·K)。肋端绝热。用 Excel 工作表计算该柱体的对流散热量。如果把柱体的长度增加一倍，其他条件不变，柱体的对流散热量是否也增加了一倍？从充分利用金属的观点来看，是采用一个长的肋好还是采用两个长度为其一半的较短的肋好？

4. 已知 $1.013 × 10^5\text{Pa}$ 下的空气在内径为 76mm 的直管内流动，入口温度为 65℃，入口体积流量为 $0.022\text{m}^3/\text{s}$，管壁的平均温度为 180℃。用 Excel 工作表球场见管子多长才能使空气加热到 115℃。

5. 一台电热锅炉，用功率为 8kW 的电热器来产生压力为 $1.43 × 10^5\text{Pa}$ 的饱和水蒸气。电热丝置于两根长为 1.85m、外径为 15mm 的钢管内（经机械抛光后的不锈钢管），而该两根钢管置于水内。设所加入的电功率均用来产生蒸汽，试用 Excel 工作表计算不锈钢管壁面温度的最高值。钢管壁厚 1.5mm，导热系数为 10W/(m·K)。

6. 试用 Excel 工作表确定一个电功率为 100W 的电灯泡发光效率。假设该灯泡的钨丝可看成是 2900K 的黑体，其几何形状为 2mm×5mm 的矩形薄片。（可见光的波长范围 0.38～0.76μm）

参 考 文 献

［1］夏清，陈常贵．化工原理（上册）［M］．天津：天津大学出版社，2005.

［2］王子介．热交换器的微元模拟法及求解［J］．制冷学报，2000(1)：33～39.

［3］吉村忠与志，加藤敏，野村栄市．Excelで化学工学の解法がわかる本［M］．東京：日本秀和システム，2009.

［4］Long R R, Journal of Fluid Mechanics, 1976, 73(2)：445～451.

［5］Blevin W R, Brown W J, Metrologia, 2005, 7(1) .

5 蒸馏和蒸发

多组分的混合溶液被加热后使得溶剂蒸发、溶液浓缩的操作叫作蒸发。对挥发性不同的混合溶液进行加热，利用蒸汽和液体中各组成成分的差异进行组分分离的操作叫作蒸馏。两个操作虽然都需要加热至沸腾，但蒸发操作，不挥发的成分于蒸汽中不包含，而蒸馏操作，组成的各组分都会变成蒸汽[1]。

本章重点学习有关蒸馏和蒸发气液平衡方面使用 Excel 工作表进行数据计算的案例。

5.1　沸点升高和蒸发

物质的存在形式，有固体、液体、气体三种状态。随着温度和压力的变化，物质的三种状态也会发生变化，可以用图表表示成状态图。从固体变成液体的温度叫作熔点，从液体变成气体的温度叫作沸点。

作为具体案例，我们用水来加以说明。某种物质溶解到水中组成的水溶液与纯水相比，如图 5 - 1 所示，由于水的蒸气压降低，溶液的沸点升高了。相同的压强下，溶液的沸点要高些，这样的温度差我们叫做沸点升高。溶液的浓度越高，沸点升高的越多。

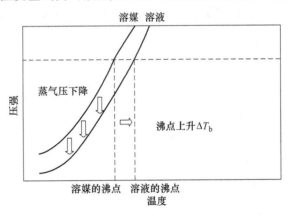

图 5 - 1　蒸气压曲线上的沸点升高

溶质 1mol 对应的沸点升高 ΔT_b 为：

$$\Delta T_b = \frac{RT^2}{\Delta H_g} \cdot \frac{mM}{1000} = K_b m$$

ΔT_b 与摩尔浓度 m 成正比例关系，ΔH_g 是摩尔蒸发热，比例常数 K_b 是与溶剂有关的常数，水的摩尔沸点升高常数为 0.52。

例题 01

分子量为 162 的物质 20g 溶解到 250g 水中，求得到的水溶液在一个大气压下的沸点是多少。这时，水的摩尔沸点升高常数为 0.52。

按照公式 $\Delta T_b = K_b m$ 求解。

数据、算式的设定及计算结果，如图 5-2 所示。

根据计算结果，得到水溶液的沸点为 100.26℃。

B8		ⓕ	=B7*B6	
	A	B	C	D
1	沸点升高			
2				
3		质量(g)	分子量	
4	物质	20	162	
5	水	250	18	
6	m	0.4938272		
7	K_b	0.52		
8	$\triangle T_b$	0.2567901		
9	沸点水	100	℃	
10	沸点水溶液	100.25679	℃	

图 5-2　数据、算式的设定及计算结果

单元格的设定

　　单元格 B6　　= B4/C4 * 1000/B5

　　单元格 B8　　= B7 * B6

　　单元格 B10　　= B9 + B8

在蒸馏操作处理方面，物质的蒸气压值于气液平衡中特别重要[2]。于是，各物质所对应的蒸气压公式被提出。详细说明一下安托因（Antoine）方程式，安托因（Antoine）方程式为：

$$\log_{10} P_s = A - \frac{B}{C + t}$$

A、B、C 为对应各物质的安托因常数。安托因方程式中的对数为常用对数。

例题 02

对应乙醇的安托因常数，$A = 8.21337$，$B = 1652.05$，$C = 231.48$。求 100℃ 时乙醇的蒸气压。另外，作图表示各温度所对应的蒸气压曲线。

安托因方程式为 $\log_{10} P_s = A - \frac{B}{C + t}$，对数的底为 10，是常用对数。

数据、算式的设定及计算结果，如图 5-3 所示。

根据计算结果，100℃ 乙醇的蒸气压为 226kPa。

还有，求出温度 0～100℃ 所对应的蒸气压值，用散点法作图后，如图 5-4 所示。

单元格的设定

　　单元格 B11　　= 10^(B5 - B6/(B7 + B10))

　　单元格 B12　　= B11 * B9/B8

　　单元格 E5　　= 10^($B$5 - $B$6/($B$7 + D5)) * $B$9/$B$8

　　单元格 E6:E15　　单元格 E5 的自动填充

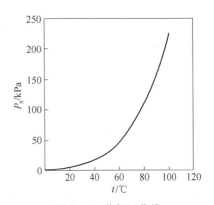

图 5-3 数据、算式的设定及计算结果 图 5-4 蒸气压曲线

含有不挥发性成分的水溶液使用蒸发罐进行蒸发浓缩。蒸发罐中的物质守恒如图 5-5 所示。

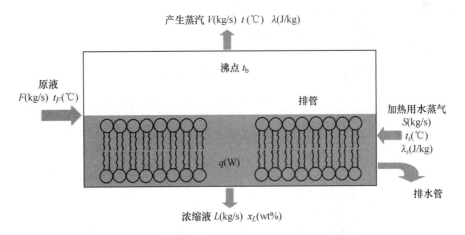

图 5-5 蒸发储罐中的质量守恒和热量守恒

蒸发罐中以 $F(\mathrm{kg/s})$ 的速度注入浓度为 $X_F(\mathrm{wt\%})$ 的原液。Calandria 加热器提供水蒸气,冷却后的浓缩水通过排水管排出。产生的水蒸气为 $V(\mathrm{kg/s})$、浓度为 X_L 的浓缩液以 $L(\mathrm{kg/s})$ 的速度排出。

由物料守恒可得:

$$F = V + L$$
$$Fx_F = Lx_L$$

蒸发的水量为:

$$V = F\left(1 - \frac{x_F}{x_L}\right)$$

蒸发所需的热量 q 为:

$$q = Fc(t_L - t_F) + \lambda_\mathrm{b}V$$

另外，饱和温度 t_s（℃）的加热用水蒸气以 S（kg/s）的速度供给时，损失的热量 q' 为：

$$q' = \lambda_s S$$

由于蒸发罐的热损失可以忽略，则 $q = q'$。

$$S = \frac{q}{\lambda_s} = \frac{Fc(t_L - t_F) + \lambda_b V}{\lambda_s}$$

从 Calandria 加热器供给的热量 q 为：

$$q = UA\Delta t$$

这里的 U（W/（m^2·K））为总传热系数，A（m^2）为传热面积，Δt 为加热用水蒸气温度与溶液沸点的温度差。

例题 03

使用蒸发罐进行食盐水的浓缩。12wt% 的食盐水以 0.6kg/s 的速度连续供入，求浓缩至 22wt% 浓度时所需要加热用水蒸气的量。此时，仅使用 120℃ 时饱和水蒸气的潜热进行加热。10wt% 的食盐水的比热容为 4.2×10^3J/（kg·K），如果沸点为 102℃，可以认为罐内无热损失。水溶液于 102℃ 和 120℃ 时的蒸发潜热分别为 2.25×10^6J/kg 和 2.20×10^6J/kg。

首先，求出产生水蒸气的量 V 及需要的热量 q。

数据、算式的设定及计算结果，如图 5-6 所示。

根据计算结果，所需要的热量为 8.20×10^5W。

求出加热用水蒸气的量为 0.373kg/s，蒸发罐的传热面积为 30.4m^2。

	B15		f_x	=B5*B10*(B8-B3)+B9*B12	
	A		B	C	D
1	蒸发罐的物料守恒				
2					
3	温度 t_F		20	℃	
4	食盐 x_F		12	wt%	
5	供给量 F		0.6	kg/s	
6	加热温度 t_s		120	℃	
7	饱和水蒸气潜热 λ_s		2.20E+06	J/kg	
8	沸点 t_b		102	℃	
9	蒸发潜热 λ_b		2.25E+06	J/kg	
10	比热容 c		4.20E+03	J/kg·K	
11	总传热系数 U		1.50E+03	W/m^{2}K	
12	产生水蒸气量 V		0.272727	kg/s	
13	浓缩液量 L		0.327273	kg/s	
14	食盐 x_L		22	wt%	
15	需要的热量 q		8.20E+05	W	
16	加热用水蒸气量 S		0.373	kg/s	
17	温度差 Δt		18	K	
18	传热面积 A		30.4	m^2	
19					

图 5-6　数据、算式的设定及计算结果

单元格的设定

单元格 B12	$= B5 * (1 - B4/B14)$
单元格 B13	$= B5 - B12$
单元格 B15	$= B5 * B10 * (B8 - B3) + B9 * B12$
单元格 B16	$= B15/B7$
单元格 B17	$= B6 - B8$
单元格 B18	$= B15/(B11 * B17)$

5.2 气液平衡和拉乌尔定律

成分不同的物质 A、B 溶解后得到的混合溶液，各部分的蒸气压有如下关系式：

$$P_A + P_B = P$$

$$P_A = x_A^g P$$

$$P_B = x_B^g P$$

x_A^g、x_B^g 分别为气相中 A、B 的摩尔分数，则：

$$P_A = x_A P_A^0$$

$$P_B = x_B P_B^0$$

遵守上述关系式的溶液称为理想溶液。这个关系式被称作拉乌尔（Raoult）定律[3]。这个关系式换个写法变为：

$$x_B = \frac{P_A^0 - P_A}{P_A^0}$$

即成分 B 的摩尔分数可以用成分 A 的蒸气压表示。

拉乌尔（Francois Marie Raoult）　出生于法国，巴黎大学中途退学后，成为高校的老师，工作的同时继续他的研究，于 1862 年获得巴黎大学的学位。1867 年开始于格勒诺布尔大学工作，担任教授职务。以拉乌尔的名字命名的拉乌尔定律于 1887 年发表。遵循拉乌尔定律的溶液，称为理想溶液。

苯和甲苯的混合溶液为理想溶液，遵循拉乌尔定律。蒸气压与组成的关系图如图 5-7 所示。

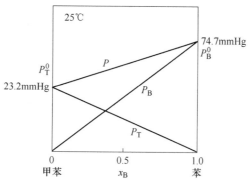

图 5-7 苯-甲苯体系的蒸气压曲线图

不遵循拉乌尔定律的溶液称为非理想溶液。例如，图 5 – 8(a) 中所示的丙酮与氯仿的混合溶液、图 5 – 8(b) 中四氯化碳与甲醇的混合溶液的蒸气压曲线图。图 5 – 8(a) 的情况，有负的偏差；图 5 – 8(b) 的情况，有正的偏差。

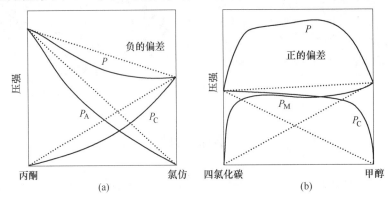

图 5 – 8　不遵循拉乌尔定律的蒸气压曲线图

（a）丙酮 – 氯仿体系的蒸气压曲线图（35℃）；（b）四氯化碳 – 甲醇体系的蒸气压曲线图（35℃）

例题 01

下面列出了一个大气压下甲醇 – 水体系的气液平衡数据表。请用 x – y 曲线图和温度 – 组成曲线图作图表示。

摩尔分数 x液相	摩尔分数 y气相	平均温度/K	摩尔分数 x液相	摩尔分数 y气相	平均温度/K
0	0	373.2	0.4	0.729	348.5
0.02	0.134	369.9	0.5	0.779	346.3
0.04	0.23	366.7	0.6	0.825	344.4
0.06	0.304	364.4	0.7	0.87	342.5
0.08	0.365	362.5	0.8	0.915	340.8
0.1	0.418	360.9	0.9	0.958	339.2
0.15	0.517	357.6	0.95	0.979	338.4
0.2	0.579	354.9	1	1	337.8
0.3	0.665	351.2			

作图是 Excel 中比较擅长的功能，图 5 – 9 表示的是 x – y 曲线图，图 5 – 10 表示的是温度 – 组成曲线图。

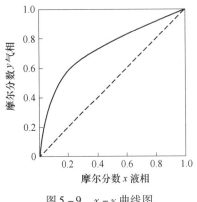

图 5 – 9　x – y 曲线图

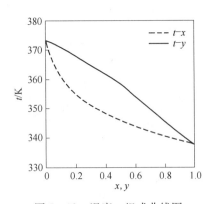

图 5 – 10　温度 – 组成曲线图

例题02

下面给出了苯和甲苯的安托因常数。这些常数对应的温度为绝对温度（K）。作图表示出一个大气压下的气液平衡图。

	A	B	C
苯	6.0306	1211.033	−52.36
甲苯	6.0795	1344.80	−53.67

这个体系遵循拉乌尔定律，分别求出100℃时苯和甲苯的蒸气压，按照摩尔分数如图 5-11 所示作图。这样，气液平衡图就可以做出来。

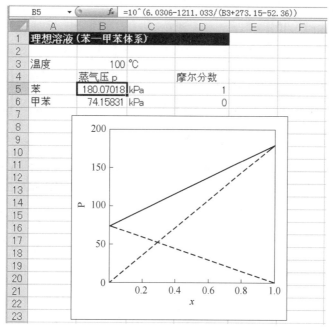

图 5-11　数据、算式的设定及计算结果

温度所对应的蒸气压值可以通过安托因方程式进行计算，计算后得到苯的摩尔分数如图 5-12 所示。

例题03

求出例题02中苯－甲苯理想溶液体系中苯的摩尔分数，使用 $x-y$ 曲线图和温度－组成曲线图作图表示。

	E5	▼	f_x	=($B$13-D5)/(C5-D5)	
	A	B	C	D	E	F

	A	B	C	D	E	F
1	理想溶液 (苯-甲苯体系)					
2						
3	平衡温度		蒸气压 P (kPa)		苯的摩尔分数	
4	温度 (℃)	温度 (K)	苯	甲苯	x	y
5	110.62	383.77	237.91201	101.29383	0.000045	0.000106
6	105	378.15	205.76918	86.103872	0.126988587	0.25795
7	100	373.15	180.07018	74.15831	0.256266747	0.455538
8	95	368.15	156.91648	63.567396	0.404209688	0.6261319
9	90	363.15	136.13571	54.218376	0.57474558	0.7723929
10	85	358.15	117.55956	46.003359	0.772772223	0.8968091
11	80.09	353.24	101.30477	38.94027	0.999923449	0.9999706
12						
13	总压	101.3	kPa			

图 5 – 12　数据、算式的设定及计算结果

单元格的设定

单元格 B5　　= 273.15 + A5

单元格 C5　　= $10^{(6.0306 - 1211.033/(B5 - 52.36))}$

单元格 D5　　= $10^{(6.0795 - 1344.8/(B5 - 53.67))}$

单元格 E5　　= (\$B\$13 – D5)/(C5 – D5)

单元格 F5　　= E5 * C5/\$B\$13

单元格 B6:F11　　单元格 B5:F5 的自动填充

根据这些数据，用 x – y 曲线图和温度 – 组成曲线图作图表示，如图 5 – 13 所示。

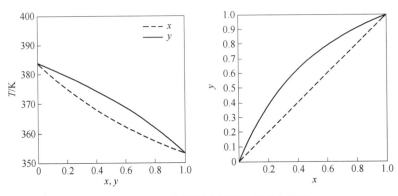

图 5 – 13　x – y 曲线图和温度 – 组成曲线图

例题 04

如表中给出的甲醇 – 水体系的蒸气压数据。这个体系遵循拉乌尔定律，作图表示出一个大气压下的 x – y 曲线图和 T – x、y 曲线图。另外，求出比挥发度。

温度/℃	甲醇 p_M/mmHg	水 p_W/mmHg	温度/℃	甲醇 p_M/mmHg	水 p_W/mmHg
64.6	760	184	85	1570	434
70	930	234	90	1850	526
75	1110	289	100	2830	760
80	1330	355			

由于遵循拉乌尔定律，可以根据如下公式进行求解：

$$x_M = \frac{760 - p_{W0}}{p_{M0} - p_{W0}}$$

$$y_M = \frac{p_{M0}}{760} x_M$$

数据、算式的设定及计算结果，如图 5 – 14 所示。

根据计算结果，作图表示出一个大气压下的 x – y 曲线图和 T – x、y 曲线图，如图 5 – 15 所示。

	D4	▼	f_x	=($B$4-C4)/(B4-C4)	
	A	B	C	D	E
1	理想溶液(甲醇–水体系)				
2					
3	温度(℃)	甲醇 p_M (mmHg)	水 p_W (mmHg)	x_M	y_M
4	64.6	760	184	1	1
5	70	930	234	0.755747	0.924796
6	75	1110	289	0.573691	0.83789
7	80	1330	355	0.415385	0.726923
8	85	1570	434	0.286972	0.592823
9	90	1850	526	0.176737	0.430215
10	100	2830	760	0	0

图 5 – 14　数据、算式的设定及计算结果

单元格的设定

单元格 D4　=($B$4 – C4)/(B4 – C4)

单元格 E4　=B4/$B$4 ∗ D4

单元格 D5:E10　单元格 D4:E4 的自动填充

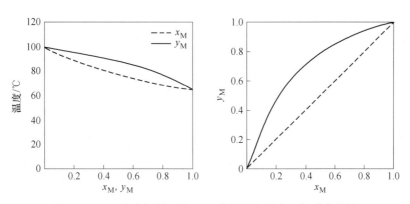

图 5 – 15　一个大气压下的 x – y 曲线图和温度 – 组成曲线图

挥发度为 y_M/x_M，y_W/x_W，则比挥发度 α_{MW} 可表示为：

$$\alpha_{MW} = \frac{y_M/x_M}{y_W/x_W} = \frac{y_M(1 - x_M)}{x_M(1 - y_M)}$$

如果要求出两个沸点的 α，则是求两组 α 的几何平均值，可表示为：

$$\alpha_{av} = \sqrt{\alpha_{MW} \cdot \alpha_{WM}}$$

计算结果如图 5 – 16 所示，比挥发度为 3.92。

图 5 – 16　比挥发度的计算

单元格的设定

单元格 D4　　= ($B$4 – C4)/(B4 – C4)

单元格 E4　　= B4/$B$4 * D4

单元格 D5:E10　单元格 D4:E4 的自动填充

单元格 G4　　= A4

单元格 G5　　= A10

单元格 H4　　= B4/C4

单元格 H5　　= B10/C10

单元格 H6　　= SQRT(H4 * H5)

例题 05

有关苯、甲苯和甲醇的安托因常数，如下表所示。系数以温度 t（℃）为单位。三组分溶液蒸馏时，各组成成分如下表所示。求这种混合溶液于一个大气压下的沸点（℃）。

i	成分	x	A	B	C
1	苯	0.263	6.906	1211	220.8
2	甲苯	0.386	6.955	1345	219.5
3	甲醇	0.351	7.879	1473	230

安托因方程式为：

$$\log_{10} P_s = A - \frac{B}{C + t}$$

则与温度相关的函数 $f(t)$ 和 $f'(t)$ 的关系式为：

$$f(t) = \sum P_i x_i - 760$$

$$f(t) = \sum_{i=1}^{3} x_i \times 10^{[A_i - B_i/(C_i + t)]} - 760$$

$$f'(t) = \sum_{i=1}^{3} x_i \times \ln(10) \times 10^{[A_i - B_i/(C_i + t)]} \times \frac{B_i}{(C_i + t)^2}$$

设需要求得的沸点为未知数，使用单变量求解求出 $f(t)/f'(t)$ 的值。

数据、算式的设定及计算结果，如图 5-17 所示。

根据计算结果，沸点为 79.1℃。

C13		f_x =C10*C5+C11*C6+C12*C7-760				
	A	B	C	D	E	F	G
1	三组分体系的蒸馏						
2							
3		安托因常数					
4	i	成分	x	A	B	C	
5	1	苯	0.263	6.906	1211	220.8	
6	2	甲苯	0.386	6.955	1345	219.5	
7	3	甲醇	0.351	7.879	1473	230	
8							
9		t	79.1421666	℃			
10		P₁	738.8478312	mmHg			
11		P₂	282.6717055	mmHg			
12		P₃	1300.774235	mmHg			
13		∑ Pᵢxᵢ-760	1.4408E-05				
14		f'(x)	26.01517209				
15		f(x)/f'(x)	5.53831E-07	单变量求解（goal seek）			

图 5-17 数据、算式的设定及计算结果

单元格的设定

单元格 C9 = 未知数（温度 t）

单元格 C10 = 10^(D5 − E5/(F5 + $C$9))

单元格 C11 = 10^(D6 − E6/(F6 + $C$9))

单元格 C12 = 10^(D7 − E7/(F7 + $C$9))

单元格 C13 = C10 * C5 + C11 * C6 + C12 * C7 − 760

单元格 C14 = LN(10) * (C5 * C10 * E5/(C9 + F5)^2 + C6 * C11 * E6/(C9 + F6)^2 + C7 * C12 * E7/(C9 + F7)^2)

单元格 C15 = C13/C14   单变量求解的算式输入单元格

5.3 闪速蒸馏和水蒸气蒸馏

混合后的原液经常通过闪速蒸馏器或装入到单口瓶中通过产生蒸汽的操作与原液分离。

闪速蒸馏，是将两种成分组成的原液以供应速度 $F(\text{mol/s})$ 加入到蒸馏器内，其组成为 x_F、蒸汽蒸出的量为 $D(\text{mol/s})$、组成为 y_D、残留液体量为 $W(\text{mol/s})$、组成 x_w 所对应的物料守恒的关系式如下：

$$F = D + W$$

$$fx_F = Dy_D + Wx_w$$

$$\frac{y_D - x_F}{x_w - x_F} = -\frac{W}{D}$$

气液平衡状态下，求出 $x=y=x_F$ 所表示的对角线上的点的斜率 W/D 的直线延长后与 $x-y$ 坐标轴上的交点，即可以得到 x_w 和 y_D 的值。

例题 01

甲醇 – 水体系的液相和气相的摩尔百分率如下表格所示。从这些数据中，通过拉格朗日插值法求得气相 70mol% 时 x_M 的值。

x_M	y_M	x_M	y_M
1	1	0.287	0.593
0.756	0.925	0.177	0.430
0.574	0.838	0	0
0.415	0.727		

通过闪速蒸馏要得到 70mol% 的馏出液时，求每 100mol 原液的溜出量为多少。此时，原液的甲醇量为 60mol% 。

表中的数据没有 70mol% ，通过拉格朗日插值法的内插值进行求解。

由于 Excel 中没有拉格朗日插值的功能，可以通过 VBA 宏代码设定程序进行。

图 5 – 18 中列出了拉格朗日插值的宏代码。

```
Public Sub lagrange()        Lagrange 插值
Dim x(10), y(10)             行列指定
n = 7                        数据数的指定
For i = 1 To n               数据的读取
x(i) = Cells(i + 3, 1)       单元格A4：A10→x(i)
y(i) = Cells(i + 3, 2)       单元格B4：B10→y(i)
Next i
yy = Cells(11, 2)            指定读取的单元格B11
p = 0                        插入程序
For i = 1 To n
fy = 1
For j = 1 To n
If i <> j Then
fy = fy * (yy - y(j)) / (y(i) - y(j))
End If
Next j
p = p + x(i) * fy
Next i
Cells(11, 1) = p             输出插入的数值
End Sub
```

图 5 – 18   拉格朗日插值的 VBA 宏代码

> 拉格朗日（Joseph – Louis Lagrange）   出生于意大利，法国比较著名的数学家。拉格朗日的《分析力学》同拉普拉斯的《天体力学》都是伟大的功绩。另外，他在数论方面的成就也很突出，拉格朗日四平方定理也很闻名。

通过拉格朗日插值法求得 70mol% 的 x_M 为 0.385。从图 5 – 19 就可以求得解，这种插值法可以获得有效数字。

蒸汽馏分量 D 和残留液量 W 为未知数时，由上述的物料守恒关系式可得：

$$F = D + W$$

$$\frac{y_D - x_F}{x_w - x_F} = -\frac{W}{D}$$

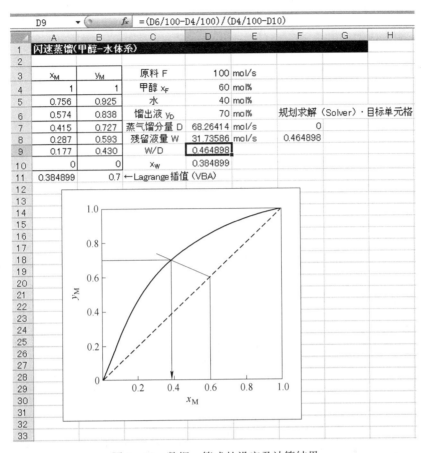

图 5 – 19　数据、算式的设定及计算结果

通过上述联立方程，用规划求解求出最适解，结果如图 5 – 19 所示。

根据计算结果，D 为 68.3mol%、W 为 31.7mol%。

单元格的设定

单元格 A11　　未知数(x)　　通过 Lagrange 插值法的计算值

单元格 B11　　 $= D6/100$

单元格 D5　　　 $= 100 - D4$

单元格 D7　　　未知数(D)

单元格 D8　　　未知数(W)

单元格 F7　　　 $= D7 + D8 - D3$　　规划求解目标单元格 1

单元格 F8　　　 $= D8/D7$　　规划求解目标单元格 2

单元格 D9　　　 $= (D6/100 - D4/100)/(D4/100 - D10)$

单元格 D10　　 $= A11$

例题 02

组成如下表所示的原液通过平衡闪速蒸馏罐进行连续分离操作时，求馏出液的流量和组成，罐内残留液的流量和组成。这时，原料液的供给量为 25kmol/h。

成　分	z/mol%	气液平衡常数 K
乙　烷	2.9	5.5
丙　烷	41.7	2.05
丁　烷	28	0.96
正戊烷	17.2	0.38
正己烷	10.2	0.15

原液的流量为 $F(\mathrm{kmol/h})$，溜出液的流量为 $D(\mathrm{kmol/h})$，罐内残留液的流量为 W $(\mathrm{kmol/h})$，混合液各组分假设为 i，则各成分的摩尔百分率分别为 z_i、y_i、x_i，按照物料守恒定律有如下关系式：

$$F = D + W$$
$$Fz_i = Dy_i + Wx_i \quad (i = 1 \sim n)$$

由 i 成分的气液平衡关系可以推导出：

$$y_i = K_i x_i$$
$$x_i = \frac{Fz_i}{K_i D + W}$$
$$y_i = \frac{Fz_i}{W/K_i + D}$$

则 $\sum x_i = 1$ 和 $\sum y_i = 1$ 成立。

按照图 5-20 进行数据、算式的设定，计算得出 x、y 的值。此时，将未知数 D 设定为 10，通过单变量求解（goal seek），按照公式 $\sum x_i = 1$ 求出最适解。

计算后，得出的结果如图 5-21 所示，馏出液的流量为 12.9kmol/h，罐残留液流量为 12.1kmol/h。各成分对应的数据也如图 5-21 所示。

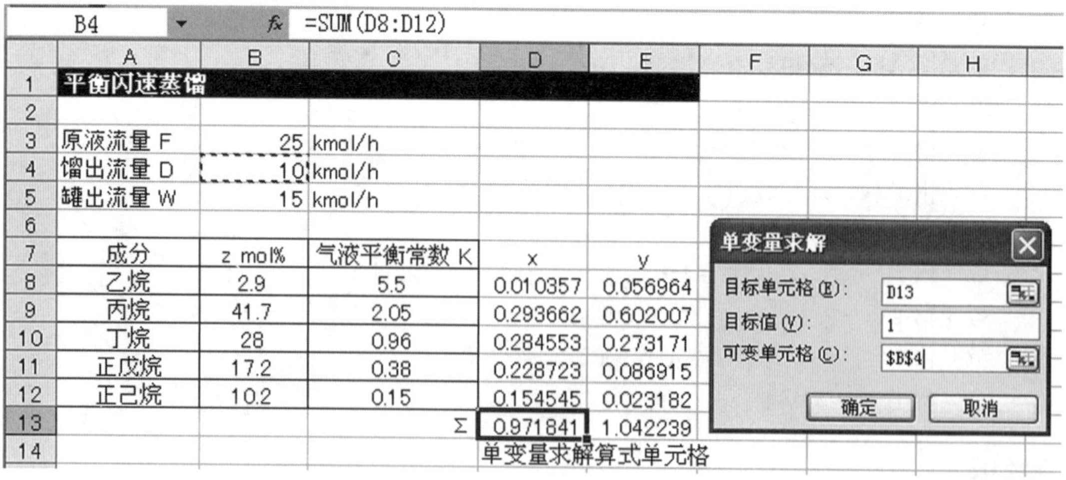

图 5-20　单变量求解的设定

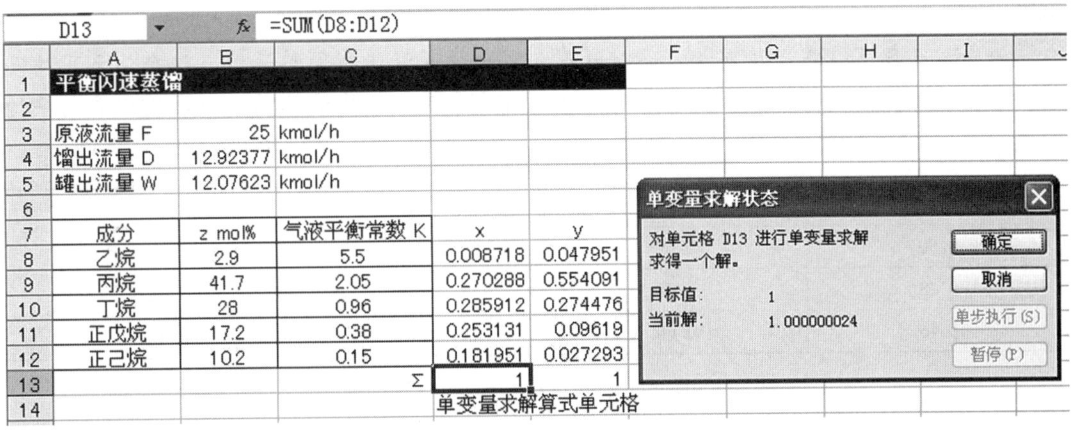

D13 =SUM(D8:D12)

	A	B	C	D	E
1	平衡闪速蒸馏				
2					
3	原液流量 F	25	kmol/h		
4	馏出流量 D	12.92377	kmol/h		
5	罐出流量 W	12.07623	kmol/h		
6					
7	成分	z mol%	气液平衡常数 K	x	y
8	乙烷	2.9	5.5	0.008718	0.047951
9	丙烷	41.7	2.05	0.270288	0.554091
10	丁烷	28	0.96	0.285912	0.274476
11	正戊烷	17.2	0.38	0.253131	0.09619
12	正己烷	10.2	0.15	0.181951	0.027293
13			Σ	1	1
14				单变量求解算式单元格	

图 5-21　计算结果

单元格的设定

单元格 B4　　未知数(D)

单元格 B5　　= B3 - B4

单元格 D8　　= $B$3 * B9/100/(C9 *$B$4 +$B$5)

单元格 E8　　= $B$3 * B9/100/($B$5/C9 +$B$4)

单元格 D9:E12　单元格 D8:E8 的自动填充。

单元格 D13　　=SUM(D8:D12)　单变量求解的算式单元格

单元格 E13　　=SUM(E8:E12)

下面，重点研究下使用单口瓶进行简单蒸馏的情况。

单口瓶内的原液量为 L(mol)，液相的组成为 x，气相组成为 y 时，蒸发减少量 ΔL 和液相的变化量 Δx 进行物料衡算后得到如下关系式：

$$Lx = (L - \Delta L)(x - \Delta x) + y\Delta L$$

将上述关系式整理后，省略 2 次的微分量 $\mathrm{d}x/\mathrm{d}L$ 后，得到的关系式可以表示成：

$$\frac{\mathrm{d}L}{L} = \frac{\mathrm{d}x}{y - x}$$

$$\ln\frac{L_0}{L_1} = \int_{x_1}^{x_0}\frac{\mathrm{d}x}{y - x}$$

如果给出 $x-y$ 线性图，将上式积分后求 $\ln(L_0/L)$ 的解。

馏出率 β 表示为：

$$\beta = \frac{L_0 - L_1}{L_0}$$

通过上述关系式，可求出馏出物的平均组成 x_D 为：

$$x_D = \frac{L_0 x_0 - L_1 x_1}{L_0 - L_1} = \frac{x_0 - (1 - \beta)x_1}{\beta}$$

$$\ln\frac{L_0}{L} = \ln\frac{1}{1 - \beta} = \int_{x_1}^{x_0}\frac{\mathrm{d}x}{y - x}$$

例题 03

一个大气压下，将正庚烷和正辛烷等摩尔混合的原液进行简单蒸馏。这个体系下的气液平衡数据如下表所示。求仅将原液的 1/3 蒸馏出来时，罐内液体的组成和馏出液的平均组成。

x	y	x	y
0.50	0.69	0.44	0.64
0.48	0.68	0.42	0.62
0.46	0.66	0.40	0.60

$$\ln \frac{L_0}{L} = \ln \frac{1}{1-\beta} = \int_{x_1}^{x_0} \frac{\mathrm{d}x}{y-x}$$

将上述关系式按照梯形规则积分，数据、算式的设定及计算结果如图 5-22 所示。

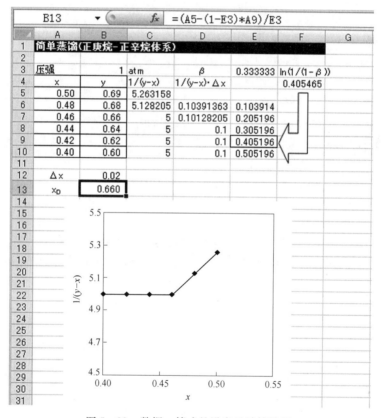

图 5-22　数据、算式的设定及计算结果

根据计算结果，$\ln(1/(1-\beta))$ 为 0.405，积分值为 0.4052 时 x_1 的值，从 $x-y$ 线性图上可知为 0.42。

馏出液的平均组成按照 $x_D = \dfrac{L_0 x_0 - L_1 x_1}{L_0 - L_1} = \dfrac{x_0 - (1-\beta)x_1}{\beta}$ 进行求解，得到的解为 0.660。

单元格的设定

单元格 C5　　= 1/(B5 - A5)

单元格 C6:C10　单元格 C5 的自动填充

单元格 D6　　= (C5 + C6) * $B$12/2

单元格 D7:D10　单元格 D6 的自动填充

单元格 E6　　= E5 + D6

单元格 E7:E10　单元格 E6 的自动填充

单元格 B12　　= A5 - A6

单元格 B13　　= (A5 - (1 - E3) * A9)/E3

单元格 F4　　= LN(1/(1 - E3))

　　水蒸气蒸馏是将如硝基苯等水中不溶的挥发性液体通过直接鼓入水蒸气而进行加热蒸馏的分离操作方法。将挥发性物质进行水蒸气蒸馏，沸腾温度要比纯的物质的沸点温度降低很多，与水一同蒸馏出来。由于高沸点的目标成分可以通过很低的温度蒸馏出来，可以避免因高温所造成的物质分解和变质。

　　通过水蒸气蒸馏得到的混合馏出蒸汽中的目的成分 A 的分压 p_A 和水蒸气的分压 p_s 的和为总压 P。

$$P = p_A + p_b$$

　　水蒸气蒸馏得到的馏出液质量分别为 W_A 和 W_S，对应的分子量分别为 M_A 和 M_S，则有如下关系式：

$$\frac{\text{成分 A 的摩尔数}}{\text{水蒸气的摩尔数}} = \frac{W_A/M_A}{W_S/M_S} = \frac{p_A}{p_S}$$

$$\frac{W_A}{W_S} = \frac{p_A M_A}{p_S M_S}$$

例题 04

　　使用水蒸气蒸馏苯。求一个大气压下，蒸馏出 1kg 的苯需要多少水蒸气。这时，与苯和水的蒸气压（kPa）相关的安托因常数如下表所示，绝对温度是以 K 为单位的数字。

	A	B	C
苯	6.0306	1211.033	-52.36
水	7.07406	1657.46	-46.13

　　馏出温度满足

$$p_B + p_W = 101.3(kPa)$$

的条件，苯的分子量为 78.1、水的分子量为 18。

　　图 5-23 中设定馏出温度为未知数，使用单变量求解求出最适解。

　　根据计算结果，馏出温度为 342.3K，馏出液的分压 $p_B = 71.3$kPa、$p_W = 30.3$kPa。蒸馏出来 1kg 的苯所需要的水蒸气的量为 0.0969kg。

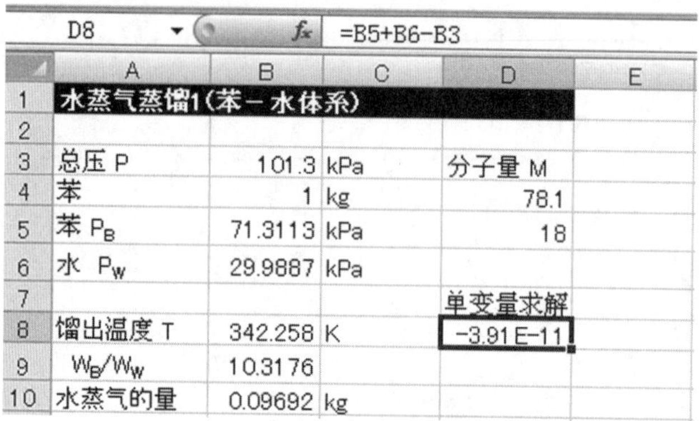

D8 =B5+B6-B3

	A	B	C	D	E
1	水蒸气蒸馏1(苯－水体系)				
2					
3	总压 P	101.3	kPa	分子量 M	
4	苯	1	kg	78.1	
5	苯 P_B	71.3113	kPa	18	
6	水 P_W	29.9887	kPa		
7				单变量求解	
8	馏出温度 T	342.258	K	-3.91E-11	
9	W_B/W_W	10.3176			
10	水蒸气的量	0.09692	kg		

图 5－23 数据、算式的设定及计算结果

单元格的设定

单元格 B5 =10^(6.0306－1211.033/(B8－52.36))

单元格 B6 =10^(7.07406－1657.46/(B8－46.13))

单元格 B8 未知数(T)

单元格 D8 =B5＋B6－B3 单变量求解的算式输入单元格

单元格 B9 =D4/D5*B5/B6

单元格 B10 =B4/B9

例题 05

将与例题 04 相同的体系进行水蒸气蒸馏，苯和水的蒸气压如给出的下表所示。求以相同的条件进行水蒸气蒸馏时，蒸馏出 1kg 的苯所需要的水蒸气的量。

温度/℃	蒸气压/kPa	
	苯 p_1	水 p_2
20	10	2.3
40	24.4	7.4
60	52.2	19.9
80	101	47.3

求一个大气压 P(101.3kPa) 下，对应的温度－p_1 和 $P-p_2$ 的关系图的交点。求得的这个交点为蒸馏温度，再通过 W_2/W_1 求出蒸馏 1kg 苯所需要的水蒸气的量。

由于必须插入温度所对应的蒸气压的值，按照图上找出的两点间的差分法进行求解。

与例题 04 一样设定温度为未知数，利用单变量求解求出最适解，如图 5－24 所示。

根据计算结果，蒸馏温度为 67.7℃，蒸馏出 1kg 苯需要的水蒸气的量为 0.0988kg。结果与上例相比，蒸馏温度稍微有些下降，这是由于苯和水的蒸气压值按照两点间的差分法求解所造成的误差。

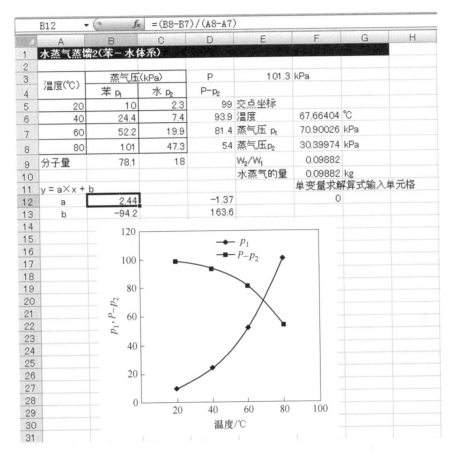

图 5 – 24　数据、算式的设定及计算结果

单元格的设定

单元格 D5　　　= $\$E\$3 - C5$

单元格 D6:D8　单元格 D5 的自动填充

单元格 B12　　= $(B8 - B7)/(A8 - A7)$

单元格 B13　　= $B7 - B12 * A7$

单元格 D12　　= $(D7 - D8)/(A7 - A8)$

单元格 D13　　= $D7 - D12 * A7$

单元格 F6　　 未知数（温度）

单元格 F7　　 = $B12 * F6 + B13$

单元格 F8　　 = $E3 - F7$

单元格 F9　　 = $F8 * C9/F7/B9$

单元格 F10　　= $F9$

单元格 F12　　= $B12 * F6 + B13 - (D12 * F6 + D13)$　　单变量求解算式输入单元格

5.4　两组分体系的连续精馏

工业上使用的蒸馏塔是从塔的中间加入原料，塔的上部为浓缩部分，下部为提馏部分。蒸馏操作是通过连续的供入原料，进行连续精馏的过程，如图 5 - 25 所示。塔的顶端是将低沸点的成分蒸馏出来，塔的底端是将高沸点的成分通过蒸出低沸点组分分离出来。

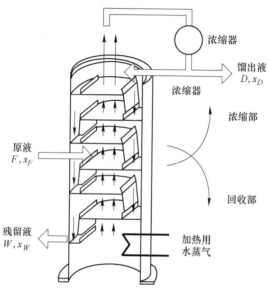

图 5 - 25　连续精馏塔的构造

将两组分体系进行连续精馏，供给原料为 $F(\mathrm{kmol/h})$、原料组成为 x_F 时，将组成为 x_D 的塔顶馏出液 $D(\mathrm{kmol/h})$ 和组成为 x_W 的塔底残留液 $W(\mathrm{kmol/h})$ 进行分离。由塔整体的物料守恒可得如下关系式：

$$F = D + W$$
$$Fx_F = Dx_D + Wx_W$$

通过上述关系式可得：

$$D = \frac{F(x_F - x_W)}{x_D - x_W}$$

$$W = \frac{F(x_D - x_F)}{x_D - x_W}$$

假定原料中液体所占的比例为 q，则原料中沸腾的液体量为 qF，饱和蒸汽的量为 $(1 - q)F$，浓缩部分上升的蒸汽量为 $V(\mathrm{kmol/h})$ 和下降的液量为 $L(\mathrm{kmol/h})$，另外，提馏部分上升的蒸汽量为 $V'(\mathrm{kmol/h})$ 和下降的液量为 $L'(\mathrm{kmol/h})$，根据原料供给段的物料守恒有如下关系式：

$$V = V' + (1 - q)F$$
$$L' = L + qF$$

如果原料沸点以下全部为液体，则 $q = 1$，达到沸点如果全部为蒸汽，则 $q = 0$；如果是液体与蒸汽混合物的话，q 为 0 到 1 之间的值。

浓缩部分根据物料守恒有如下关系式:

$$V = L + D$$

$$Vy_{n+1} = Lx_n + Dx_D$$

这里的 x_n 为第 n 层的液相组成, y_{n+1} 为第 $n+1$ 层的蒸汽组成, 则可以用如下关系式表示:

$$y_{n+1} = \left(\frac{L}{V}\right)x_n + \left(\frac{D}{V}\right)x_D$$

如果 $L/D = R$, 我们称之为回流比。则有如下表达式:

$$y_{n+1} = \frac{R}{R+1}x_n + \frac{1}{R+1}x_D$$

这样就变成了精馏操作线方程。挡板是 $\frac{x_D}{R+1}$, 斜率为 $\frac{R}{R+1}$。

根据提馏部分的物料守恒, 有如下关系式:

$$L' = V' + W$$

$$L'x_m = V'y_{m+1} + Wx_W$$

提馏部分的蒸汽组成关系式为:

$$y_{m+1} = \left(\frac{L'}{V'}\right)x_m - \left(\frac{W}{V'}\right)x_W$$

这样就变成了提馏操作线方程。对角线与 $x = x_W$ 相交, 斜率为 $\frac{L'}{V'}$。

将上述得到的关系式作图后, 如图 5-26 所示。

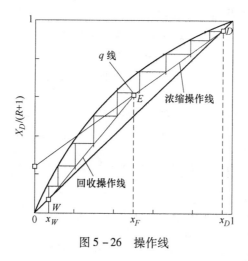

图 5-26 操作线

q 线的关系式为:

$$y = \left(\frac{q}{1-q}\right)x + \frac{x_F}{1-q}$$

$q=1$ 的沸腾状态时, q 线就变成了 $x = x_F$ 的垂直线。

从塔顶开始的气液平衡线与刚才的操作线相交后得到组成 x_{n+1}, 重复逐个计算出 y_n 的值, 并根据理论塔板数按照如下要求进行作图。

（1）用散点图作出 $x-y$ 曲线图，并作出对角线。

（2）根据点 F 作出 q 线。

（3）通过点 D 作出斜率为 $R/(R+1)$ 精馏操作线。

（4）通过点 E 和点 W 做直线，作出提馏操作线。

（5）从点 D 开始，在两组的操作线与平衡线之间阶梯作图，直到点 W 为止，作出阶梯图。

（6）阶梯数 n 所对应的再沸腾的塔板层数，理论塔板数为 $n-1$。

上述求理论塔板数的方法被称为 McCabe – Thiele 法[4]。图 5 – 26 中作图后，可知理论塔板数为 6。

例题 01

使用前面的例题（见 5.2 节，例题 03）中求出的苯的摩尔分数（$x-y$ 曲线图）。

将苯和甲苯分别以 50mol% 混合后的溶液以 100kmol/h 的流量加入到精馏塔内，求当塔顶出 95mol% 的苯馏出液，塔底出 7mol% 苯的罐残液时，精馏塔的理论塔板数为多少。这时的回流比为 3.0，q 为 1，塔内的压力为 1 个大气压。

设馏出液的量 D 和罐内出残液量 W 为未知数，按照物料守恒建立关系式，根据规划求解求得最适解，求出的结果如图 5 – 27 所示。根据计算结果，馏出液量 D 为 48.9kmol/h，罐内出残液量 W 为 51.1kmol/h。

x_F、x_D、x_W、R、q 都为已知数值，则精馏操作线方程为：

$$y = \frac{R}{R+1}x + \frac{1}{R+1}x_D$$

代入数值后在图上作出相应的直线。

求出直线与 q 线的交点。再通过交点 E 作出提馏操作曲线。

从 D 点开始作出两组的操作线和平衡线的阶梯，到 W 点为止，画出阶梯数。如图 5 – 27 所示进行作图，可以画出 9 段。则所对应的理论塔板数 8 段。

单元格的设定

单元格 A5:B11　拷贝前面例题中的数据

单元格 D4　　 = 100 – D3

单元格 D10　　= 未知数 1（D）

单元格 D11　　= 未知数 2（W）

单元格 F10　　= D10 + D11 – D5　规划求解目标单元格 1

单元格 F11　　= D6/100 * D10 + D7/100 * D11 – D5 * D3/100　规划求解目标单元格 2

单元格 B14　　= D8/(D8 + 1)

单元格 B15　　= D6/100/(D8 + 1)

单元格 C14　　= D6/100

单元格 C15　　= 0

单元格 C16　　= 0.5

单元格 D14　　= C14

单元格 D15　　= B15

单元格 D16　　= B14 * C16 + B15
单元格 A17　　=9　输入通过作图读出的阶梯数
单元格 A18　　= B17 - 1
单元格 C18　　= D7/100
单元格 D18　　= C18

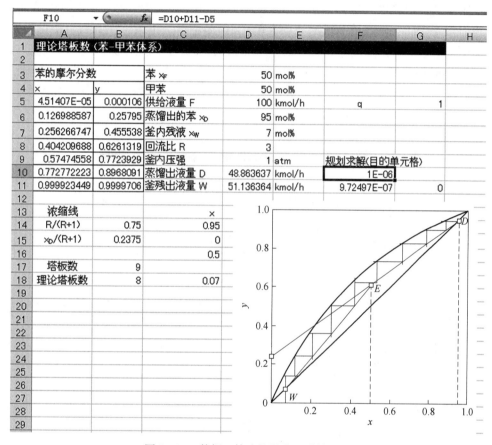

图 5 - 27　数据、算式的设定及计算结果

例题 02

　　求对甲醇 - 水体系进行连续精馏时，连续精馏塔所需要的理论塔板数。甲醇 - 水体系的气液平衡数据参考前面的例题 04（5.2 节）。甲醇的组成为原液 50wt%，馏出液为 92wt%，罐内的残液为 8wt%，原液于沸点时以液体的形式注入。此时的回流比为 0.9。

　　气液平衡关系中，气相和液相中甲醇的摩尔分数分别为 y、x，则可以用如下关系式表示：

$$y = \frac{\alpha x}{1 + (\alpha - 1) x}$$

$$\alpha = \frac{3.20226}{x + 0.396459} + 0.0147114$$

如图 5 - 28 中的组成将质量分数换算成摩尔分数，则最小回流比 $R_{\min}$ 为：

$$R_{\min} = \frac{x_D - y_C}{y_C - x_F}$$

按照上述式子进行求解。

浓缩操作线的关系式为：

$$y = \frac{R}{R+1}x + \frac{1}{R+1}x_D$$

按照上式进行求解。图中的点 D 以单元格 D4 的值为 x、y 作图。点 W 是以单元格 D5 的值为 x、y 作图。y 轴与浓缩线的交点为单元格 D8 的值，过该点作直线。供给的原料液是以 D3 的值过 x 轴做 q 线。从精馏线与 q 线的交点开始过 W 点作提馏线。

按照 McCabe – Thiele 法从点 D 开始到点 M 为止，在操作线与平衡线之间作阶梯图。也就是如图 5 – 28 所示，画出 8 个阶梯。则相应的理论塔板数为 7。

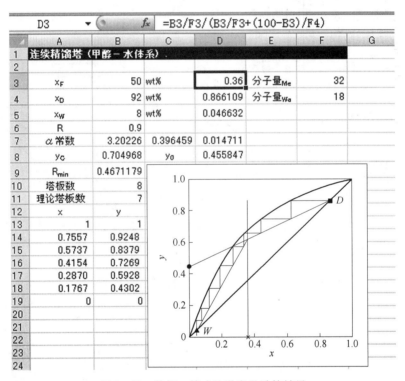

图 5 – 28　数据、算式的设定及计算结果

单元格的设定

单元格 A13：B19　拷贝前面例题中的数据（气液平衡）

单元格 D3　$= B3/F3/(B3/F3 + (100 - B3)/F4)$

单元格 D4　$= B4/F3/(B4/F3 + (100 - B4)/F4)$

单元格 D5　$= B5/F3/(B5/F3 + (100 - B5)/F4)$

单元格 B8　$= ((B7/(D3 + C7) + D7) * D3/(1 + ((B7/(D3 + C7) + D7) - 1) * D3))$

单元格 D8　$= 1/(1 + B6) * D4$

单元格 B9　$= (D4 - B8)/(B8 - D3)$

单元格 B10　　=8　　输入读取阶梯作图中的阶梯数
单元格 B11　　= B10 − 1

习 题

1. 葡萄糖 1.09g 溶于 20g 水中，所得溶液的沸点升高了 0.156K，求葡萄糖的摩尔质量。

2. 一个大气压（101.3kPa）下，用 Excel 工作表计算含有 10% 乙醇水溶液的沸点。对应乙醇的安托因常数，$A = 23.8047$，$B = 3803.98$，$C = −41.68$；水的安托因常数，$A = 23.1964$，$B = 3816.44$，$C = −46.13$。

3. 由两种物质组成的理想溶液，在某个特定温度下的蒸气压分别为 15kPa、30kPa 时，后者的气相摩尔分数为 80%。用 Excel 工作表计算求出达到气液平衡时溶液中各组分的摩尔分数。

4. 含有 50% 甲醇、50% 水的混合液，在一个大气压下以 0.6mol/s 的速度连续供入到蒸馏釜中，蒸出来的馏出液的速度为 0.12mol/s，用 Excel 工作表计算求出馏出液的组分组成和釜内残液的组分组成。

5. 用一精馏塔分离二元液体混合物，进料量为 100kmol/h，易挥发组分 $x_F = 0.5$，泡点进料，得塔顶产品 $x_D = 0.9$，塔底釜内残液 $x_w = 0.05$（摩尔分数），操作回流比 $R = 1.61$，该物系平均相对挥发度 $a = 2.25$，塔顶为全凝器，用 Excel 工作表求出：（1）塔顶和塔底的产品量（kmol/h）；（2）提馏段的操作线方程。

6. 在一常压精馏塔内分离苯和甲苯混合物，塔顶为全凝器，塔釜间接蒸汽加热。进料量为 1000koml/h，含苯 0.4，要求塔顶馏出液中含苯 0.9（以上均为摩尔分数），苯的回收率不低于 90%，泡点进料，泡点回流。已知 $a = 2.5$，取回流比为最小回流比的 1.5 倍。用 Excel 工作表求出：（1）塔顶产品量 D、塔底残液量 W 及组成 x_W；（2）精馏段操作线方程；（3）提馏段操作线方程。

参 考 文 献

[1] 夏清，陈常贵. 化工原理（上、下册）[M]. 天津：天津大学出版社，2005.

[2] 毕燕晨，杨雪飞，楚纪正. 基于二参数 Antoine 方程的石油物系汽 − 液平衡模型 [J]. 计算机与应用化学，2015，32（3）.

[3] 傅献彩. 物理化学（上、下册）[M]. 5 版. 北京：高等教育出版社，2005.

[4] 伊東章，上江洲一也. Excel で 化学工学 [M]. 化学工学会，2014.

6 吸 收

将化石燃料石油或煤炭燃烧后，由于其中含有硫化物会生成并排放硫氧化物（SO_x）。另外，燃料于高温条件下燃烧，还会与空气中的氮气发生反应生成氮氧化物（NO_x），向大气中排放的硫氧化物（SO_x）和氮氧化物（NO_x），与大气中的水分反应之后会形成酸雨，造成环境污染[1]。

目前规定工厂产生的废气必须通过吸收处理后再由烟囱排出，要求这些化合物于排出之前必须进行吸收除去。一般情况下，氮氧化物是通过吸附剂去除的，硫氧化物是通过气体吸收除去的。

本章重点学习关于气体溶解平衡方面利用 Excel 工作表解决问题的实例。

6.1 气体的溶解度

将废气吸收有两种途径，将氨气或二氧化碳的气体溶解到水中的吸收是物理吸收；将二氧化碳通过氢氧化钙水溶液的吸收是化学吸收。化学吸收可以通过与被吸收的气体成分发生化学反应除去，其吸收速度或吸收容量要比物理吸收大很多，而且效率也比较高。但是，本章仅研究有关物理吸收方面的内容。

吸收液对于气体的吸收，溶解气体的成分与吸收液之间达到平衡时，气体于吸收液中溶解了多少是个问题，即需要研究气液平衡。

在被吸收气体成分的分压 $p(Pa)$ 和溶解度 x（摩尔分数）以及溶液中的浓度 $C(mol/L)$ 的关系方面，所描述的比例关系式遵守亨利定律[2]。

$$p = Kx$$

$$C = Hp$$

上述式子中的正比例常数 K、H 称为亨利常数。

溶解的气体于溶解过程中要发生解离，从而造成摩尔分数发生变化的情况，不遵守亨利定律。如果溶质气体于溶液中呈现未解离的分子状态，请按照适用于亨利定律的吸收操作进行研究。

> 亨利（William Henry） 出生于英国，1799 年其编著的"An Epitome of Chemistry"发表，这本书被其他国家译著。1803 年以亨利名字命名亨利定律："气体的溶解度与液面上该气体的压力成正比。"

例题 01

25℃时，二氧化硫的分压为 250mmHg。这时，二氧化硫于 1L 水中的溶解度为 30.5g。假定其遵守亨利定律，求其对应的亨利常数 H（kg/（100kg 水·atm））。

如果按照亨利定律，可得：

$$C = Hp$$

$$H = \frac{C}{p}$$

按照上述关系式求解。最后，进行单位的换算。

数据、算式的设定及计算结果，如图 6-1 所示。

根据计算结果，亨利常数为 9.27kg/（100kg 水·atm）。

	A	B	C	D	E
	B5	f_x =(B4/1000*100)/(B3/760)			
1	亨利定律				
2					
3	SO₂分压 p	250	mmHg at	25	℃
4	SO₂溶解度 C	30.5	g/L水		
5	亨利常数 H	9.272	kg/100kg水·atm		

图 6-1 数据、算式的设定及计算结果

单元格的设定

单元格 B5   = (B4/1000 * 100)/(B3/760)

例题 02

二氧化碳于 25℃ 时的溶解度为 98mL/100g 水，分压为 1atm。求温度不变，将分压升为原来的 2.5 倍时，其溶解度为多少。

按照气体状态方程可以求出二氧化碳的质量。

$$pV = \frac{w}{M_w}RT$$

$$w = \frac{pVM_w}{RT}$$

数据、算式的设定及计算得出结果，如图 6-2 所示。

根据计算的结果，25℃ 一个大气压下，二氧化碳的溶解度为 0.176g，压力变为 2.5 倍时，溶解度变为 0.441g。

	A	B	C	D	E	F
	B8	f_x =B4*(B5/1000)*B7/B6/(273.15+B3)				
1	二氧化碳的溶解					
2						
3	温度	25	℃			
4	分压 p	1	atm			
5	溶解度 C	98	mL/100g水			
6	R	0.082	L·atm/K·mol			
7	分子量 M_w	44				
8	质量 w₀	0.176372	g			
9	压强	2.5	倍			
10	质量 w₁	0.44093	g			

图 6-2 数据、算式的设定及计算结果

单元格的设定

单元格 B8   = B4 * (B5/1000) * B7/B6/(273.15 + B3)

单元格 B10   = B8 * B9

6.2 吸收平衡

在气体吸收操作方面，被吸收的气体同液体之间存在气液平衡。因此，对于吸收操作，气体于液体中的溶解程度是个问题，需要某个特定温度下的气液溶解平衡数据。

在气体的溶解度方面，定温定压条件下气体的分压 $p(Pa)$ 和气相浓度 y（摩尔分数）与达到溶解平衡时的液相浓度 $C(kmol/m^3)$ 和 x（摩尔分数）间的关系称为溶解度曲线。

单位用"mol"表示后，则有如下关系式：

$$Y(mol/mol \text{ 空气}) = \frac{y}{1-y} \quad X(mol/mol \text{ 水}) = \frac{x}{1-x}$$

空气（mol）对应的水溶液的浓度（mol）也可以用摩尔分数表示。另外，按照道尔顿分压定律也可以表示出丙酮的分压。

道尔顿（John Dalton） 出生于英国，曾在曼彻斯特大学学习，1801 年发表了分压定律，为了避免与质量守恒定律和成正比例的定律有矛盾，1803 年，他提出原子学说。1804 年他提出的倍比定律也是与分子学说有联系的，是历史上有重要意义的定律。

例题 01

如下表所示，表中给出了含有丙酮的空气于水中达到溶解平衡时的摩尔分数数据（20℃）。以"mol"为单位作图表示出 $Y-X$ 和分压的溶解度曲线。

溶液中的丙酮 x	空气中的丙酮 y	溶液中的丙酮 x	空气中的丙酮 y
0	0	0.0136	0.0255
0.0034	0.006	0.017	0.0285
0.0068	0.012	0.0204	0.03
0.0102	0.021		

在工作表中输入数值，计算 Y（丙酮 mol/mol 空气）和 X（丙酮 mol/mol 水）以及分压 $p(mmHg)$，如图 6-3 所示。

	A	B	C	D	E
			C4	f_x =A4/(1-A4)	
1	丙酮的吸收平衡				
2					
3	溶液中的丙酮X	空气中的丙酮Y	X	Y	p (mmHg)
4	0	0	0	0	0
5	0.0034	0.006	0.003412	0.006036	4.56
6	0.0068	0.012	0.006847	0.012146	9.12
7	0.0102	0.021	0.010305	0.02145	15.96
8	0.0136	0.0255	0.013788	0.026167	19.38
9	0.017	0.0285	0.017294	0.029336	21.66
10	0.0204	0.03	0.020825	0.030928	22.8

图 6-3 数据、算式的设定及计算结果

然后，按照 Y(丙酮 mol/mol 空气) 和 X(丙酮 mol/mol 水) 以及分压 p(mmHg) 作出溶解度曲线，如图 6-4 所示。

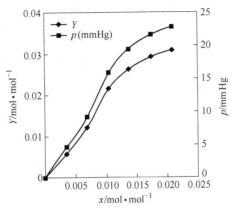

图 6-4　丙酮-水体系的溶解度曲线

单元格的设定

单元格 C4　　= A4/(1 - A4)

单元格 D4　　= B4/(1 - B4)

单元格 E4　　= 760 * B4

C5:E10 单元格　C4:E4 的自动填充

6.3　单组分吸收

按照溶解度曲线，使得某种定量的气体与液体充分接触后达到溶解平衡的吸收操作，称为"单组分吸收"。

这样，可以根据溶解度曲线，研究被吸收溶质成分的物料守恒，按照其交点可以研究溶质于气相和液相中的组成。

例题 01

利用上节例题 01 中丙酮-水体系的溶解度，1atm、20℃ 含有丙酮的空气通过与水接触而进行丙酮的单组分吸收。求含有丙酮摩尔百分率为 1.5% 的空气 22mol 在 16mol 的水中达到溶解平衡时，气相和液相中丙酮的浓度。

吸收塔内丙酮的质量守恒，则空气中的摩尔数 M_{air} 和水中的摩尔数 M_{water}，如下的关系式成立：

$$M_{air}(Y_0 - Y_e) = M_{water}(X_e - X_0)$$

上述关系式中的 0 和 e 表示的是初期和达到平衡时的状态。

根据数据和计算的结果，按照斜率过点 (X_0, Y_0) 的直线与溶解度曲线的交点，可以求出液相中吸收丙酮的量。

数据、算式的设定及计算得出结果，如图 6-5 所示。图 6-5 中两条曲线的交点是通过单变量求解求得的。E 列为按照溶解平衡求出的气相浓度，如图 6-5 所示作图表示。

第6行的那个交点与目标值接近，需要求得的未知数于 A6 单元格中进行设定，算式输入单元格中设定好 D6 与 E6 的差值算式。按照单变量求解，求出的解为：气相中丙酮的浓度为 0.018mol/mol 空气，液相中丙酮的浓度为 0.00606mol/mol 水。

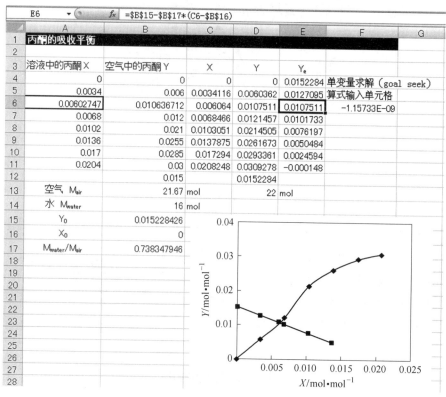

图 6-5　数据、算式的设定及计算结果

单元格的设定

单元格 C4　　$= A4/(1 - A4)$

单元格 D4　　$= B4/(1 - B4)$

单元格 E4　　$= \$B\$15 - \$B\$17 * (C4 - \$B\$16)$

C5:E11 单元格　　C4:E4 的自动填充

单元格 B12　　0.015

单元格 D12　　$= B12/(1 - B12)$

单元格 B13　　$= D13 * (1 - B12)$

单元格 B15　　$= D12$

单元格 B17　　$= B14/B13$

单元格 F6　　$= D6 - E6$　　单变量求解算式输入单元格

单元格 A6　　未知数

单元格 B6　　$= (B7 - B5)/(A7 - A5) * A6$

描绘图中的直线，选择菜单中的"工具"，在"源数据"中的对话框中添加数据：X

为 C4：C9，Y 为 E4：E9，如图 6-6 所示，描绘出直线。

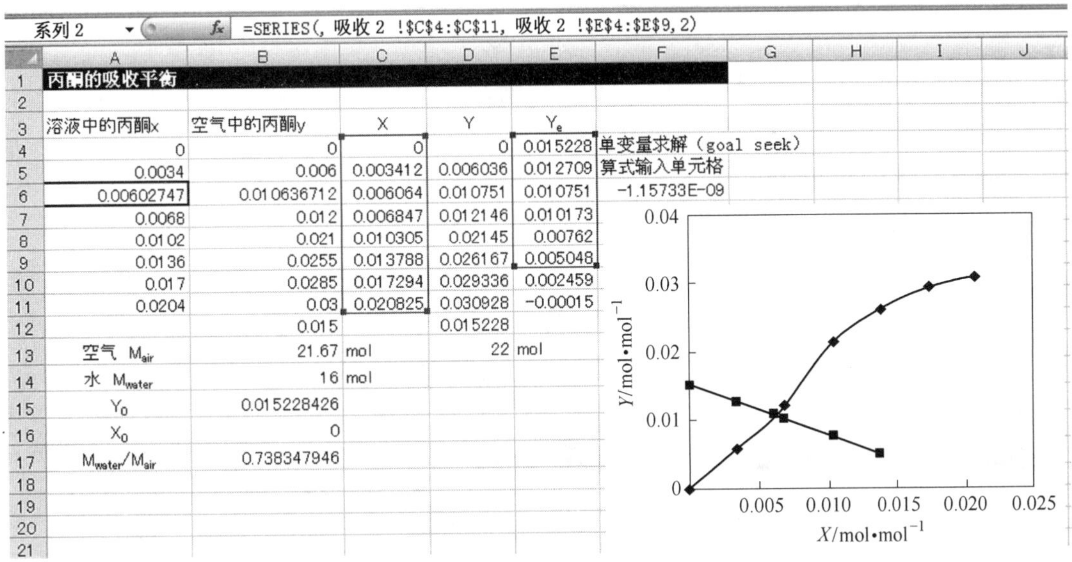

图 6-6　图中直线的描绘

例题 02

二氧化硫于水中的溶解平衡数据（20℃），如给出的下表所示。含有二氧化硫体积比为 17% 的空气混合气体于 20℃ 以逆流接触吸收塔的下部供入，塔上部供入的水与含有二氧化硫的混合空气接触传质，吸收除去空气中的二氧化硫。供入的水中，每 1kg 水中含有 0.008kg 的二氧化硫，求于此条件下，二氧化硫的最大除去率（%）为多少。此时，供入气体的压强为 1atm，忽略塔内的压力损失。

分压 p/kPa	溶解度 x/kg·kg^{-1} 水	分压 p/kPa	溶解度 x/kg·kg^{-1} 水
1.13	0.0020	21.46	0.0250
3.47	0.0050	44.79	0.0500
7.86	0.0100		

当从吸收塔上部排出的混合空气与供入的水达到溶解平衡时，二氧化硫气体于水中的溶解度达到最大吸收。给出的溶解度曲线用散点法作图，如图 6-7 所示。

依据图 6-7 添加"线性趋势线格式"，可以得到线性近似方程为：

$$p = 913.37x - 1.0639$$

通过这个近似方程，求出供入浓度为 0.008kg/kg 水对应的平衡分压为 6.24kPa。然后，求出吸收塔出口 SO_2 的浓度和入口 SO_2 的浓度，它们的比值即除去率。数据、算式的设定及计算得出结果，如图 6-8 所示。

根据计算结果，二氧化硫气体的除去率为 67%。

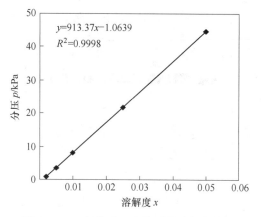

图6-7　二氧化硫—水体系的溶解度曲线

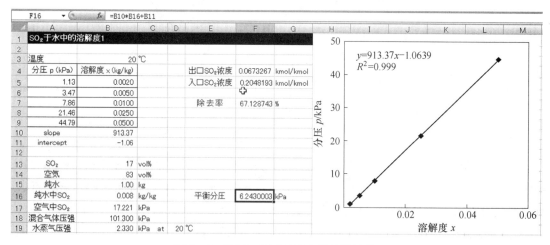

图6-8　数据、算式的设定及计算结果

单元格的设定

单元格 B10	= SLOPE(A5:A9,B5:B9)
单元格 B11	= INTERCEPT(A5:A9,B5:B9)
单元格 B14	= 100 − B13
单元格 B17	= B13/100 * B18
单元格 F4	= F16/(B18 − (F16 + B19))
单元格 F5	= B17/(B18 − B17)
单元格 F7	= (F5 − F4)/F5 * 100
单元格 F16	= B10 * B16 + B11

例题03

例题02的问题中，溶解度曲线使用线性近似方程计算，二氧化硫于水中的溶解度x，用式子$x = ap + b\sqrt{p}$表示，使用这个式子再次计算例题02的问题。这里，$p(kPa)$为气相的分压，x为水溶液中二氧化硫气体的摩尔分数。

首先，要确定常数a、b的值。如图6-9所示，使用规划求解计算。常数a、b作为未知数，求出 x 的值，然后求出的 x 值与测定值差的偏差平方，将其偏差平方和放入 D10 单元格中，求出最适解。得到的结果为 $a = 9.99 \times 10^{-4}$；$b = 7.8 \times 10^{-4}$。

	C5		fx	=$B$10*A5+$B$11*SQRT(A5)		
	A	B	C	D	E	F	G
1	SO₂于水中的溶解度2						
2							
3	温度		20 ℃				
4	分压 p (kPa)	溶解度 x (kg/kg)	x	△x	出口SO₂浓度	0.0654746	kmol/kmol
5	1.13	0.0020	0.0020	4.19E-05	入口SO₂浓度	0.2048193	kmol/kmol
6	3.47	0.0050	0.0049	8.02E-05			
7	7.86	0.0100	0.0100	-3.98E-05	除去率	68.03297	%
8	21.46	0.0250	0.0251	-5.46E-05			
9	44.79	0.0500	0.0500	2.87E-05			
10	a	9.99E-04		1.36E-08			
11	b	7.80E-04		规划求解（Solver）			

图 6-9 数据、算式的设定及规划求解的计算结果

单元格的设定

单元格 C5　　＝ $\$B\$10 * A5 + \$B\$11 * SQRT(A5)$

单元格 D5　　＝ $B5 - C5$

单元格 C6:D9　＝ C5:D5 的自动填充

单元格 D10　　＝ $SUMSQ(D5:D9)$　规划求解的目标单元格

单元格 B17　　＝未知数 a

单元格 F4　　 ＝未知数 b

　　按照这些常数，求得供入浓度为 0.008kg/kg 水的平衡分压，由于 SO₂ 的溶解度方程式中有平方根，如图 6-10 所示，使用单变量求解计算。最后，得到的平衡分压为 6.08kPa。与例题 02 的结果稍有不同，这是由溶解度方程式的差异所造成的。

	F15		fx	=B10*F16+B11*SQRT(F16)-B16		
	A	B	C	D	E	F	G
1	SO₂于水中的溶解度2						
2							
3	温度		20 ℃				
4	分压 p (kPa)	溶解度 x (kg/kg)	x	△x	出口SO₂浓度	0.0654746	kmol/kmol
5	1.13	0.0020	0.0020	4.19E-05	入口SO₂浓度	0.2048193	kmol/kmol
6	3.47	0.0050	0.0049	8.02E-05			
7	7.86	0.0100	0.0100	-3.98E-05	除去率	68.03297	%
8	21.46	0.0250	0.0251	-5.46E-05			
9	44.79	0.0500	0.0500	2.87E-05			
10	a	9.99E-04		1.36E-08			
11	b	7.80E-04		规划求解（Solver）			
12							
13	SO₂	17	vol%				
14	空气	83	vol%			单变量求解（goal seek)	
15	纯水	1.00	kg			-1.26E-08	
16	纯水中SO₂	0.008	kg		平衡分压	6.0818202	kPa
17	空气中SO₂	17.221	kPa				
18	混合气压强	101.300	kPa				
19	水蒸气压强	2.330	kPa at	20 ℃			

图 6-10 计算结果

　　然后，求出吸收塔出口 SO_2 浓度与入口 SO_2 浓度，如图 6-10 所示，从它们的比值可知二氧化硫的除去率为 68%。

单元格的设定

单元格 C5	$=\$B\$10*A5+\$B\$11*SQRT(A5)$
单元格 D5	$=B5-C5$
单元格 C6:D9	C5:D5 的自动填充
单元格 D10	$=SUMSQ(D5:D9)$　规划求解的目标单元格
单元格 B10	$=$ 未知数 a
单元格 B11	$=$ 未知数 b
单元格 B14	$=100-B13$
单元格 B17	$=B13/100*B18$
单元格 F4	$=F16/(B18-(F16+B19))$
单元格 F5	$=B17/(B18-B17)$
单元格 F7	$=(F5-F4)/F5*100$
单元格 F15	$=B10*F16+B11*SQRT(F16)-B16$　单变量求解的算式录入单元格
单元格 F16	未知数

　　SLOPE（）是计算线性回归直线斜率的函数，可以输出函数中已知自变量 x 的列表和已知自变量 y 的列表所对应的斜率。

　　INTERCEPT（）是计算线性回归直线截距的函数，可以输出函数中已知自变量 x 的列表和已知自变量 y 的列表所对应的截距。

　　SUMSQ（）是计算一组数值平方和的函数，可以输出函数中变量列表中数值的平方和。

6.4　吸收塔的构造和设计

　　气体于液体中的吸收操作，是吸收塔利用连续逆流的方式进行的。包含有被吸收成分的气体（气相），从吸收塔的塔底通入上升。吸收液（液相）从塔顶注入，靠重力落下。塔内的气相和液相通过连续的逆流接触，吸收成分从气相转移到液相，塔顶上部的出口气相中吸收成分就会达到所想要的浓度以下[3]。

　　如图 6-11 所示，塔高为 $Z(m)$、横截面积为 $S(m^2)$ 的塔形吸收塔。

　　如图 6-11 所示，研究从塔顶开始的塔的某段（幅高为 ΔZ）中成分的质量守恒，则有如下关系式：

$$Lx_2 + Gy = Lx + Gy_2$$

$$y - y_2 = \frac{L}{G}(x - x_2)$$

式子中 L/G 为液气比，是表示吸收塔内气液组成操作曲线的斜率。

　　当液体中吸收成分的浓度从 x_2 变为 x_1 时，气体被吸收成分的浓度从 y_1 变化为 y_2。因此，塔总体的物料守恒关系式就变成：

$$y_1 - y_2 = \frac{L}{G}(x_1 - x_2)$$

对应的这条曲线称为气液组成的操作线。

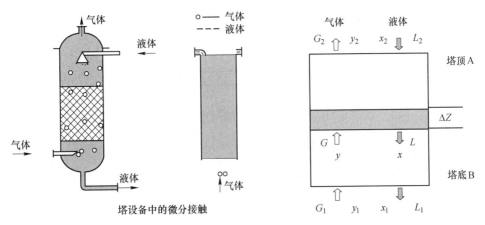

图6-11 吸收塔内的物质移动

液体量增加后，液气比（L/G）会变大，操作线的斜率越大，就会越偏离溶解度曲线，因此有必要选择经济性最佳的液气比（如图6-12所示）。

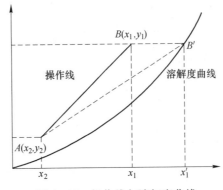

图6-12 操作线与溶解度曲线

例题01

想要使含有氨气的空气于吸收塔内与水充分接触后进行吸收回收。含有10%氨气的空气以13mol/s的速度鼓入吸收塔。氨气的回收率为90%，出口氨水的浓度为2.5mol/kg水时，求吸收所需的水量。另外，求出塔总体的吸收速度。

塔总体的吸收速度为：

$$u = Gy_1r$$

根据上述关系式求解。需要的水量为：

$$L(x_1 - x_2) = u$$

这种情况下，$x_2 = 0$。

数据、算式的设定及计算结果，如图6-13所示。

根据计算结果，吸收速度为1.17mol/s，需要的水量为0.468kg/s。

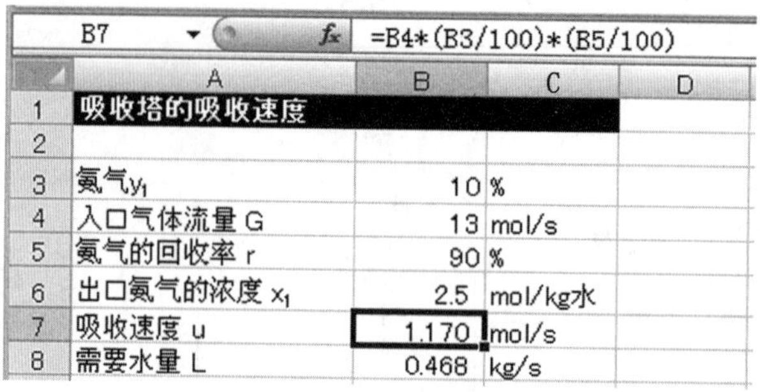

B7 =B4*(B3/100)*(B5/100)

	A	B	C	D
1	吸收塔的吸收速度			
2				
3	氨气y_1	10	%	
4	入口气体流量 G	13	mol/s	
5	氨气的回收率 r	90	%	
6	出口氨气的浓度 x_1	2.5	mol/kg水	
7	吸收速度 u	1.170	mol/s	
8	需要水量 L	0.468	kg/s	

图 6－13 数据、算式的设定及计算结果

单元格的设定

单元格 B7 =B4*(B3/100)*(B5/100)

单元格 B8 =B7/B6

例题 02

30℃下氨气在水中的溶解度测定值如下表所示。想要使含有氨气的空气在吸收塔内进行吸收回收。首先，根据下表，求出氨气溶解度曲线的实验式。

[摩尔比 x]渣相	[摩尔比 y]气相	[摩尔比 x]渣相	[摩尔比 y]气相
0.000E+00	0	5.840E-02	8.038E-02
1.908E-03	2.642E-03	7.099E-02	1.008E-01
1.145E-02	1.509E-02	8.092E-02	1.166E-01
1.985E-02	2.491E-02	9.427E-02	1.404E-01
3.206E-02	4.226E-02	1.038E-01	1.596E-01
4.046E-02	5.283E-02	1.130E-01	1.792E-01
4.656E-02	6.113E-02	1.206E-01	1.981E-01

含有氨气的空气于塔底以 1250kg/h 的速度鼓入，求从塔顶鼓出的氨气的浓度为 4vol% 时，吸收所需要的最少水量（kg/h）是多少。这时，塔内的温度为 30℃，压强为 1atm，空气中氨气的浓度为 10vol%。

首先，根据表中数据用散点图作出曲线，然后双击曲线出现“趋势线格式”的对话框，在“类型”中选择“多项式（P）；阶数（D）为 3”，求出的实验方程式如图 6－14 所示。

根据计算结果，实验方程式为：

$$y = 2.49E + 0.1x^3 - 5.74E - 0.2x^2 + 1.28E + 00x + 2.51E - 05$$

数值表示中的 2.49E+0.1 为 2.49×10^1，5.74E－02 为 5.74×10^{-2}。

然后，求出塔顶 A 的摩尔比（x_2，y_2）。然后，对于塔底 B 的摩尔比（x_1，y_1），由于 x_1 求不出来，溶解度曲线上的 x_1' 如图 6－15 所示，使用单变量求解计算。图 6－15 中，按照塔顶 A 的坐标单元格（D6，E6）与塔底 B 的坐标单元格（F6，G6）作图，将塔顶 A 和塔顶 B 连接起来，可以插入操作线。通过这样的操作可以求出最小的液气比。

根据计算结果，求出的质量流量为 650kg/h。

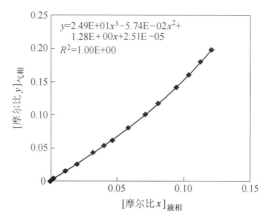

图 6-14　溶解度曲线和实验式

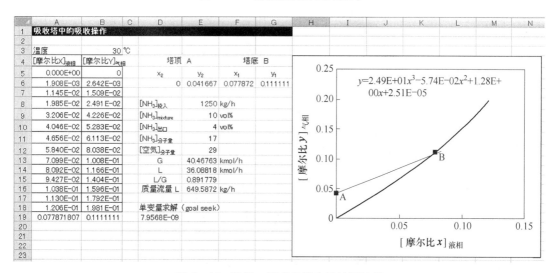

图 6-15　数据、算式的设定及计算结果

单元格的设定

单元格 D6　　0

单元格 E6　　= E10/(100 − E10)

单元格 F6　　= A19

单元格 G6　　= E9/(100 − E9)

单元格 A19　未知数

单元格 B19　= G6

单元格 D19　= 24.9 ∗ A19^3 − 0.0574 ∗ A19^2 + 1.28 ∗ A19 + 0.0000251 − B19
　　　　　　单变量求解

单元格 E13　= E8/(E12 ∗ (100 − E9)/100 + E11 ∗ E9/100) ∗ (100 − E9)/100

单元格 E14　= E15 ∗ E13

单元格 E15　= (G6 − E6)/(F6 − D6)

单元格 E16　= E14 ∗ 18

习　　题

1. 总压 101.3kPa，温度 25℃时，1000g 水中含有二氧化硫 50g，在此浓度范围内亨利定律适用，通过实验测定其亨利系数为 4.13MPa，试用 Excel 工作表中求出该溶液上方二氧化硫的平衡分压。（溶液密度近似取为 1000kg/m³）

2. 逆流喷淋填料塔中用水进行硫化氢气体的吸收，含硫化氢的混合气进口浓度为 5%（质量分数），求填料塔出口水溶液中硫化氢的最大浓度。已知塔内温度为 20℃，压强为 1.52×10^5 Pa，亨利系数为 48.9MPa。

3. 在 101.3kPa 及 25℃的条件下，用清水在填料吸收塔中逆流处理含有二氧化硫的混合气体。进塔气体中含有二氧化硫气体 0.04（体积分数），其余为惰性气体。水的用量为最小用量的 1.5 倍。要求 1h 从混合气体中吸收 2000kg 的二氧化硫，操作条件下亨利系数为 4.13MPa，计算 1h 用水量为多少（m³）和出塔液中二氧化硫的浓度（体积分数）。

4. 在一逆流填料吸收塔中，用纯水吸收空气—二氧化硫混合气中的二氧化硫。入塔气体中含二氧化硫 4%（体积分数），要求吸收率为 95%，水用量为最小用量的 1.45 倍，操作状态下的平衡关系为 $Y = 34.5X$，$H_{OG} = 2$m。试求：（1）填料层的高度（填料层高度＝传质单元高度×传质单元数，即 $Z = H_{OG} \times N_{OG}$）；（2）若改用含有二氧化硫 0.08%的稀硫酸作吸收剂，Y_1 及其他条件不变，吸收率为多少？（3）画出两种情况下的操作线及平衡线的示意图。

5. 逆流填料吸收塔中，有二氧化硫的混合气体用纯水进行吸收，想要除去混合气中 90%的二氧化硫。吸收塔单位横截面积上气体的流量为 $G = 47$kmol/(m²·h)，求水的流量为 L(kmol/(m²·h)) 是最小液体流量 L_{min}(kmol/(m²·h)) 的 2.2 倍时，吸收塔的高度 Z(m) 设计成多少合适。$k_y a = 309$kmol/(m²·h)，$k_x a = 5468$kmol/(m²·h)，另外，气液平衡时 $y_i = m x_i$，$m = 39.4$。设定条件 $y_1 = 0.02$，$y_2 = 0.002$。

参 考 文 献

[1] 符启琳. 化石燃料燃烧对大气的污染及应对措施 [J]. 新教育，2011（10）：45.

[2] 夏清，陈常贵. 化工原理（下册）[M]. 天津：天津大学出版社，2005.

[3] 孟炜，单新宇，魏宗新，等. 大型脱硫吸收塔结构优化研究与设计 [J]. 化工装备技术，2015，36（4）：15 ~ 19.

7 萃 取

泡咖啡或沏茶，这个操作就是用水将咖啡或茶叶中的有效成分萃取出来。另外，煮汤时，锅里面加入海带块煮出汤里有海带的味道也是萃取操作。使用像热水这样的液体将固体物质的有效成分抽提出来的操作，是固液萃取。如果是不相溶的两液体间进行成分提取的操作，叫做液液萃取。

本章重点学习萃取相关方面利用 Excel 工作表解决问题的实例。

7.1 液液平衡

将某种溶液中的一种成分（溶质），用选择性溶解的溶剂（萃取剂）进行分离提取的操作，叫做液液萃取。进行过这种提取操作之后，含有溶质成分变少的液相称为萃余液，含有溶质成分变多的液相称为萃取液。从原溶液中提取到萃取液中的成分叫做溶质，在抽残液中残留的物质为原溶剂。几乎都是由溶质、萃取剂、原溶剂三组成分组成[1]。

溶质、原溶剂和萃取剂三组成分达到溶解平衡时，称为液液平衡。三组成分状态的表示，通常用三角坐标。有正三角坐标和直角三角坐标，这里我们使用直角三角坐标来说明一下，如图 7 - 1 所示。

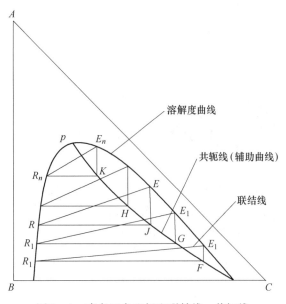

图 7 - 1　直角三角坐标和联结线、共轭线

图 7 - 1 中，溶质（A）、原溶剂（B）、萃取剂（C）三种组分达到溶解平衡时，可以画出如图 7 - 1 所示的溶解度曲线。垂直轴 AB 是溶质与原溶剂混合的质量分数的刻度。水

平轴 BC 是萃取剂和原溶剂混合的质量分数的刻度。

溶解度曲线的顶点 P，叫做临界混溶点，为均一相的状态。萃取液 E 与达到平衡时的萃余液（抽出残液）R 两点的连接直线，被称为联结线，如图 7-1 所示，连接后可以得到连接共轭线 PK。

例题 01

醋酸－苯－水体系的（25℃）液液平衡数据如下表所示[2]。通过这些数据于直角三角坐标中作图表示溶解度曲线和共轭线。

连接线 n	苯层（质量分数）			水层（质量分数）		
	A（醋酸）	B（苯）	C（水）	A（醋酸）	B（苯）	C（水）
1	0.0050	0.99849	0.00001	0.0456	0.00040	0.9540
2	0.0140	0.9856	0.00040	0.1770	0.00200	0.8210
3	0.0327	0.9662	0.00110	0.2900	0.00400	0.7060
4	0.1330	0.8640	0.00400	0.5690	0.0330	0.3980
5	0.1500	0.8450	0.00500	0.5920	0.0400	0.3680
6	0.1990	0.7940	0.00700	0.6390	0.0650	0.2960
7	0.2280	0.7635	0.00850	0.6480	0.0770	0.2750
8	0.3100	0.6710	0.0190	0.6580	0.1810	0.1610
9	0.3530	0.6220	0.0250	0.6450	0.2110	0.1440
10	0.3780	0.5920	0.0300	0.6340	0.2340	0.1320
11	0.4470	0.5070	0.0460	0.5930	0.3000	0.1070
12	0.5230	0.4050	0.0720	0.5230	0.4050	0.0720

数据出自：D. B. Hand, J. Phys. Chem., 34, 1961（1930）。

将这些数据录入到工作表中，用散点法作图表示，如图 7-2 所示。

单元格的设定

仅输入表格中的数据，用散点法作图。在空单元格中输入表中的数据，用散点法作图。

按照图 7-3 作出直角三角坐标，作出这个体系的溶解度曲线和共轭线。直角三角坐标中的纵轴和横轴的刻度部分画出直线。溶解度曲线是将各点连接到一块儿的曲线。共轭线是以 B 列的数据为纵轴、G 列的数据为横轴而画出的线。

提取操作是在不同相之间因溶质扩散而造成物质移动操作的一种，有三个阶段：（1）被提取原料（原料）与提取剂（溶剂）的混合接触过程；（2）提取平衡后的两相分离过程；（3）各相中溶剂（溶媒）的回收和被提取物质的分离过程。这些过程中，过程（2）中也有沉降、离心分离、滤过等操作；过程（3）中有蒸发、蒸馏、冷冻等操作。

提取操作大致可分为简单提取和逆流提取两种。效率比较高的逆流提取是经常用于工业上的提取操作。

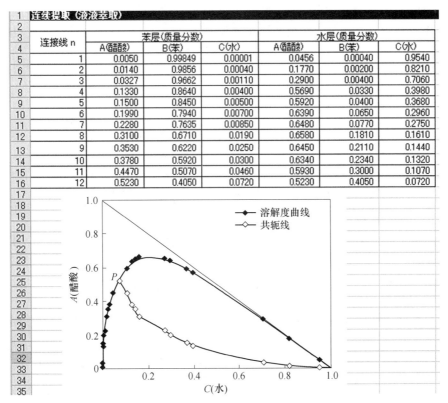

连接线 n	苯层(质量分数)			水层(质量分数)		
	A(醋酸)	B(苯)	C(水)	A(醋酸)	B(苯)	C(水)
1	0.0050	0.99849	0.00001	0.0456	0.00040	0.9540
2	0.0140	0.9856	0.00040	0.1770	0.00200	0.8210
3	0.0327	0.9662	0.00110	0.2900	0.00400	0.7060
4	0.1330	0.8640	0.00400	0.5690	0.0330	0.3980
5	0.1500	0.8450	0.00500	0.5920	0.0400	0.3680
6	0.1990	0.7940	0.00700	0.6390	0.0650	0.2960
7	0.2280	0.7635	0.00850	0.6480	0.0770	0.2750
8	0.3100	0.6710	0.0190	0.6580	0.1810	0.1610
9	0.3530	0.6220	0.0250	0.6450	0.2110	0.1440
10	0.3780	0.5920	0.0300	0.6340	0.2340	0.1320
11	0.4470	0.5070	0.0460	0.5930	0.3000	0.1070
12	0.5230	0.4050	0.0720	0.5230	0.4050	0.0720

图 7-2 数据的设定和散点图

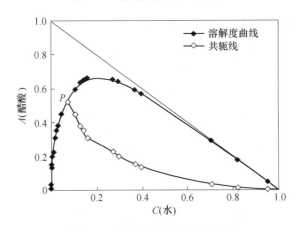

图 7-3 溶解度曲线和共轭线图
（P 为临界混溶点）

7.2 单级萃取

现在，将含有乙酸的苯和水加入到搅拌器中混合，水层可以简单地将醋酸从苯层萃取到水相。醋酸、苯、水三种成分达到液液平衡的操作称为液液萃取。萃取得到的目标成分为醋酸。含有醋酸（质量分数为 z）的原料液（苯层）的加入速度为 $F(kg/s)$，萃取剂水

的加入的速度为 $S(kg/s)$ ，加入混合如图 7-4 所示。这之后，将得到的混合溶液转移到分液器中静止放置，分出苯层即萃余液层速度为 $R(kg/s)$ ，分出的水层即萃取液层的速度为 $E(kg/s)$ 。

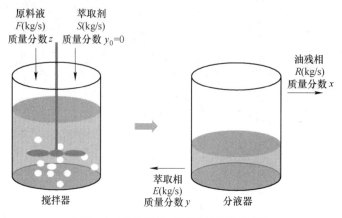

图 7-4　萃取装置（搅拌器和分液器）

单级萃取操作遵守质量守恒定律，如图 7-5 所示，可以按图 7-5 进行计算。

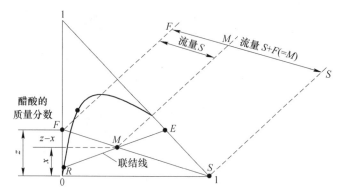

图 7-5　单级萃取操作及遵守的定律

这种情况下，根据总体的物料守恒关系，有如下关系式：

$$F + S = E + R = M$$

$$Fz = Ey + Rx = Mx_M$$

上述关系式中 M 为混合液总体的流量，x_M 为平均组成。

按照大写的字母 E 、R ，醋酸的质量分数分别为 x_{AE} 和 x_{AR} ，则整体物质成分的物料守恒有：

$$F + S = E + R = M$$

醋酸（A）的质量守恒有：　　　$Fz = Rx_{AR} + Ex_{AE}$

水（C）的质量守恒有：　　　　$S = Rx_{CR} + Ex_{CE}$

例题 01

使用 7.1 节例题 01 中的醋酸—苯—水体系（25℃）的液液平衡数据。如果以 8g/s 的速度加入含有醋酸 25wt% 的苯溶液，被水以 3g/s 的速度进行单级萃取。求出分液器中萃

取液 E、萃余液（被提取残液）R 中醋酸的浓度和对应的流量。

设定好前面所述三组分的物料守恒关系式，F、S、z 为已知数值，E、R、x_{AR}、x_{AE}、x_{CR}、x_{CE} 为六组未知数值。那么，将连接线的位置 n 用实数进行扩大处理后，x_{AR}、x_{AE}、x_{CR}、x_{CE} 就变成四组与 n 有关的函数。因此，未知数就变成了 E、R、n 三组，将前面所述的物料守恒关系式联立方程式后就可以使用规划求解进行计算。

这里，我们阅览过表中的数据之后，使用表中的搜索函数 VLOOKUP（）。从给出数据的左端列开始检索，可以输出与指定列相同的行的数值。由于表中的连接线是整数，使用规划求解（solver）计算得到的 n 值使用 ROUNDDOWN（）得到整数。

使用规划求解算出的 n 值，在单元格 H14 的函数 $x_{AR} = \text{VLOOKUP}(I12，A5：G16，2) + (I11 - I12) * (\text{VLOOKUP}(I12 + 1，A5：G16，2) - \text{VLOOKUP}(I12，A5：G16，2))$，可以使用渐次插值式进行计算。其他的函数 x_{AE}、x_{CR}、x_{CE} 也可以使用相同的渐次插值式对单元格进行设定（单元格 I14：K14）。

> ROUNDDOWN（）为向下舍入函数，用于以靠近零值向下舍入数字，即以绝对值减小的方向舍入。ROUNDDOWN（number，num - digits）number 表示要向下输入的数字，num - digits 表示要舍入的位数。相反，向上舍入的函数为 ROUNDUP（）。
>
> VLOOKUP（）是 Excel 中的一个纵向查找函数，它与 LOOKUP 和 HLOOKUP 函数属于一类函数，在工作中都有广泛应用。VLOOKUP 是按列查找，最终返回该列查询列序所对应的值；与之对应的 LOOKUP 是按行查找的。

数据、算式的设定和计算结果，如图 7 - 6 所示。这个拷贝的画面有些小，放大 H 列到 L 列单元格工作表，如图 7 - 7 所示。

图 7 - 6　数据、算式的设定及计算结果 1

单元格的设定

单元格 I7	= I9 + I10
单元格 K9	= I9 + I10 - I4 - I5　规划求解的目标单元格 1
单元格 K10	= I10 * H14 + I9 * J14 - I4 * I6　规划求解的目标单元格 2
单元格 K11	= I10 * I14 + I9 * K14 - I5　规划求解的目标单元格 3
单元格 I9:I11	= 规划求解的可变单元格（未知数）
单元格 I12	= ROUNDDOWN（I11,0）n 值的连接线数（整数）

单元格 H14	$= VLOOKUP(I12, A5:G16, 2) + (I11 - I12) * (VLOOKUP(I12 + 1, A5:G16, 2) - VLOOKUP(I12, A5:G16, 2))$
	连接线的渐次插值式 1
单元格 I14	$= VLOOKUP(I12, A5:G16, 4) + (I11 - I12) * (VLOOKUP(I12 + 1, A5:G16, 4) - VLOOKUP(I12, A5:G16, 4))$
	连接线的渐次插值式 2
单元格 J14	$= VLOOKUP(I12, A5:G16, 5) + (I11 - I12) * (VLOOKUP(I12 + 1, A5:G16, 5) - VLOOKUP(I12, A5:G16, 5))$
	连接线的渐次插值式 3
单元格 K14	$= VLOOKUP(I12, A5:G16, 7) + (I11 - I12) * (VLOOKUP(I12 + 1, A5:G16, 7) - VLOOKUP(I12, A5:G16, 7))$
	连接线的渐次插值式 4

	H	I	J	K	L
	F	0.00800	kg/s		
	S	0.00300	kg/s		
	z	0.25			
	M	0.0110	kg/s		
		可变单元格		目标单元格	
	E	0.00469	整体的物料守恒	0.00E+00	
	R	0.00631	醋酸的物料守恒	-1.40E-08	0
	n	3.22324	水的物料守恒	2.44E-08	0
		3.00000			
	x_{AR}	x_{CR}	x_{AE}	x_{CE}	
	0.055091	0.0017474	0.352283362	0.63724274	

图 7 - 7   数据、算式的设定及计算结果 2

根据计算结果, 萃取液和萃余液 (被提取残液) 中醋酸的浓度分别为 35.2% 和 5.5% 。流量分别为 4.69g/s、6.31 g/s。

7.3   多级萃取

单级萃取是最简单的提取操作, 是最经常使用的方法。将原料液搅拌达到提取平衡后实现两相分离, 7.2 节已经提到。但仅进行一次提取不充分时, 需要向被提取液中再次加入溶剂进行重复提取操作, 称为多级萃取[3]。

如图 7 - 8 所示, 一端放入原料液, 另一端放入溶剂进行提取的操作称为多级逆流萃取。假设这里的级数为 2, 系统总体的质量守恒关系式有:

总体质量守恒 $F + S = E_1 + R_N = M$

溶质的质量守恒 $Fx_F + Sx_S = E_1 x_{E1} + R_N x_{RN} = Mx_M$

这里, 我们限定级数为 2, 研究质量守恒的关系:

对于第 1 级有:

总体质量守恒 $F + E_2 = R_1 + E_1$

溶质的质量守恒 $Fx_F + E_2 x_{AE2} = R_1 x_{AR1} + E_1 x_{AE1}$

溶剂的质量守恒 $\qquad E_2 x_{CE2} = R_1 x_{CR1} + E_1 x_{CE1}$

对于第 2 级有：

总体质量守恒 $\qquad R_1 + S = R_2 + E_2$

溶质的质量守恒 $\qquad R_1 x_{AR1} = R_2 x_{AR2} + E_2 x_{AE2}$

溶剂的质量守恒 $\qquad R_1 x_{CR1} + S = R_2 x_{CR2} + E_2 x_{CE2}$

这样，就变成了如上述的六组联立方程式求解。级数每增加一级，方程式就会增加三组。

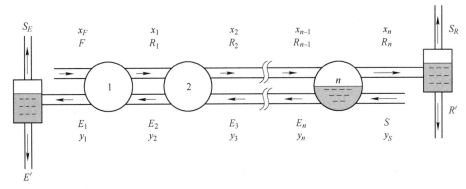

图 7-8 多级逆流萃取操作

例题 01

醋酸-异丙醚-水体系（20℃）的液液平衡数据，如下表所示。按照这些数据，于直角三角坐标中作出溶解度曲线和共轭线。

连接线 n	醚层（质量分数）			水层（质量分数）		
	A（醋酸）	B（醚）	C（水）	A（醋酸）	B（醚）	C（水）
1	0	0.994	0.006	0	0.012	0.988
2	0.0018	0.993	0.005	0.0069	0.012	0.981
3	0.0037	0.989	0.007	0.0141	0.015	0.971
4	0.0079	0.984	0.008	0.0289	0.016	0.955
5	0.0193	0.971	0.01	0.0642	0.019	0.917
6	0.0482	0.933	0.019	0.133	0.023	0.844
7	0.114	0.847	0.039	0.255	0.034	0.711
8	0.216	0.715	0.069	0.367	0.044	0.589
9	0.311	0.581	0.108	0.443	0.106	0.451
10	0.362	0.487	0.151	0.464	0.165	0.371

将这些数据录入到工作表中，用散点法作图表示后，如图 7-9 所示。

图 7-9 中作出直角三角坐标后，然后再作图表示出这个体系的溶解度曲线和共轭线。

直角三角坐标中的纵轴和横轴仅画出刻度 1 以内的坐标。溶解度曲线是各点的连接线连在一块儿的曲线。共轭线是按照纵轴 B 列和横轴 G 列的数据作出的图。

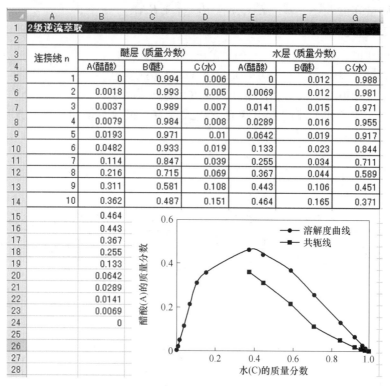

图 7-9　数据的设定和散点图

单元格的设定

仅输入表格中的数据，用散点法作图。

例题 02

使用例题 01 中的醋酸—异丙醚—水体系（20℃）的液液平衡数据。如果以 50g/s 的速度加入含有醋酸 40wt% 的异丙醚溶液；水以 30g/s 的速度加入，进行 2 级逆流萃取。求各级中的萃取液、萃余液（被提取残液）中的醋酸浓度和最终的提取效率 η。

如前面所述的六组联立方程式，设定好单元格 K6：K8 和 K13：K15。将液液平衡数据按照连接线的条件，利用如前面所述的 VLOOKUP（）函数进行检索，按照渐次插值式求解。在单元格中设定好算式之后，就可以确定单元格的设定。得到的六元联立方程式可以利用规划求解进行计算。

最终的提取率按照 $\eta = (E_1 x_{AR1} + E_2 x_{AR2}) / F x_F$ 进行求解。

数据、算式的设定和计算结果，如图 7-10 所示。这个拷贝的画面有些小，E 列到 M 列单元格工作表，如图 7-11 所示。

单元格的设定

●1 级

单元格 I4　= ROUNDDOWN(I8,0)　1 级萃取 n 值的连接线数（整数）

连接线的渐次插值式 11

单元格 J4　= VLOOKUP(I4,＄A＄5:＄G＄14,2) ＋(I8 － I4) ＊(VLOOKUP(I4 ＋1,
　　　　　　＄A＄5:＄G＄14,2) － VLOOKUP(I4,＄A＄5:＄G＄14,2))
　　　　　　连接线的渐次插值式 12

单元格 K4　= VLOOKUP(I4,＄A＄5:＄G＄14,4) ＋(I8 － I4) ＊(VLOOKUP
　　　　　　(I4 ＋1,＄A＄5:＄G＄14,4) － VLOOKUP(I4,＄A＄5:＄G＄14,4))
　　　　　　连接线的渐次插值式 13

单元格 L4　= VLOOKUP(I4,＄A＄5:＄G＄14,5) ＋(I8 － I4) ＊(VLOOKUP
　　　　　　(I4 ＋1,＄A＄5:＄G＄14,5) － VLOOKUP(I4,＄A＄5:＄G＄14,5))
　　　　　　连接线的渐次插值式 14

单元格 M4　= VLOOKUP(I4,＄A＄5:＄G＄14,7) ＋(I8 － I4) ＊(VLOOKUP
　　　　　　(I4 ＋1,＄A＄5:＄G＄14,7) － VLOOKUP(I4,＄A＄5:＄G＄14,7))

单元格 K6　= I7 ＋ I6 － I13 － F16　　规划求解的目标单元格 1

单元格 K7　= I7 ＊ J4 ＋ I6 ＊ L4 － I13 ＊ L11 － F16 ＊ F18　规划求解的目标单元格 2

单元格 K8　= I7 ＊ K4 ＋ I6 ＊ M4 － I13 ＊ M11　规划求解的目标单元格 3

单元格 I6:I8　规划求解的可变单元格(未知数)

图 7-10　数据、算式的设定及计算结果 1

单元格的设定

●2 级

单元格 I11　= ROUNDDOWN(I15,0)　　2 级萃取 n 值的连接线数(整数)
　　　　　　连接线的渐次插值式 21

单元格 J11　= VLOOKUP(I11,＄A＄5:＄G＄14,2) ＋(I15 － I11) ＊(VLOOKUP
　　　　　　(I11 ＋1,＄A＄5:＄G＄14,2) － VLOOKUP(I11,＄A＄5:＄G＄14,2))
　　　　　　连接线的渐次插值式 22

单元格 K11	$= \mathrm{VLOOKUP}(I11,\$A\$5:\$G\$14,4) + (I15 - I11) * (\mathrm{VLOOKUP}$
	$(I11+1,\$A\$5:\$G\$14,4) - \mathrm{VLOOKUP}(I11,\$A\$5:\$G\$14,4))$
	连接线的渐次插值式 23
单元格 L11	$= \mathrm{VLOOKUP}(I11,\$A\$5:\$G\$14,5) + (I15 - I11) * (\mathrm{VLOOKUP}$
	$(I11+1,\$A\$5:\$G\$14,5) - \mathrm{VLOOKUP}(I11,\$A\$5:\$G\$14,5))$
	连接线的渐次插值式 24
单元格 M11	$= \mathrm{VLOOKUP}(I11,\$A\$5:\$G\$14,7) + (I15 - I11) * (\mathrm{VLOOKUP}$
	$(I11+1,\$A\$5:\$G\$14,7) - \mathrm{VLOOKUP}(I11,\$A\$5:\$G\$14,7))$
单元格 K13	$= I14 + I13 - I7 - F17$ 规划求解的目标单元格 4
单元格 K14	$= I14 * J11 + I13 * L11 - I7 * J4$ 规划求解的目标单元格 5
单元格 K15	$= I14 * K11 + I13 * M11 - F17 - I7 * K4$ 规划求解的目标单元格 6
单元格 I13:I15	规划求解的可变单元格(未知数)
单元格 F19	$= (I6 * L4 + I13 * L11)/F16/F18$

K7		f_x	=I7*J4+I6*L4-I13*L11-F16*F18			
	E	F	G	H	I	J	K	L	M

	E	F	G	H	I	J	K	L	M
1									
2									
3		水层（质量分数）			1级	n	x_{AR}	x_{CR}	x_{AE}	x_{CE}
4	A(醋酸)	B(醚)	C(水)		7.00000	0.21333893	0.068217332	0.364078	0.592183
5	0	0.012	0.988		可变单元格		目的单元格		
6	0.0069	0.012	0.981	E_1	0.04940	总体质量守恒	0.00E+00		
7	0.0141	0.015	0.971	R_1	0.04018	醋酸质量守恒	-6.49E-09	0	
8	0.0289	0.016	0.955	n_1	7.97391	水的质量守恒	-9.73E-08	0	
9	0.0642	0.019	0.917						
10	0.133	0.023	0.844	2级	n	x_{AR}	x_{CR}	x_{AE}	x_{CE}
11	0.255	0.034	0.711		6.00000	0.065825501	0.024357295	0.165679	0.808374
12	0.367	0.044	0.589		可变单元格		目的单元格		
13	0.443	0.106	0.451	E_2	0.03958	总体质量守恒	0.00E+00	0	
14	0.464	0.165	0.371	R_2	0.03060	醋酸质量守恒	6.07E-08	0	
15				n_2	6.26786	水的质量守恒	-9.20E-08	0	
16	F	0.050	kg/s						
17	S	0.030	kg/s						
18	z	0.40							
19	η	1.2272							

图 7-11   数据、算式的设定及计算结果 2

根据计算结果，第 1 级中萃取液、萃余液（被提取残液）的醋酸浓度分别为 36.4%、21.3%；第 2 级中萃取液、萃余液（被提取残液）的醋酸浓度分别为 16.6%、6.6%；最终的提取效率 η 为 1.23。

例题 03

例题 02 是 2 级逆流萃取操作，按照相同的条件进行 3 级萃取操作，求各级中的萃取液、萃余液（被提取残液）中的醋酸浓度和最终的提取效率 η。

这里，我们限定级数为 3，研究物料守恒的关系，

对于第 1 级有：

总体质量守恒 $\qquad\qquad F + E_2 = R_1 + E_1$

溶质的质量守恒 $\qquad Fx_F + E_2 x_{AE2} = R_1 x_{AR1} + E_1 x_{AE1}$

溶剂的质量守恒 $\qquad\qquad E_2 x_{CE2} = R_1 x_{CR1} + E_1 x_{CE1}$

对于第 2 段有：

总体质量守恒 $\qquad\qquad R_1 + E_3 = R_2 + E_2$

溶质的质量守恒 $\qquad R_1 x_{AR1} + E_3 x_{AE3} = R_2 x_{AR2} + E_2 x_{AE2}$

溶剂的质量守恒 $\qquad R_1 x_{CR1} + E_3 x_{CE3} = R_2 x_{CR2} + E_2 x_{CE2}$

对于第 3 段有：

总体质量守恒 $\qquad\qquad R_2 + S = R_3 + E_3$

溶质的质量守恒 $\qquad R_2 x_{AR2} = R_3 x_{AR3} + E_3 x_{AE3}$

溶剂的质量守恒 $\qquad R_2 x_{CR2} + S = R_3 x_{CR3} + E_3 x_{CE3}$

这样就变成了 9 组联立方程式求解。使用规划求解计算。

算式的设定按照例题 02 的设定方式进行设定。

数据、算式的设定和计算结果，如图 7 – 12 所示，但是工作表的整体无法完全表示，仅显示了 E 列到 M 列的工作表。

E	F	G	H	I	J	K	L	M
水层（质量分数）			1级	n	x_{AR}	x_{CR}	x_{AE}	x_{CE}
A(醋酸)	B(醚)	C(水)		8.00000	0.226518487	0.07331812	0.375415	0.573721
0	0.012	0.988		可变单元格		目的单元格		
0.0069	0.012	0.981	E_1	0.05179	总体质量守恒	0.00E+00		
0.0141	0.015	0.971	R_1	0.04088	醋酸质量守恒	−1.53E−08	0	
0.0289	0.016	0.955	n_1	8.11072	水质量守恒	1.49E−08	0	
0.0642	0.019	0.917						
0.133	0.023	0.844	2级	n	x_{AR}	x_{CR}	x_{AE}	x_{CE}
0.255	0.034	0.711		6.00000	0.086473203	0.03063319	0.203962	0.766639
0.367	0.044	0.589		可变单元格		目的单元格		
0.443	0.106	0.451	E_2	0.04267	总体质量守恒	0.00E+00	0	
0.464	0.165	0.371	R_2	0.03171	醋酸质量守恒	2.76E−07	0	
			n_2	6.58166	水质量守恒	−3.00E−07	0	
F	0.050	kg/s						
S	0.030	kg/s	3级	n	x_{AR}	x_{CR}	x_{AE}	x_{CE}
z	0.40			5.00000	0.019732365	0.01013465	0.065229	0.915908
η	1.5166			可变单元格		目的单元格		
			E_3	0.03350	总体质量守恒	0.00E+00	0	
			R_3	0.02821	醋酸质量守恒	−1.68E−07	0	
			n_3	5.01496	水质量守恒	2.94E−07	0	

图 7 – 12 数据、算式的设定及计算结果

单元格的设定

- 1级

单元格 I4 $\quad$ = ROUNDDOWN(I8,0) $\quad$ 1 级萃取 n 值的连接线数（整数）

$\qquad\qquad\qquad\qquad$ 连接线的渐次插值式11

单元格 J4 　= VLOOKUP(I4,$A$5:$G$14,2) + (I8 − I4) ∗ (VLOOKUP(I4 + 1,
$A$5:$G$14,2) − VLOOKUP(I4,$A$5:$G$14,2))
连接线的渐次插值式 12

单元格 K4 　= VLOOKUP(I4,$A$5:$G$14,4) + (I8 − I4) ∗ (VLOOKUP
(I4 + 1,$A$5:$G$14,4) − VLOOKUP(I4,$A$5:$G$14,4))
连接线的渐次插值式 13

单元格 L4 　= VLOOKUP(I4,$A$5:$G$14,5) + (I8 − I4) ∗ (VLOOKUP
(I4 + 1,$A$5:$G$14,5) − VLOOKUP(I4,$A$5:$G$14,5))
连接线的渐次插值式 14

单元格 M4 　= VLOOKUP(I4,$A$5:$G$14,7) + (I8 − I4) ∗ (VLOOKUP
(I4 + 1,$A$5:$G$14,7) − VLOOKUP(I4,$A$5:$G$14,7))

单元格 K6 　= I7 + I6 − I13 − F16 　规划求解的目标单元格 1

单元格 K7 　= I7 ∗ J4 + I6 ∗ L4 − I13 ∗ L11 − F16 ∗ F18 　规划求解的目标单元格 2

单元格 K8 　= I7 ∗ K4 + I6 ∗ M4 − I13 ∗ M11 　规划求解的目标单元格 3

单元格 I6:I8 　规划求解的可变单元格(未知数)

单元格的设定

- 2 级

单元格 I11 　= ROUNDDOWN(I15,0) 　2 级萃取 n 值的连接线数(整数)
连接线的渐次插值式 21

单元格 J11 　= VLOOKUP(I11,$A$5:$G$14,2) + (I15 − I11) ∗ (VLOOKUP
(I11 + 1,$A$5:$G$14,2) − VLOOKUP(I11,$A$5:$G$14,2))
连接线的渐次插值式 22

单元格 K11 　= VLOOKUP(I11,$A$5:$G$14,4) + (I15 − I11) ∗ (VLOOKUP
(I11 + 1,$A$5:$G$14,4) − VLOOKUP(I11,$A$5:$G$14,4))
连接线的渐次插值式 23

单元格 L11 　= VLOOKUP(I11,$A$5:$G$14,5) + (I15 − I11) ∗ (VLOOKUP
(I11 + 1,$A$5:$G$14,5) − VLOOKUP(I11,$A$5:$G$14,5))
连接线的渐次插值式 24

单元格 M11 　= VLOOKUP(I11,$A$5:$G$14,7) + (I15 − I11) ∗ (VLOOKUP
(I11 + 1,$A$5:$G$14,7) − VLOOKUP(I11,$A$5:$G$14,7))

单元格 K13 　= I14 + I13 − I7 − F17 　规划求解的目标单元格 4

单元格 K14 　= I14 ∗ J11 + I13 ∗ L11 − I7 ∗ J4 　规划求解的目标单元格 5

单元格 K15 　= I14 ∗ K11 + I13 ∗ M11 − F17 − I7 ∗ K4 　规划求解的目标单元格 6

单元格 I13:I15 　规划求解的可变单元格(未知数)

单元格的设定

- 3 级

单元格 I18 　= ROUNDDOWN(I22,0) 　3 级萃取 n 值的连接线数(整数)
连接线的渐次插值式 31

单元格 J18	$= \text{VLOOKUP}(I18, \$A\$5{:}\$G\$14, 2) + (I22 - I18) * (\text{VLOOKUP}$
	$(I18 + 1, \$A\$5{:}\$G\$14, 2) - \text{VLOOKUP}(I18, \$A\$5{:}\$G\$14, 2))$
	连接线的渐次插值式 32
单元格 K18	$= \text{VLOOKUP}(I18, \$A\$5{:}\$G\$14, 4) + (I22 - I18) * (\text{VLOOKUP}$
	$(I18 + 1, \$A\$5{:}\$G\$14, 4) - \text{VLOOKUP}(I18, \$A\$5{:}\$G\$14, 4))$
	连接线的渐次插值式 33
单元格 L18	$= \text{VLOOKUP}(I18, \$A\$5{:}\$G\$14, 5) + (I22 - I18) * (\text{VLOOKUP}$
	$(I18 + 1, \$A\$5{:}\$G\$14, 5) - \text{VLOOKUP}(I18, \$A\$5{:}\$G\$14, 5))$
	连接线的渐次插值式 34
单元格 M18	$= \text{VLOOKUP}(I18, \$A\$5{:}\$G\$14, 7) + (I22 - I18) * (\text{VLOOKUP}$
	$(I18 + 1, \$A\$5{:}\$G\$14, 7) - \text{VLOOKUP}(I18, \$A\$5{:}\$G\$14, 7))$
单元格 K20	$= I21 + I20 - I14 - F17$　规划求解的目标单元格 7
单元格 K21	$= I21 * J18 + I20 * L18 - I14 * J11$　规划求解的目标单元格 8
单元格 K22	$= I21 * K18 + I20 * M18 - F17 - I14 * K11$　规划求解的目标单元格 9
单元格 I20:I22	规划求解的可变单元格（未知数）
单元格 F19	$= (I6 * L4 + I13 * L11 + I20 * L18)/F16/F18$

根据计算结果，第 1 级中萃取液、萃余液（被提取残液）的醋酸浓度分别为 37.5%、22.7%；第 2 段中萃取液、萃余液（被提取残液）的醋酸浓度分别为 20.4%、8.6%；第 3 段中萃取液、萃余液（被提取残液）的醋酸浓度分别为 6.5%、1.97%；最终的提取效率 η 为 1.52。由于多增加了一段，醋酸可以更多地被萃取出来。

7.4　固液萃取

固液萃取是将固体原料中的可溶成分溶解到溶剂中的操作。日常生活中，咖啡豆粉末用热水冲咖啡，用热水泡茶叶的操作都是固液萃取的操作。

相反，固体与液体接触后将液体中的特定成分富集到固体上的操作称为固液吸附操作。活性炭或硅胶对于特定成分的吸附都是这样的操作。这个问题，吸附章节再进行学习。

固液萃取的操作，由固体物料（其中包含被提取物质）、被提取物质和萃取剂（溶媒）三种成分组成[4]。假定固体物质中被提取物质有 3 种状态：

（1）萃余液（被提物质残留液）中的被提取物质的浓度与分离出来的萃取液中被提取物质的浓度一般情况下都是相等的。

（2）萃余液中萃取剂的量和被提取物质的浓度没有关系，通常情况下是一定的。

（3）被提取物料中仅被提取物质可以被萃取剂溶解。

按照以上的假定，进行固液萃取的计算。

定量的被提取物料使用新的萃取剂进行多次的提取操作，称为多次提取。每次加入萃取剂的量为 V，一次萃取操作之后，萃余液（被提取残留液）中含有萃取剂的量为 v 时，则他们的比值 V/v 称为抽提溶剂比。

$$\frac{V}{v} = r$$

被提取物料中含有的溶质质量为 a_0，每次提取出来的提取物质的质量分别为 a_1，a_2，$a_3\cdots$，则每次提取操作所对应的质量守恒的关系为：

$$\frac{a_n}{v} \cdot V + a_n = a_n(r+1) = a_{n-1}$$

整理后，得到如下关系式：

$$\frac{a_n}{a_0} = \frac{1}{(r+1)^n}$$

表示进行 n 次提取操作之后，被提取物质的残留率。则抽出率 η 的关系式为：

$$\eta = 1 - \frac{a_n}{a_0}$$

那么，只要给出抽出率，就可以求出需要提取的次数。

$$n = \frac{-\log(1-\eta)}{\log(r+1)}$$

例题 01

抽提溶剂比是6的情况，首先，（1）求出萃取三次时的抽出率。（2）求将三次使用的溶剂一次加入时的抽出率。另外，使用（1）中溶剂量的一半提取要想达到和（1）中的抽出率一样的效果需要多少次提取操作。

按照上述的算式计算得到的结果，如图 7-13 所示。

B13	▼	f_x	=-LN(1-B12)/LN(B4/2+1)	
	A	B	C	D
1	**固液提取**			
2				
3	①			
4	抽提溶剂比 r	6		
5	提取次数 n	3		
6	抽出率 η	0.979592		
7	②			
8	抽提溶剂比 r	18		
9	提取次数 n	1		
10	抽出率 η	0.947368		
11	③			
12	抽出率 η	0.979592		
13	提取次数 n	2.807355		
14		3	次提取	

图 7-13 数据、算式的设定及计算结果

单元格的设定

单元格 B6	$= 1 - 1/(B4+1)^2$
单元格 B8	$= B4*3$
单元格 B10	$= 1 - 1/(B8+1)^{\wedge}1$
单元格 B12	$= B6$
单元格 B13	$= -LN(1-B12)/LN(B4/2+1)$

　　根据计算结果，（1）提取次数为三次的情况的抽出率为98.0%；（2）将（1）中三次使用的溶剂一次使用的话，抽出率为94.7%；（3）溶剂减半要达到与（1）一样的抽出率，提取三次就可以达到一样的效果。

习　题

1. 现有含15%（质量分数）醋酸的水溶液30kg，用60kg纯乙醚在25℃下做单级萃取，试求：（1）萃取相、萃余相的量及组成；（2）平衡两相中醋酸的分配系数，溶剂的选择性系数。

　　在25℃下，水（B）—醋酸（A）—乙醚（S）系统的平衡数据如下表（均以质量百分数表示）：

水　层			乙醚层		
水	醋酸	乙醚	水	醋酸	乙醚
93.2	0	6.7	2.3	0	97.7
88.0	5.1	6.9	3.6	3.8	92.6
84.0	8.8	7.2	5.0	7.3	87.7
78.2	13.8	8.0	7.2	12.5	80.3
72.1	18.4	9.5	10.4	18.1	71.5
65.0	23.1	11.9	15.1	23.6	61.3
55.7	27.9	16.4	23.6	28.7	47.7

2. 将上例中的萃取剂分为两等分，即每次0.75kg水/kg原料液，进行两级错流萃取，将所得结果与上例对比。

3. 醋酸水溶液100kg，在25℃下用纯乙醚为溶剂作单级萃取，原料液含醋酸 $x_f = 0.20$，欲使萃余相中醋酸 $\chi_A = 0.1$（均为质量分数）。试求：（1）萃余相及萃取相的量和组成；（2）溶剂用量 S。

　　已知25℃下物系的平衡关系为：
$$y_A = 1.356 x_A^{1.201}$$
$$y_S = 1.618 - 0.6399 e^{1.96 y_A}$$
$$x_S = 0.067 + 1.43 x_A^{2.273}$$

式中，y_A 为与萃余相醋酸浓度 x_A 成平衡的萃取相醋酸浓度；y_S 为萃取相中溶剂的浓度；x_S 为萃余相中溶剂的浓度；y_A、y_S、x_S 均为质量分数。

4. 一定温度下测得的 A、B、S 三元物系的平衡数据如下表所示。（1）绘出溶解度曲线和辅助曲线；（2）查出临界混溶点的组成；（3）求当萃余相中 $x_A = 20\%$ 时的分配系数 k_A 和选择性系数 β。

编　号		1	2	3	4	5	6	7	8	9	10	11	12	13	14
E 相	y_A	0	7.9	15	21	26.2	30	33.8	36.5	39	42.5	44.5	45	43	41.6
	y_S	90	82	74.2	67.5	61.1	55.8	50.3	45.7	41.4	33.9	27.5	21.7	16.5	15
R 相	x_A	0	2.5	5	7.5	10	12.5	15.0	17.5	20	25	30	35	40	41.6
	x_S	5	5.05	5.1	5.2	5.4	5.6	5.9	6.2	6.6	7.5	8.9	10.5	13.5	15

5. 含有浸出物质25%的药材100kg，第一种浸取方法是控制各级溶剂新加入量与药材量之比为5:1，另一种浸取方法是控制各级溶剂新加入量与药材量之比为4:1，分别求出浸取一次与浸取五次后药材所剩余的可浸出物质的量为多少，并得出结论。设药材中所剩余的溶液量等于其本身质量。

参 考 文 献

[1] 夏清，陈常贵. 化工原理（下册）[M]. 天津：天津大学出版社，2005.

[2] Hand D B，J Phys Chem，1930，34：1961.

[3] 刘尹丹，杨鹰，刘道德. 计算机作图求三元体系逆流液—液萃取级数 [J]. 精细化工中间体，1999：7～8.

[4] 刘尹丹，李海普，刘北平. 用计算机作图求逆流固液萃取的理论级数 [J]. 精细化工中间体，1997（4）：6～9.

8 吸 附

流体与固体充分接触，通过达到相平衡而将流体中含有的成分富集到固体上进行分离的操作，叫做吸附。流体可以是气体或液体。固体吸附剂经常使用活性炭或硅胶等[1]。本章重点学习一下有关吸附操作使用 Excel 工作表进行计算的内容。

8.1 吸附平衡

含有某种特定成分的流体通过与固体接触，特定成分被固体吸附后富集。固体与流体长时间接触，就会达到吸附平衡。流体中被吸附成分的浓度 C(气体的情况为分压)，作为吸附剂的固体单位质量所对应的吸附量与平衡时所达到的吸附量 q^* 有如下等温关系式[2]。

（1）朗格缪尔（Langmuir）方程式

$$q^* = \frac{q_\infty KC}{1 + KC}$$

（2）弗罗因德利克（Freundlich）方程式

$$q^* = kC^{\frac{1}{n}}$$

$$(C_0 - C) \cdot V = q \cdot W$$

$$q = (C_0 - C)\frac{V}{W}$$

$$\frac{p}{v(p_0 - p)} = \frac{1}{v_m C} + \frac{C - 1}{v_m C} \cdot \frac{p}{p_0}$$

方程式中，q_∞、K、k、n 是与吸附体系或温度等有关的经验常数。

朗格缪尔（Langmuir）　　出生于美国，曾师从能斯特，于 General Electric 公司度过了他 40 年的研究生活。为了解释吸附现象，他提出从单分子层吸收的概念，构建了表面吸附科学的基础。他在界面科学方面的研究也让他获得了 1932 年的诺贝尔化学奖。朗格缪尔等温吸附方程式也是以他的名字命名的。

例题 01

含有某种特定化合物的水溶液，加入活性炭，25℃达到吸附平衡时，测得的吸附浓度和吸附量数据如下表所示。

画出吸附等温曲线，按照 Langmuir 方程式和 Freundlich 方程式求出所对应的常数。

吸附浓度 C/mg·L^{-1}	吸附量 q/mg·g^{-1}活性炭	吸附浓度 C/mg·L^{-1}	吸附量 q/mg·g^{-1}活性炭
0.0	0	5.0	230
3.0	170	6.5	265

续表

吸附浓度 $C/\mathrm{mg} \cdot \mathrm{L}^{-1}$	吸附量 $q/\mathrm{mg} \cdot \mathrm{g}^{-1}$ 活性炭	吸附浓度 $C/\mathrm{mg} \cdot \mathrm{L}^{-1}$	吸附量 $q/\mathrm{mg} \cdot \mathrm{g}^{-1}$ 活性炭
8.0	290	25.0	390
9.5	310	40.0	410
12.0	335	56.0	430
17.5	370		

首先，将表中的数据用散点法作图，如图 8-1 所示。

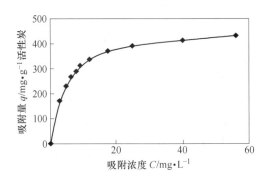

图 8-1　吸附等温方程式曲线

将两组吸附等温方程式中的 4 个常数 q_{∞}、K、k、n 设为未知数，设定 Langmuir 方程式为 C 列，Freundlich 方程式为 E 列，算出的吸附量的值与实测值的差分别为 D 列和 F 列，它们的偏差平方和单元格 D15 和 F15，假设它们都是以零为结果的方程式，按照规划求解进行求解，结果如图 8-2 所示。

单元格的设定	
单元格 C4	$= \$H\$5 * \$H\$6 * A4/(1 + \$H\$6 * A4)$
单元格 D4	$= B4 - C4$
单元格 E4	$= \$H\$8 * A4 \^ \$H\$9$
单元格 F4	$= B4 - E4$
单元格 C5:F14	C4:F4 的自动填充
单元格 H5	可变单元格（未知数 q_{∞}）
单元格 H6	可变单元格（未知数 K）
单元格 H8	可变单元格（未知数 k）
单元格 H9	可变单元格（未知数 $1/n$）
单元格 D15	$= \mathrm{SUMSQ}(D4:D14)$　规划求解的目标单元格
单元格 F15	$= \mathrm{SUMSQ}(F4:F14)$　规划求解的目标单元格

从图 8-2 的计算结果可知，虽然偏差的平方和没有达到零，规划求解也没有得到最佳解，但是观察每个值的计算结果与实测值误差都比较小，因此我们采用计算得到的四组

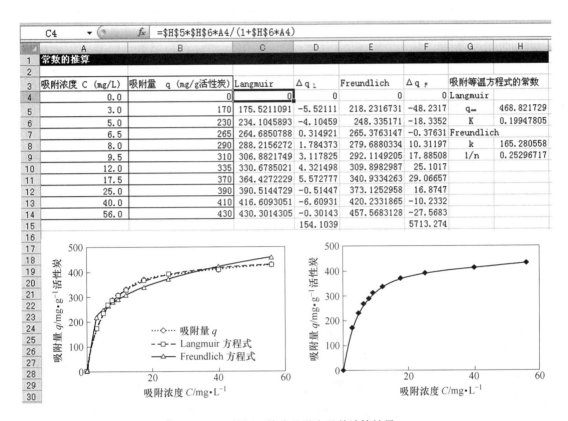

图 8-2 数据、算式的设定及其计算结果

常数。根据计算结果可知 $q_\infty = 469$，$K = 0.199$，$k = 165$，$1/n = 0.253$。根据这些得到的常数作出各自的吸附等温线，如图 8-3 所示。

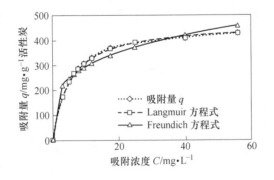

图 8-3 吸附等温方程式曲线

从图 8-3 可知，与实测值对应曲线的吻合程度，Langmuir 方程式要比 Freundlich 方程式好，因此这是个按照 Langmuir 方程式达到吸附平衡的体系。

例题 02

含有挥发性有机化合物（VOC）的空气被活性炭吸附，25℃达到吸附平衡时，可以得到下表所示的数据。求出 Langmuir 吸附等温方程式中的常数。

平衡分压 p/Pa	吸附量 q/kg · kg^{-1}	平衡分压 p/Pa	吸附量 q/kg · kg^{-1}
140	0.265	19	0.159
112	0.258	9.1	0.111
72	0.241	0	0
38	0.208		

根据 Langmuir 方程式有如下关系式：

$$q = q_{\infty}\frac{Kp}{1 + Kp}$$

$$\frac{1}{q} = \frac{1}{q_{\infty}} + \frac{1}{q_{\infty}Kp}$$

$$\frac{p}{q} = \frac{1}{q_{\infty}}p + \frac{1}{q_{\infty}K}$$

p/q 与 p 成直线关系，从斜率可以得到 q_{∞}，从截距可以求出 K 值。

数据、算式的设定及其计算结果，如图 8－4 所示。

由图 8－4 可知，通过直线关系确认，斜率 q_{∞} 为 0.294kg/kg，截距 K 为 0.00638Pa^{-1}。

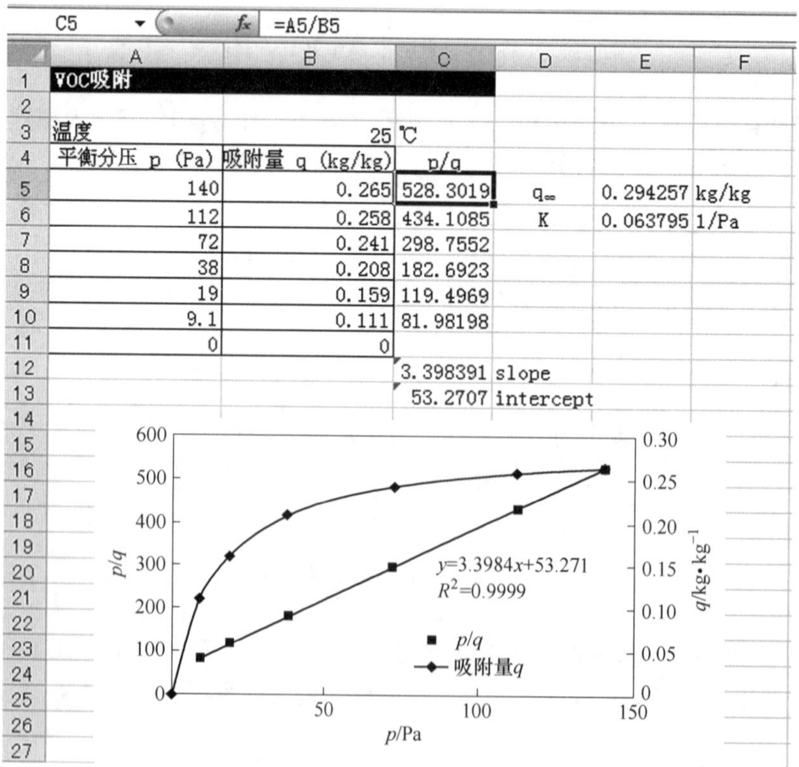
C5　=A5/B5

	A	B	C	D	E	F
1	VOC吸附					
2						
3	温度	25	℃			
4	平衡分压 p（Pa）	吸附量 q（kg/kg）	p/q			
5	140	0.265	528.3019	q_{∞}	0.294257	kg/kg
6	112	0.258	434.1085	K	0.063795	1/Pa
7	72	0.241	298.7552			
8	38	0.208	182.6923			
9	19	0.159	119.4969			
10	9.1	0.111	81.98198			
11	0	0				
12			3.398391	slope		
13			53.2707	intercept		

图 8－4　数据、算式的设定及其计算结果

单元格的设定

单元格 C5	= A5/B5
单元格 C6:C10	C5 的自动填充
单元格 E5	= 1/C12
单元格 C12	= SLOPE(C5:C10,A5:A10)
单元格 C13	= INTERCEPT(C5:C10,A5:A10)

8.2　吸附操作的解析和设计

为了净化被某种有机化合物污染的空气，需要进行空气净化的操作。利用吸附操作的方法，需要进行吸附剂的设计[3]。

吸附剂可以使用活性炭、硅胶、氧化铝和沸石等。这些吸附剂的表面都有很多细小的孔，内部是空穴状态，比表面积特别大。吸附剂上这些细孔可以进行捕捉各种分子的物理吸附。

活性炭是多孔结构的碳元素为主要成分的物质，它具有吸附多种物质的能力。由于活性炭多孔物质的表面是非极性的原因，像水这样分子量小的极性分子难以吸附，具有比较容易选择性吸附粒状有机物的能力。活性炭的原材料中松木或竹子等植物类多些，炭的活化大都采用水蒸气赋活法。

例题 01

粒状活性炭中有无数个 2.3nm 的细孔空洞。求活性炭的直径为 1mm，它体积的一半为空洞时，它的比表面积为多少。这时，活性炭的表观密度（包含有空洞的密度）为 1220kg/m³。

假设活性炭的细孔连接之后变成直径为 2.3nm、长度为 L(m) 的空洞，空洞的体积是活性炭整体体积的一半，则有如下关系式：

$$\pi \times \left(\frac{d}{2 \times 10^{-9}}\right)^2 \times L = \frac{V}{2}$$

那么表面积可以按照如下关系式进行求解：

$$S = \pi \times (d \times 10^{-9}) \times L$$

数据、算式的设定及计算结果，如图 8 – 5 所示。

根据计算结果，粒状活性炭的比表面积为 $8.70 \times 10^5 \text{m}^2/\text{kg}$。

单元格的设定

单元格 B6	= 4/3 * PI() * (B3/2/1000)^3
单元格 B7	= B6 * 1000
单元格 B8	= B6/2/PI()/(B4/2/1000000000)^2
单元格 B9	= PI() * B4 * 0.000000001 * B8
单元格 B10	= B9/B7

B8	=B6/2/PI()/(B4/2/1000000000)^2			
	A	B	C	D
1	活性炭的比表面积			
2				
3	活性炭的直径 D	1	mm	
4	活性炭的细孔径 d	2.3	nm	
5	活性炭的表观密度 ρ	1220	kg/m^3	
6	活性炭的体积 V	5.24E-10	m^3	
7	活性炭的质量 m	5.24E-07	kg	
8	活性炭细孔的深度 L	6.30E+07	m	
9	活性炭的表面积 S	0.455	m^2	
10	活性炭的表面积 S	8.70E+05	m^2/kg	

图 8－5　数据、算式的设定及其计算结果

例题 02

一个大气压下，25℃含甲苯容积比为 0.3% 的空气，使用 15kg 的活性炭进行吸附回收时，求可以得到多少 m^3 的洁净空气。此时，可以忽略活性炭对空气的吸附。25℃时的朗格缪尔常数 $q_\infty = 0.449$kg 甲苯/kg 活性炭，$K = 1.03 \times 10^3 m^3$ 空气/kg 甲苯。

甲苯的分子量为 92.13，$1m^3$ 中含有甲苯的量 w 为：

$$w = MW \cdot pV/(RT)$$

按照上述关系式进行求解。其浓度 C 的关系式为：

$$C = \frac{w}{1 - p_T/100}$$

按照上述关系式进行求解。甲苯的平衡吸附量 q，按照 Langmuir 方程式求解。

数据、算式的设定及计算结果，如图 8－6 所示。

根据计算结果，甲苯被吸附后可以得到洁净的空气为 $547m^3$。

B14	=B13*B6/B10		
	A	B	C
1	朗格缪尔吸附等温方程式		
2			
3	温度	25	℃
4	大气压	1	atm
5	气体常数 R	0.08205	Latm/Kmol
6	活性炭	15	kg
7	甲苯 MW	92.13	
8	甲苯 p_T	0.3	%
9	甲苯 w	0.011298	kg/m^3空气
10	甲苯 C	0.011332	kg/m^3
11	朗格缪尔常数 q_∞	0.449	kg/kg活性炭
12	朗格缪尔常数 K	1.03E+03	m^3空气/kg甲苯
13	平衡吸附量 q	0.414	kg/kg活性炭
14	最大空气量	547.4	m^3

图 8－6　数据、算式的设定及其计算结果

单元格的设定

单元格 B9	$= B7 * B8/100 * 1/B5/(273.15 + B3)$
单元格 B10	$= B9/(1 - B8/100)$
单元格 B13	$= B11 * B12 * B10/(1 + B12 * B10)$
单元格 B14	$= B13 * B6/B10$

例题 03

含有苯酚的量为 0.8kg 的水 10m^3 中加入 15kg 的活性炭，通过吸附平衡来进行吸附去除苯酚，求吸附后苯酚的含量为多少。当达到吸附平衡时，活性炭上苯酚的吸附量遵循 Freundlich 方程式，$q^* = 0.42C^{0.33}$。

按照 Freundlich 吸附等温方程式，计算 B 列（B11：B19）的平衡吸附量，按照吸附等温线，用散点法作图表示。数据、算式的设定及其计算结果，如图 8 - 7 所示。

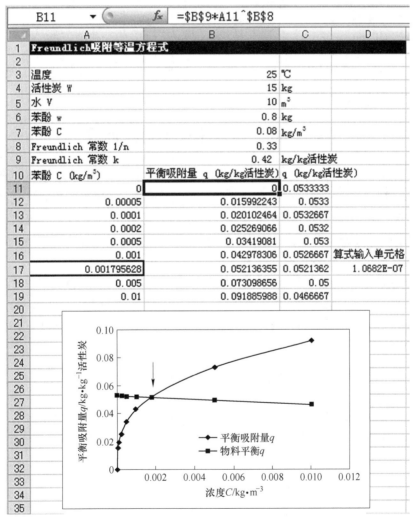

图 8 - 7 数据、算式的设定及其计算结果

根据物料守恒，初始浓度为 $C_0(\mathrm{kg/m^3})$、液体量为 $V(\mathrm{m^3})$、吸附剂为 $W(\mathrm{kg})$，如果忽略吸附前后液体量的变化，可以得到如下直线关系式：

$$(C_0 - C) \cdot V = q \cdot W$$

$$q = (C_0 - C) \frac{V}{W}$$

这条直线与等温吸附线的交点决定了平衡吸附时的浓度。

单元格的设定

单元格 B7	= B6/B5
单元格 B11	= \$B\$9 * A11^\$B\$8
单元格 C11	= (\$B\$7 - A11) * \$B\$5/\$B\$4
单元格 B12:C19	B11:C11 的自动填充
单元格 D17	= B17 - C17 单变量求解的算式输入单元格
单元格 A17	可变单元格(未知数 C)

按照图 8 - 7，直线与曲线的交点（曲线箭头的前方），苯酚的浓度区间为 0.001 ~ 0.005，将其浓度设定为未知数，将 B 列与 C 列的平衡吸附量一致的点，用单变量求解计算，得到的结果是 0.001796kg/m³。

8.3 固定床吸附中的透过曲线

一般情况下，我们都是在忽略传质阻力的情况下研究吸附平衡的，实际操作中，由于传质阻力的存在，固定床中也存在没有完全达到吸附平衡，被吸附的物质就流出的情况。

从固定床到达出口，可以达到所容许的浓度 $C_B(\mathrm{kg/m^3})$ 时，我们就可以说被吸附物质实现了透过，这个点称为透过饱和点，所用的时间称为透过时间。这之后继续进行吸附操作，被吸附物质浓度的变化曲线称为穿透曲线（透过曲线）。

对于固定床的设计需要考虑的重要因素有：达到透过点的吸附容量和透过时间。

固定层对于气体的吸收，空气中被吸附物质的浓度为 $C(\mathrm{kg/m^3}$ 空气)，固定层中吸附剂的吸附量为 $q(\mathrm{kg/kg}$ 吸附剂)，按照达到吸附平衡时的浓度 C^* 的参数变化，则吸附带的长度 $Z_a(\mathrm{m})$ 关系式为：

$$Z_a = \frac{u}{K_F a_v} \int_{C_B}^{C_0 - C_B} \frac{\mathrm{d}C}{C - C^*}$$

这里的 $u(\mathrm{m/s})$ 为气体的空塔线速度，K_F 为总传质系数，a_v 为固定层相当于单位体积粒子的表面积。则吸附层高度为 $Z(\mathrm{m})$ 对应的透过时间 $T_B(\mathrm{s})$ 关系式为：

$$T_B = \frac{\gamma q_0}{u C_0} \left(Z - \frac{Z_a}{2} \right)$$

这里，γ 为充填密度，kg 吸附剂/m³。

例题 01

含有 25g 苯蒸气的空气 1m³ 通过固定层高为 2.8m 的吸附塔进行吸附回收苯。固定层使用活性炭，吸附平衡时的 Freundlich 常数 $k = 1.02$，$n = 3.617$。求达到入口浓度的 10% 为容许浓度时，所需要的透过时间是多少。另外，根据 C_B/C_0 的变化进行重新计算，作出穿透曲线图。这里，空气的流速为 0.42m/s、充填密度为 430kg 吸附剂/m³、K_{Fav} 为 18s⁻¹。

首先，求出入口时的吸附量 q_0。平衡浓度 C^* 可以按照吸附等温方程式得到，再根据吸附浓度 C 求出被积分函数 $1/(C - C^*)$ 的值。于是，积分的上限、下限和变动范围（100）设定之后，就可以按照辛普森法则进行数值积分。数值积分的程序按照 VBA 宏代码进行组建，其代码见表 8 - 1。

表 8 - 1　按照辛普森法则计算的数值积分代码

Public Sub 吸附( )	按照辛普森法则的编程
x1 = Range("B8"). Value	单元格 B8 按照 x1 输入
x2 = Range("B19"). Value	单元格 B19 按照 x2 输入
n = 100	幅度为 100
h = (x2 - x1)/ n	幅度
Range("B19"). Value = x1	将 x1 的值用单元格 B19 输出
fw1 = Range("B17"). Value	单元格 B17 按照 fw1 输入
Range("B19"). Value = x2	将 x2 的值用单元格 B19 输出
fw2 = Range("B17"). Value	单元格 B17 按照 fw2 输入
fsum = fw1 - fw2	fsum 的初始值
For i = 1 To n - 1 Step 2	重复操作
Range("B19"). Value = x1 + h * l	将计算值用单元格 B19 输出
fi = Range("B17"). Value	单元格 B17 按照 fi 输入
Range("B19"). Value = x1 + h * (i + 1)	将计算值用单元格 B19 输出
fj = Range("B17"). Value	单元格 B17 按照 fj 输入
fsum = fsum + 4 * fj + 2 * fi	fsum 的总和
Next l	重复操作的端末
Range("B18"). Value = h/3 * fsum	将计算值用单元格 B18 输出
End Sub	程序的端末

数据、算式的设定及其计算结果，如图 8 - 8 所示。数值积分运行后，单元格 B18 中可以得到积分值。透过点浓度为 10% 时，求出的透过时间为 11.6h。

透过点浓度 C_B/C_0 如 G 列进行设定，再计算的同时，可以求出 T_B，按照 F 列的数值是计算得到的，将这些数值按照散点法进行表示后，可以得到如图 8 - 9 所示的透过曲线。

		B12	▾	fx	=B10*B3^(1/B11)	

	A	B	C	D	E	F	G
1	通过吸收塔对苯进行回收						
2							
3	苯蒸气入口浓度 C_0	0.025	kg/m³空气			T (h)	C/C_0
4	吸附层高度 Z	2.8	m			11.8	0.999
5	吸附带长度 Z_a	0.063632	m			11.76256	0.99
6	气体流速 u	0.42	m/s			11.73608	0.96
7	透过点浓度 C_B/C_0	10	%			11.71682	0.9
8	容许溶度 C_B	0.0025	kg/m³空气			11.69971	0.8
9	充填密度 γ	430	kg吸附剂/m³			11.68725	0.7
10	Freundlich常数 k	1.02				11.67605	0.6
11	Freundlich常数 n	3.617				11.66475	0.5
12	q_0	0.367854	kg/kg吸附剂			11.6523	0.4
13	q	0.331068	kg/kg吸附剂			11.63733	0.3
14	$K_Y a_V$	18	1/s			11.61715	0.2
15	C^*	0.017078	kg/m³空气			11.58	0.1
16	透过时间 T_B	41701.26	s	11.58368	hr	11.55	0.05
17	$1/(C-C^*)$	184.4313				11.48	0.01
18	$\int (1/(C-C^*))dC$	2.727087	Simpson数值积分「吸附」				
19	C	0.0225	kg/m³空气				
20		0.0225					

图 8 – 8　数据、算式的设定及其计算结果

单元格的设定

单元格 B5　　　= B6/B14 * B18

单元格 B8　　　= B3 * B7/100

单元格 B12　　= B10 * B3^(1/B11)

单元格 B13　　= B12/B3 * B19

单元格 B15　　= B13^B11/B10^B11

单元格 B16　　= B9 * B12 * B4/B6/B3 * (1 – B5/B4/2)

单元格 D16　　= B16/60/60

单元格 B17　　= 1/(B19 – B15)

单元格 B18　　按照辛普森法则得到的积分值

单元格 B19　　按照辛普森法则积分的浓度 C

单元格 B20　　= B3 – B8

单元格 F4:F17　再计算时单元格 B7 的值

单元格 G4:G17　再计算时单元格 D16 的值

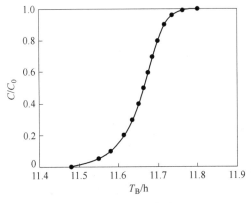

图 8-9　透过曲线

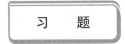

1. 25℃、101.3kPa 下，甲醛气体被活性炭吸附的平衡数据如下：

q/g 气体·g^{-1} 活性炭	0	0.1	0.2	0.3	0.35
气体的平衡分压/Pa	0	267	1600	5600	12266

试判断吸附类型，并求吸附常数。

2. 现采用活性炭吸附对某有机废水进行处理，对两种活性炭的吸附试验平衡数据如下：

平衡浓度 COD/mg·L^{-1}	100	500	1000	1500	2000	2500	3000
A 吸附量/mg·g^{-1} 活性炭	55.6	192.3	227.8	326.1	357.1	378.8	394.7
B 吸附量/mg·g^{-1} 活性炭	47.6	181.8	294.1	357.3	398.4	434.8	476.2

试判断吸附类型，计算吸附常数，并比较两种活性炭的优劣。

3. 1m^3 中含有 23g 苯的混合空气（$C_0 = 0.023$kg/m^3），通过层高 $Z = 2.5$m 的活性炭吸附塔进行苯的吸附回收，求达到入口浓度的 10%（$C_0 = 0.0023$kg/m^3）所需要的透过时间 T_B。这时混合空气的流速 $u = 0.417$m/s，$\gamma = 430$kg 吸附剂/m^3，$K_{Fav} = 18$s^{-1}。吸附平衡遵守 Freundlich 方程式：$q^* = kC^{\frac{1}{n}}$（$k = 1.02$，$n = 3.617$）

参 考 文 献

［1］近藤精一，石川达雄，安部郁夫. 吸附科学［M］. 2 版. 北京：化学工业出版社，2006.

［2］吴焕领，魏赛男，崔淑玲. 吸附等温线的介绍及应用［J］. 染整技术，2006，28（10）：13~14.

［3］郭昊. 活性炭吸附回收 VOCs 的过程研究与工程设计［D］. 北京：中国林业科学研究院，2014.

［4］伊東章，上江州一也. Excel で化学工学［M］. 化学工学会，2014.

9 搅　　拌

化学工程或冶金工程中，搅拌操作的目的是促进流体体系均一化、分散，提高热量传递或物质传质的速率，促进化学反应等。对于流体体系而言，如果以液体为研究对象，称为搅拌；如果以固体为研究对象，称为混合，以常规习惯加以区分。搅拌所使用的装置被叫做搅拌槽，其形状极其复杂，应按照经验参数对其构造进行设计[1]。本章学习有关搅拌槽和搅拌操作所涉及的数据计算。

9.1　搅　拌　槽

各种形状的搅拌槽被设计后使用，旋转搅拌叶的形状有涡轮状和螺旋状。涡轮状搅拌叶用于黏度较低液体的高速搅拌，螺旋状搅拌叶用于搅拌黏度比较高的液体。

由于搅拌叶高速搅拌时，液体的表面会出现漩涡，因此槽壁上设计有挡板。图9-1是标准的搅拌槽示意图[2]。

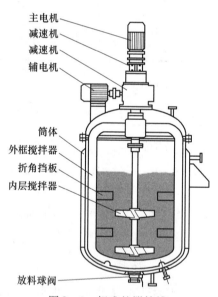

图9-1　标准的搅拌槽

标准搅拌槽的代表尺寸和形状总结后如下：

（1）搅拌叶6枚，平板涡轮搅拌叶。

（2）搅拌叶的直径 D_i 为槽直径 D_T 的1/3。

（3）槽底部到达搅拌叶的高度 H_i 与搅拌叶的直径 D_i 相等。

（4）搅拌叶的幅宽 q 为搅拌叶直径 D_i 的1/5。

（5）搅拌叶的长度 r 为直径 D_i 的1/4。

（6）挡板的数目为4枚，槽壁上垂直突出。

（7）挡板的幅宽 $W_b = D_T/10$。

例题 01

硫酸铜的结晶（$CuSO_4 \cdot 5H_2O$）185g 在搅拌槽中用水溶解制备 10% 的水溶液时，搅拌槽的容积为多少合适。到达槽容积的 80% 为满盛状态。另外，求搅拌叶最前端的搅拌速度为 6.0m/s 时，搅拌叶的旋转次数是多少。

这时，溶液的密度为 $1.085g/cm^3$，黏度为 2.3cP。搅拌槽使用涡轮状搅拌叶，槽直径为 1.2m，槽高为 1.3m，搅拌叶的数目为 6 枚，挡板的数目为 4 枚。

硫酸铜的结晶为五水合物，$CuSO_4 \cdot 5H_2O$ 分子量为 250，无水硫酸铜的分子量为 159。槽容积（m^3）按照 $185 \times (159/250)/\rho/(10/100)/(80/100)$ 进行求解。旋转搅拌叶的形状使用涡轮状，按照上述的标准尺寸，算出各个部位的尺寸。

根据搅拌叶最前端的速度 $u(m/s)$ 可以求出旋转次数 $N(r/min)$，按如下关系式计算：

$$u = \pi D_i \times N/60$$

搅拌状态的雷诺数，按照如下关系式进行计算：

$$Re = D_i u \rho/\mu = D_i(ND_i)\rho/\mu = ND_i^2 \rho/\mu$$

数据、算式的设定及其计算结果，如图 9-2 所示。根据计算结果，槽容积为 1.36m^3，搅拌叶的旋转次数为 286r/min。搅拌状态的雷诺数比较大，是湍流状态。

	B8	f_x	=B3*E5/E4/(B4/100)/(B5*1000)/(B7/100)	
	A	B	C	D	E
1	搅拌槽的设计				
2					
3	硫酸铜五水合物	185	kg		分子量
4	硫酸铜水溶液	10	%	$CuSO_4 \cdot 5H_2O$	250
5	溶液密度　ρ	1.085	g/cm³	$CuSO_4$	159
6	溶液黏度　μ	2.3	cP		
7	使用槽的容积率	80	%		
8	槽容积 V	1.35553	m³		
9	搅拌槽 D_T	1.2	m		
10	搅拌槽 H	1.3	m		
11	搅拌槽 挡板	4	枚		
12	搅拌槽 挡板幅宽 W_b	0.12	m		
13	搅拌槽 搅拌叶直径比D_i/D_T	0.333333			
14	搅拌槽 搅拌叶直径 D_i	0.4	m		
15	搅拌槽 搅拌叶片数 n	6			
16	搅拌槽 搅拌叶片间幅宽 q	0.08	m		
17	搅拌槽 搅拌叶半径 r	0.1	m		
18	搅拌槽 搅拌叶最前端速度 u	6	m/s		
19	溶液深度 H_1	1.04	m		
20	搅拌叶的旋转次数 N	286.4789	r/min		
21	雷诺数 Re	360382.1	湍流		

图 9-2　数据、算式的设定及其计算结果

单元格的设定

单元格 B8　　$= B3*E5/E4/(B4/100)/(B5*1000)/(B7/100)$

单元格 B12　　$= B9/10$

单元格 B13　　$= 1/3$

单元格 B14	= B13 * B9
单元格 B16	= B14/5
单元格 B17	= B14/4
单元格 B19	= B10 * (B7/100)
单元格 B20	= B18 * 60/(PI() * B14)
单元格 B21	= (B20/60) * B14^2 * (B5 * 1000)/(B6/1000)
单元格 C21	= IF(B21 > 2300,"湍流","层流")

9.2　循环流量准数

为了防止搅拌槽内的液体于低洼处沉积，搅拌的液体需要适度的循环。循环流量 $Q_C(\mathrm{m^3/s})$，混合所需要的循环时间 $T_C(\mathrm{s})$ 和搅拌槽内液体的体积 $V(\mathrm{m^3})$ 之间有如下关系式：

$$Q_C = \frac{V}{T_C} = \frac{\pi D^2 H}{4 T_C}$$

搅拌叶的直径 D_i 与旋转次数 N 的乘积得到 ND_i^3，被上式除以之后可以得到如下关系式：

$$N_Q = \frac{Q_C}{ND_i^3}$$

这称为循环流量准数，也是量纲为 1 的量[3]。

因循环流所造成的流量，搅拌槽中搅拌叶的最前端排出流量 N_Q 有如下关系式：

$$N_Q = 0.16(\gamma \cdot n \cdot q/D)^{\frac{1}{3}} \sqrt{\frac{D^2 H}{D_i} \cdot \frac{N_p}{1.2}}$$

这里，$\gamma = 0.53(D_i/D)^{0.72}$。$N_p$ 为搅拌动力，是由所使用的动力数和搅拌叶的形状决定的。

循环流量准数 N_C，下面的关系式成立。

$$N_C = N_Q\{1 + 0.16[(D/D_i)^2 - 1]\}$$

例题 01

内径为 1.9m 的搅拌槽中，加入深度为 2.1m 的水进行搅拌。搅拌叶的片数为 6 枚，搅拌叶的直径 D_i 为 0.55m，搅拌叶的幅宽 q 为 0.1m，旋转数为 85r/min，求搅拌时的循环流量和平均循环时间。此时，动力数 $N_p = 6.2$。

按照上式进行数据、算式的设定，计算结果如图 9-3 所示。根据计算结果，循环流量为 0.651m³/s，平均循环时间为 9.14s。

单元格的设定

单元格 B10	= 0.53 * (B7/B3)^0.72
单元格 B11	= 0.16 * (B10 * B5 * B6/B3)^(1/3) * SQRT(B3^2 * B4/B7^3 * B9/1.2)
单元格 B12	= B11 * (1 + 0.16 * ((B3/B7)^2 - 1))
单元格 B13	= B12 * (B8/60) * B7^3
单元格 B14	= PI() * B3^2 * B4/4
单元格 B15	= B14/B13

	B13	▼	f_x	=B12*(B8/60)*B7^3	
	A	B	C	D	
1	**循环流量准数**				
2					
3	内径 D	1.9	m		
4	水深 H	2.1	m		
5	搅拌叶枚数 n	6	枚		
6	搅拌叶的幅宽 q	0.1	m		
7	搅拌叶的直径 D_i	0.55	m		
8	旋转数 N	85	r/min		
9	动力常数 N_p	6.2			
10	γ	0.217087			
11	吐出流量数 N_Q	1.004743			
12	循环流量数 N_C	2.762463			
13	循环流量 Q_C	0.651107	m³/s		
14	液体的体积 V	5.954103	m³		
15	平均循环时间 T_C	9.144589	s		

图 9-3 数据、算式的设定及其计算结果

9.3 搅拌槽的放大

搅拌槽的设计，需要模拟工厂的条件设计制备装置的模型。实际装置（D）和模型装置（M）的之间联系被称为放大[4]。

伴随有传热的搅拌，搅拌体系的界膜传热系数关系式为：

$$\frac{h_D}{h_M} = \frac{n_D^r}{n_M^r} \cdot \frac{D_{iD}^{2r-1}}{D_{iM}^{2r-1}}$$

如果 h 一定，则有如下关系式：

$$n_D^r D_{iD}^{2r-1} = n_M^r D_{iM}^{2r-1}$$

$$\frac{n_D}{n_M} = \left(\frac{D_{iM}}{D_{iD}}\right)^{\frac{2r-1}{r}} = \left(\frac{D_{iD}}{D_{iM}}\right)^{\frac{1-2r}{r}} = a_d^{\frac{1-2r}{r}}$$

这里

$$\frac{D_{iD}}{D_{iM}} = a_d$$

这是放大比值。一般情况下，涡轮状搅拌叶的 $r = 0.67$。

这种情况下的动力比关系式为：

$$\frac{P_D}{P_M} = \left(\frac{D_{iD}}{D_{iM}}\right)^{\frac{3}{r-1}} = a_d^{\frac{3}{r-1}}$$

雷诺比的关系式为：

$$\frac{Re_D}{Re_M} = \frac{n_D D_{iD}^2}{n_M D_{iM}^2} = a_d^{\frac{1-2r}{r}} a_d^2$$

根据上述关系式可以求出模型的旋转数和动力。

例题 01

搅拌槽实际装置条件的旋转数为 250r/min，搅拌叶的直径 D_i 为 0.5m，雷诺数为 640000，动力 P 为 5kW，界膜传热系数 h 为 800kcal/(m³·h) 时，想用 1/4 的模型进行实

验。求 h 相同的情况下，旋转数 n 为多少。另外，求出此时的动力 P。此时，为涡轮状搅拌叶，$r = 0.67$。

放大比 a_d 为 4，h 一定，代入上述关系式。

$$\frac{n_D}{n_M} = a_d^{\frac{1-2r}{r}}$$

$$\frac{P_D}{P_M} = a_d^{\frac{3}{r-1}}$$

数据、算式的设定及其计算结果，如图 9-4 所示。

根据计算结果，模型的旋转数为 505r/min，此时的动力为 0.0403kW。

	B13	▼	fx	=B3/B12	
	A		B		C
1	搅拌槽的放大				
2					
3	n_D		250		r/min
4	D_i		0.5		m
5	Re_D		6.40E+05		
6	P_D		5		kW
7	h		800		kcal/m³·h·℃
8	μ		1		cP
9	ρ		1000		kg/m³
10	a_d		4		
11	r		0.67		
12	n_D/n_M		0.494854		
13	n_M		505.1996		r/min
14	Re_D/Re_M		7.917663		
15	Re_M		8.08E+04		
16	P_D/P_M		124.0884		
17	P_M		0.040294		kW

图 9-4　数据、算式的设定及其计算结果

单元格的设定

　　单元格 B12　= B10^((1 - 2 * B11)/B11)

　　单元格 B13　= B3/B12

　　单元格 B14　= B10^((1 - 2 * B11)/B11 + 2)

　　单元格 B15　= B5/B14

　　单元格 B16　= B10^(3/B11 - 1)

　　单元格 B17　= B6/B16

习　题

1. 采用六片平直叶圆盘涡轮式搅拌器搅拌某种黏稠液体。该液体密度 $\rho = 1060\text{kg/m}^3$，黏度 $\mu = 42\text{Pa} \cdot \text{s}$。搅拌槽直径 $D = 1.2\text{m}$，叶轮直径 $d = 0.4\text{m}$。已测得达到预期搅拌效果要求叶端速度 $u_T = 2.65\text{m/s}$。试

用 Excel 工作表求出叶轮的转速，并判断出搅拌所达到的状态。

2. 拟设计一"标准"构型的搅拌设备搅拌某种均相混合液，槽内径为 2.4m，混合液密度 $\rho = 1260 kg/m^3$，黏度 $\mu = 1.2 Pa \cdot s$。为了取得最佳搅拌效果，进行三次几何相似系统中的放大试验。实验数据如附表所示。

试验编号	槽径 D/mm	叶轮直径 d/mm	转速 n/r·min^{-1}	备 注
1	200	67	1360	
2	400	135	675	满意的搅拌效果
3	800	270	340	

试根据实验数据判断放大准则，并计算出生产设备的叶轮转速。

参 考 文 献

［1］陈敏恒，丛德滋，方图南，等. 化工原理（上册）［M］. 4 版. 北京：化学工业出版社，2015.

［2］佟立军. 机械搅拌槽挡板的研究［J］. 有色设备，2005（3）：17～19.

［3］吴富姬. 搅拌混合槽内混合过程的数值模拟［J］. 湿法冶金，2014（4）：328～331.

［4］俞天兰，陈黎，彭德其，等. 基于量纲一分析的循环流量实验关联式［J］. 化学工程，2014，42（1）：33～36.

［4］谢松桂，袁惠根，潘仁云，等. 搅拌槽中液—液分散的放大研究 Ⅱ. 苯乙烯悬浮聚合反应器的放大准则［J］. 化学反应工程与工艺，1990（3）：48～54.

10 粉体和集尘

固体粒子有各种各样的形状和大小，按照粒子的直径可以区分为超微粉固体、微粉固体、粉体和颗粒体，总称为粉粒体。观察其特性方面的粒度分布非常重要。相应地，收集粉粒体的分离操作叫做集尘。本章重点学习一下粉粒体沉降分离、集尘和离心固液分离所涉及的 Excel 工作表计算的案例。

10.1 粉粒体的物理性质

按照固体粒子的大小区分，10mm 以上的称为块，0.1mm 以下的称为粉，中间尺寸的粒子称为粒。本章学习中仅研究相当于粒和粉尺寸大小的固体粒子，综合后称为粉粒体，也可以简称为粉体。

粉粒体的形状不规则，粒径的计算也有多种定义的方法。这里，粉粒体粒径 D 的分布曲线，如下所示，按照个数或质量为基准可定义为三组分类[1]。

（1）频度曲线。属于粒径区间（$D \sim D + \Delta D$）的粒子量与总体量的比值。

（2）残留率曲线。大于粒径 D 的粒子量与总体粒子量的比值。

（3）透过率曲线。小于粒径 D 的粒子量与总体粒子量的比值。

> 粉体粒子的大小程度称为粒度。粒子大小用直径进行表示时称为粒径。粒子的直径为 D，密度为 ρ 时，其比表面积 S 的关系式可表示为：
>
> $$S = \frac{6}{\rho \cdot D}$$
>
> 粒径单一的粒子体系称为单分散体系，这是理想的分散体系，通常情况下，粒径不同的分散体系，为多分散体系。粒度分布的测定方法有筛分法、显微镜法、细孔滤过法、沉降法等。沉降法是广泛使用的方法，如安德烈森型吸管（Andreasen pipet）式沉降管被广泛使用。

例题 01

测定某种粉粒体的粒径分布，可以得到如下表所示的数据。请作图表示出频度曲线、残留率曲线和透过率曲线。并求出分布曲线中的极大值粒径和平均粒径。

D /μm	75.4	52.4	36.5	22.6	14.1	8.9
残留率/%	1.8	3.1	8.5	27.9	52.7	73.3

进行表格计算是 Excel 的强项，如图 10−1 所示对数据进行设定，按照数据用散点法作图。

图 10−2 中表示出了三组曲线。从这些图中读出极大值粒径和平均粒径，残留率曲线与透过率曲线的交点可以求出平均粒径为 15.5μm，频度曲线的极大值粒径为 7.0μm。

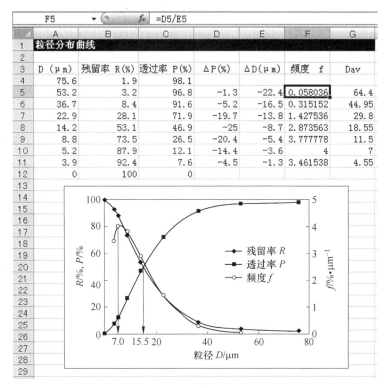

图 10-1　数据、算式的设定及其计算结果

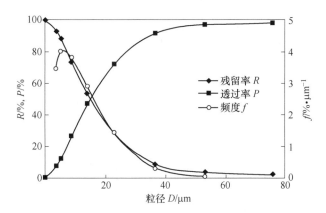

图 10-2　粒度分布和极大值粒径及平均粒径的读取

单元格的设定

单元格 C4　　= 100 - B4

单元格 C5:C12　C4 的自动填充

单元格 D5　　= C5 - C4

单元格 D6:D11　D5 的自动填充

单元格 E5　　= A5 - A4

单元格 E6:E11　E5 的自动填充

单元格 F5　　= D5/E5

单元格 F6∶F11　　F5 的自动填充

单元格 G5　　= (A4 + A5)/2

单元格 G6∶G11　　G5 的自动填充

粒子的粒度测定方面，有老的区分方法、还有使粒子于流体内落下沉淀的沉降法等。直径为 D_p 的球形粒子在密度为 ρ、黏度为 μ 的流体中，以速度 u 沉降时，流体对能够影响到的粒子产生的阻力用如下关系式表示：

$$R = C \frac{\pi}{4} D_p^2 \frac{u^2 \rho}{2}$$

这里的阻力系数 C 是以雷诺数 $Re = D_p u \rho / \mu$ 有关的函数，根据流动区域的大小，用如下关系式表示：

（1）斯托克斯（Stokes）定律（层流区域）：

$$Re_p < 2 \quad \begin{cases} C = 24/Re_p \\ R = 3\pi\mu u D_p \end{cases}$$

（2）阿伦（Allen）定律（中间流区域）：

$$2 < Re_p < 500 \quad \begin{cases} C = 10/\sqrt{Re_p} \\ R = \dfrac{5\pi}{4}\sqrt{\mu\rho u^3 D_p^3} \end{cases}$$

（3）牛顿（Newton）定律（湍流区域）：

$$500 < Re_p < 10^5 \quad \begin{cases} C = 0.44 \\ R = 0.055\pi\rho u^2 D_p^2 \end{cases}$$

密度为 ρ_p 的粒子于流体中沉降时，阻力和推进力平衡之后就会变成一定的沉降速度，被叫做终末沉降速度。

$$（重力）mg = （浮力）mg\rho/\rho_p + （抵抗力）R$$

$$C \frac{\pi}{8} D_p^2 u_t^2 \rho = 重力 - 浮力 = \frac{\pi}{6} D_p^3 (\rho_p - \rho) g$$

$$u_t = \sqrt{\frac{4(\rho_p - \rho)g D_p}{3\rho C}}$$

相应的斯托克斯方程式可以表示为：

$$C = 24/Re_p = 24\mu/D_p u_t \rho$$

$$u_t = \frac{D_p^2 (\rho_p - \rho) g}{18\mu}$$

按照上述关系式可以求出斯托克斯粒径。

总结出三组流体区域的终末沉降速度为：

（1）Stokes 区域：

$$u_t = \frac{D_p^2 (\rho_p - \rho) g}{18\mu}$$

（2）Allen 区域：

$$u_t = \left[\frac{D_p^3(\rho_p - \rho)^2 g^2}{225\mu\rho}\right]^{1/3}$$

（3）Newton 区域：

$$u_t = \left[\frac{3.03D_p(\rho_p - \rho)g}{\rho}\right]^{1/2}$$

从上述关系式，我们可知粒子的终末沉降速度与高度没有关系。

斯托克斯（George Gabriel Stokes）　出生于英国，成为剑桥大学的教授后，受到了麦克斯韦（Maxwell）的影响。对物理、数学方面的发展做出了贡献，1845 年，他推导出黏性流体方程式，1850 年发现了斯托克斯定律。运动黏度的单位斯托克斯 St 就是以他的名字命名的。

例题 02

求直径为 0.60mm 的粒子于密度为 1000kg/m³、黏度为 0.10Pa · s 的液体中沉降时的终末沉降速度。这时，粒子的密度为 4500kg/m³。

这道题目中雷诺数 Re_p 不确定，假定可以按照斯托克斯定律进行计算。

粒子的重力　　　　　　　　　　$\pi D_p^3 \rho_p g/6$

粒子的浮力　　　　　　　　　　$\pi D_p^3 \rho g/6$

终末沉降速度　　　　　$u_t = (D_p^2 g/18\mu)(\rho_p - \rho)$

雷诺数　　　　　　　　　$Re_p = D_p u_t \rho/\mu$

如图 10 - 3 所示，进行数据和算式的设定。

根据计算结果，终末沉降速度为 6.87×10^{-3} m/s，雷诺数要比 2 小，可以确认其位于斯托克斯区域。

B10	▼	fx	=(B3/1000)^2*B7/18/B6*(B4-B5)		
	A	B	C	D	E
1	终末沉降速度				
2					
3	直径 D_p	0.6	mm		
4	密度 ρ_p	4.50E+03	kg/m³		
5	密度 ρ	1.00E+03	kg/m³		
6	黏度 μ	0.1	Pa.s		
7	重力加速度 g	9.81	m/s²		
8	粒子的重力	2.47E-13	N		
9	粒子的浮力	1.11E-06	N		
10	终末沉降速度 u_t	6.87E-03	m/s		
11	Re_p	4.12E-02	< 2	←斯托克斯区域	

图 10 - 3　数据、算式的设定及其计算结果

单元格的设定

单元格 B8　　= PI( ) * (B3/1000)^3/B4 * B7/6

单元格 B9　　= PI( ) * (B3/1000)^3 * B5 * B7/6

单元格 B10　= (B3/1000)^2 * B7/18/B6 * (B4 - B5)

单元格 B11　= (B3/1000) * B10 * B5/B6

例题 03

积乱云积聚之后就会变成直径为 1.0cm 的冰雹降下。空气的密度为 1.21kg/m³、黏度

为 1.8×10^{-5}Pa·s。求冰雹的密度为 1000kg/m^3 时，从天空落下的速度是多少。

这道例题也是试错题。首先，假定位于中间区域（阿伦区域）求终末沉降速度，计算之后确定其位于哪个区域，然后再按照这个区域的计算方法确认速度。

如图 10－4 所示，进行数据和算式的设定。

根据计算结果，判定中间区域为湍流区域，则我们假定为阿伦区域是错误的。于是，按照湍流区域的牛顿定律，代入公式进行计算后得到的落下速度为 15.7m/s。

单元格的设定

单元格 B9　=((B4－B5)^2 * B7^2 * (B3/100)^3/225/B6/B5)^(1/3)

单元格 B10　=(B3/100) * B9 * B5/B6

单元格 C10　=IF(B10<500,"中间层","湍流层")

单元格 B12　=(3.03 * (B4－B5) * B7 * (B3/100)/B5)^(1/2)

单元格 B13　=(B3/100) * B12 * B5/B6

单元格 C13　=IF(B13<500,"中间层","湍流层")

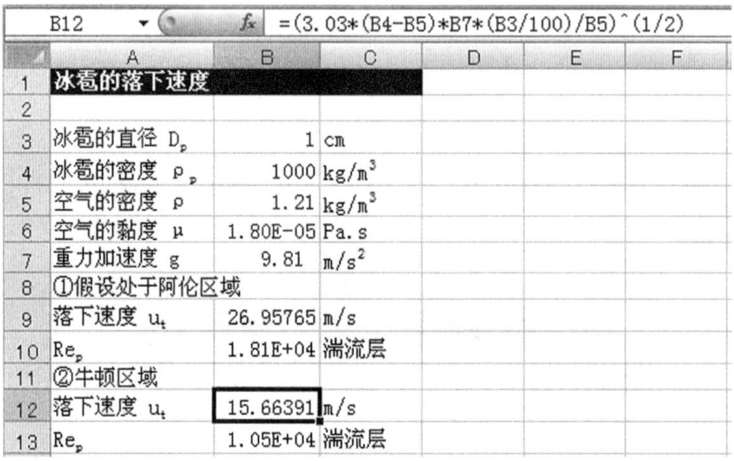

B12　=(3.03*(B4-B5)*B7*(B3/100)/B5)^(1/2)

	A	B	C	D	E	F
1	冰雹的落下速度					
2						
3	冰雹的直径 D_p	1	cm			
4	冰雹的密度 ρ_p	1000	kg/m^3			
5	空气的密度 ρ	1.21	kg/m^3			
6	空气的黏度 μ	1.80E-05	Pa.s			
7	重力加速度 g	9.81	m/s^2			
8	①假设处于阿伦区域					
9	落下速度 u_t	26.95765	m/s			
10	Re_p	1.81E+04	湍流层			
11	②牛顿区域					
12	落下速度 u_t	15.66391	m/s			
13	Re_p	1.05E+04	湍流层			

图 10－4　数据、算式的设定及其计算结果

例题 04

对某种粒子群使用筛分法进行分类，得到的粒径分布如下表所示。按照下面公式计算这个粒子群的算术平均粒径、表面积平均粒径、体积平均粒径。

筛孔径 d/mm	重量 x/wt%	筛孔径 d/mm	重量 x/wt%
2.85	0.600	0.503	9.30
2.00	3.90	0.356	10.60
1.41	22.80	0.252	3.10
1.00	33.40	0.178	2.20
0.711	14.10		

算术平均粒径　$$D_a = \frac{\sum x_i/d_i^2}{\sum x_i d_i^3}$$

表面积平均粒径
$$D_s = \left(\frac{\sum x_i / d_i^3}{\sum x_i / d_i} \right)^{\frac{1}{2}}$$

体积平均粒径
$$D_v = \left(\frac{\sum x_i}{\sum x_i / d_i^3} \right)^{\frac{1}{3}}$$

将表中的数据录入到工作表中，三组需要计算的平均粒径项目，分别计算出 x/d，x/d^2，x/d^3 求解，如图 10 – 5 所示。

根据计算结果，算术平均粒径 D_a 为 0.321mm，表面积平均粒径 D_s 为 0.385mm，体积平均粒径 D_v 为 0.468mm，我们可以知道得到的值 $D_a < D_s < D_v$。

	C4	f_x	=B4/A4	
	A	B	C	D	E
1	粒子群的粒径				
2					
3	筛孔径 d(mm)	重量 x(wt%)	x/d	x/d²	x/d³
4	2.85	0.600	0.210526	0.073869	0.025919
5	2.00	3.90	1.95	0.975	0.4875
6	1.41	22.80	16.17021	11.46824	8.133501
7	1.00	33.40	33.4	33.4	33.4
8	0.711	14.10	19.83122	27.89202	39.22928
9	0.503	9.30	18.48907	36.75759	73.07671
10	0.356	10.60	29.77528	83.63843	234.9394
11	0.252	3.10	12.30159	48.81582	193.7136
12	0.178	2.20	12.35955	69.43568	390.0881
13	合计	100.000	144.4874	312.4566	973.094
14					
15	算术平均粒径	0.321096055	mm		
16	表面积平均粒径	0.385334299	mm		
17	体积平均粒径	0.468398043	mm		

图 10 – 5　数据、算式的设定及其计算结果

单元格的设定

单元格 C4	= B4/A4
单元格 D4	= B4/A4^2
单元格 E4	= B4/A4^3
单元格 C5:D12	单元格 C4:E4 的自动填充
单元格 B13	= SUM(B4:B12)
单元格 C13:E13	单元格 B13 的自动填充
单元格 B15	= D13/E13
单元格 B16	= (C13/E13)^(1/2)
单元格 B17	= (B13/E13)^(1/3)

10.2　沉降分离

利用粒子沉降速度的差异，将密度大的的粒子或密度不同的粒子群进行分离的操作，称为沉降分离。这个沉降操作，适用于斯托克斯区域，利用斯托克斯定律计算，得到终末沉降速度[2]的关系式为：

$$u_t = \frac{D_p^2 g}{18\mu}(\rho_p - \rho)$$

沉降分离如图 10-6 所示，使用安德烈森型吸管（Andreasen pipet）式沉降管[3]，即滴管基线与液面（标线）的差 h 间的沉降分离。在适当的时间于滴管基线的点，取少量样品测定粒子的浓度并测定粒径分布。

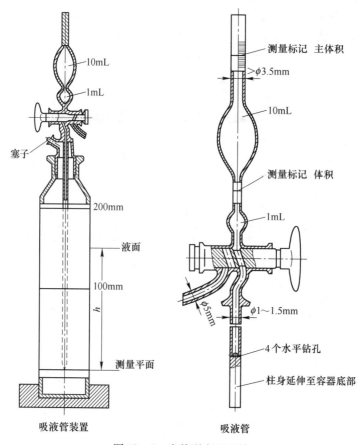

图 10-6　安德烈森型吸管

于安德烈森型吸管中，加入含有粒子的少量悬浊液，粒子的粒径为 D_p，沉降速度为 u_t，观察搅拌静置后的沉降状态，有如下关系式：

$$h = u_t \cdot t$$

$$D_p = \sqrt{\frac{18\mu u_i}{(\rho_p - \rho)g}} = \sqrt{\frac{18\mu}{(\rho_p - \rho)g} \cdot \frac{h}{t}} = k\sqrt{\frac{h}{t}}$$

经过时间 t，比上式得到的斯托克斯粒径大的粒子不存在。比这个粒径还小的粒子浓度与 $t=0$ 时的浓度相同。相应地，比液面低 h 的下方的点，某个时间 t 时，存在的粒子浓度 C_{ht} 与沉降开始时的均一浓度 C_0 的关系式可表示为：

$$\frac{C_{ht}}{C_0} = 1 - R_D$$

式中，R_D 为其粒径 D_p 所对应的残留率。

例题 01

安德烈森型吸管式沉降管中，加入密度为 $2.65g/cm^3$ 的黏土到 $20℃$ 的水中配成 $600mL$ 的混合液。液面到滴管下端的距离为 $20cm$。黏土与水充分搅拌后静置 $5min$，吸出 $10mL$ 的混合液。其中固体的含量，用天平称量之后为 $25.0mg$。求此时黏土的粒径和残留率。此时，水的黏度为 $0.010g/(cm \cdot s)$，密度为 $1.00g/cm^3$。

$5min$ 后的粒径，按照上述式子进行计算。

数据、算式的设定及其计算结果，如图 $10-7$ 所示。

根据计算结果，$5min$ 后，液面下深度 $20cm$ 处比 $27.2\mu m$ 大的粒子不存在，$27.2\mu m$ 的粒子的残留率为 25%。

	B13	f_x	=SQRT(18*B3/(B6-B4)/B5*B9/5/60)			
	A	B	C	D	E	F
1	于沉降管进行的沉降分离					
2						
3	水的黏度　μ	0.01	g/cm·s			
4	水的密度　ρ	1	g/cm³			
5	重力加速度　g	980	cm/s²			
6	黏土的密度　ρ₁	2.65	g/cm³			
7	黏土的重量	2	g			
8	体积	600	mL			
9	h	20	cm			
10	t	5	min			
11	取样吸出量	10	mL			
12	固体重量	25	mg			
13	Dp	0.0027242	cm			
14		27.241788	μm			
15	残留率　R	0.25				

图 $10-7$　数据、算式的设定及其计算结果

单元格的设定

单元格 B13　$= SQRT(18 * B3/(B6 - B4)/B5 * B9/5/60)$

单元格 B14　$= B13 * 10000$

单元格 B15　$= 1 - B12/1000/10/(B7/B8)$

例题 02

使用安德烈森型吸管式沉降管，测定 $20℃$ 室温下碳酸钙粉末的粒度分布，可以得到如下表所示的测定数据。请作图表示其残留率分布和频度分布。这时的粉末量为 $4.12g$，粉末密度为 $2692kg/m^3$、纯水 $400mL$、使用分散剂的量为 $0.523g$，一次取样量为 $10mL$。$20℃$ 时，水的密度为 $1000kg/m^3$、黏度为 $0.0010Pa \cdot s$。

时间 t/s	固体分量 $m/g \cdot 10mL^{-1}$	沉降距离/cm
150	0.113	16.32
230	0.1098	15.18
300	0.1075	14.58
400	0.1035	14.12
560	0.0979	13.39
860	0.0908	12.82
1480	0.0803	12.22

续表

时间 t/s	固体分量 $m/g \cdot 10mL^{-1}$	沉降距离/cm
3090	0.0625	11.62
9960	0.0403	11.05

按照上述的式子求出粒径 D_p。残留率 R_D 需要求出固体分量 m 与分散剂 n 的差值。

$$R_D = 100 \times \left[1 - \frac{m - n(10/400)}{M(10/400)} \right]$$

数据、算式的设定及其计算结果，如图 10-8 所示。

根据计算结果，作图表示出残留率分布曲线和频度分布曲线。

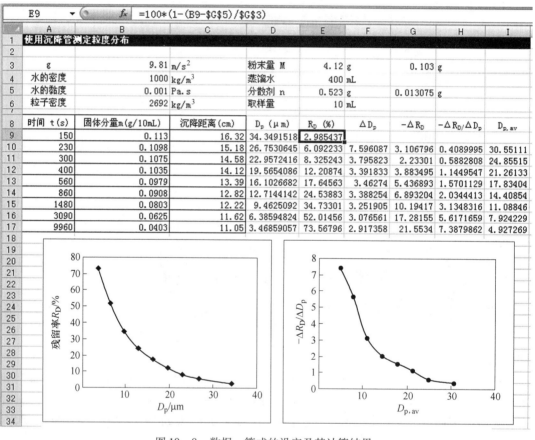

图 10-8　数据、算式的设定及其计算结果

单元格的设定

单元格 D9　　　= SQRT(18 *$B$5 * C9/100/($B$6 - $B$4)/$B$3/A9) * 1000000

单元格 D10:D17　 D9 的自动填充

单元格 E9　　　= 100 * (1 - (B9 - $G$5)/$G$3)

单元格 E10:E17　E9 的自动填充

单元格 F10　　= D9 - D10

单元格 F11:F17　　F10 的自动填充

单元格 G10　　= E10 − E9

单元格 G11:G17　　G10 的自动填充

单元格 H10　　= G10/F10

单元格 H11:H17　　H10 的自动填充

单元格 I10　　= (D9 + D10)/2

单元格 I11:I17　　I10 的自动填充

单元格 G3　　= E3 ∗ E6/E4

单元格 G5　　= E5 ∗ E6/E4

10.3　集　　尘

日常使用的空调，空调的清扫也很重要。空调可以将室内的暖空气抽走换成冷气。室内的空气中含有尘埃等固体粒子，由于空调要吸入空气，所以空调内的滤纸上密密麻麻的黏附有许多尘埃。将空气中微细固体粒子进行分离的操作，称为集尘。空调或吸尘器的集尘方式是膜过滤法。其他还有旋风分离法和静电除尘法。

由于工业上常用旋风分离法，仅针对这种离心集尘的方式进行学习。

旋风分尘器的构造，如图 10 − 9 所示，是通过回旋气流形成离心力，并利用这种离心力进行微粒子的分离[4]。虽然几微米以下的粒子捕捉不到，但是经常用它捕捉大点的粗粒子。通过旋风分尘器可以捕捉到的粒径为 D_{pc}，利用图 10 − 9 中尺寸数据，可以得到如下关系式：

$$D_{pc} = \sqrt{\frac{9\mu b}{5\pi u_0 (\rho_p - \rho)}}$$

这里，u_0 为入口气流的流速，b 为入口幅宽，μ 为气体的黏度。

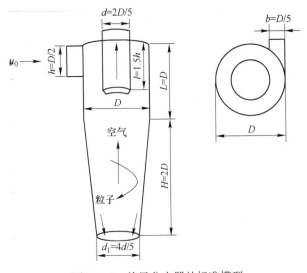

图 10 − 9　旋风分尘器的标准模型

例题 01

使用旋风分尘器, 将密度为 $2654 kg/m^3$ 的粒子群在 25℃、1 个大气压, 空气的流速为 $1.5 m^3/s$ 的条件下进行集尘分离。求当分离界限为 $6\mu m$ 时, 旋风的直径 D 是多少。此时, 空气的密度为 $1.21 kg/m^3$、黏度为 $1.8 \times 10^{-5} Pa \cdot s$。

由 $u_0 = \dfrac{Q}{bh} = \dfrac{10Q}{D^2}$ 可得, 旋风分尘器分出的粒子粒径的关系式为:

$$D_{pc} = \sqrt{\frac{9\mu D^3}{250\pi Q(\rho_p - \rho)}}$$

根据上式求出 D。旋风的直径 D 按照单变量求解进行计算。

数据、算式的设定及其计算结果, 如图 10 - 10 所示。

根据计算结果, 旋风的直径为 0.886m, 入口的流速为 $19.1 m/s$, 也在常用的范围内。

	D9	▼	f_x	=SQRT(9*B5*B9^3/(250*PI()*B6*(B3-B4)))-B7/1000000		
	A	B	C	D	E	F
1	旋风集尘					
2						
3	粒子密度 ρ_p	2654	kg/m³			
4	空气密度 ρ	1.21	kg/m³			
5	空气黏度 μ	1.80E-05	Pa·s			
6	空气流量 Q	1.5	m³/s			
7	分离界限的粒子直径D_{pc}	6	μm			
8	b	0.17712	m	目的单元格		
9	旋风的直径 D	0.8856	m	2.86034E-10		
10	旋风集尘器的高度	2.6568	m			
11	u_0	19.12564	m/s	常用范围		

图 10 - 10   数据、算式的设定及其计算结果

单元格的设定

单元格 B8   = B9/5

单元格 B9   单变量求解得到的解(初始值 1)   可变单元格

单元格 D9   = SQRT(9 * B5 * B9^3/(250 * PI( ) * B6 * (B3 - B4))) - B7/1000000

单元格 B10   = 3 * B9

单元格 B11   = 10 * B6/B9^2

单元格 D11   = IF(B11 < 20, "常用范围", "异常范围")

例题 02

旋风集尘器的形状为: 外筒的内径为 0.157m、排出管的内径为 0.078m、外筒圆筒部分的高度为 0.315m、圆锥部分的高度为 0.310m、入口的幅宽为 0.037m、圆锥部分入口的幅宽为 0.076m。这个旋风分尘器, 空气送风时的风量为 $u(m/s)$, 对应的旋风部位的压力损失 $H(mmH_2O)$ 如下表所示。

旋风的压力损失 F 用如下关系式表示:

$$F = \frac{H_p}{u^2/2g} = \frac{Kbh\sqrt{D}}{d^2\sqrt{L+H}}$$

请比较旋风分尘器的形状尺寸所造成的影响与压力损失所造成的影响。

$u/\mathrm{m \cdot s^{-1}}$	压力损失 $H_p/\mathrm{mmH_2O}$	$u/\mathrm{m \cdot s^{-1}}$	压力损失 $H_p/\mathrm{mmH_2O}$
12.87	59	8.53	25
12.38	55	7.21	21
12.07	50	6.23	13
11.51	46	4.66	8
10.83	42	4.24	5
9.33	32	2.92	3

如图 10-11 所示，求出旋风部位的形状尺寸所造成的压力损失系数 F 为 6.95。

然后，根据压力损失的测定值作出散点图，添加趋势线格式，在"类型"中选择"线性"，可以得到过原点的近似方程式，由斜率可知得到的 F 为 6.94。

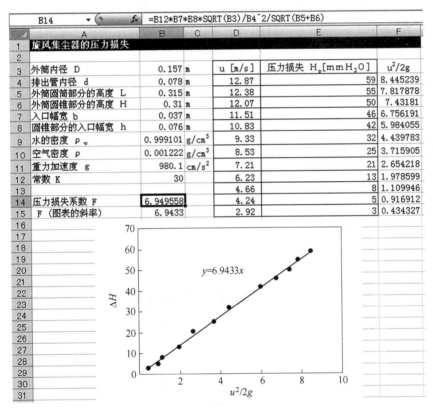

图 10-11 数据、算式的设定及其计算结果

单元格的设定
单元格 B14 　 $=\mathrm{B12 * B7 * B8 * SQRT(B3)/B4^2/SQRT(B5+B6)}$
单元格 B15 　 输入图表中的斜率
单元格 F4 　 $=\mathrm{D4^2/2/(\$B\$11/100)}$
单元格 F5:F15 　 F4 的自动填充

10.4　固液分离

分离悬浊液中固体粒子的方法有：离心分离操作或沉降富集操作[5]。这里，我们来探讨一下离心分离的操作。

使用离心机对悬浊液进行固体粒子的分离。旋转半径为 $r(\mathrm{m})$、角速度为 $\omega(\mathrm{rad/s})$ 旋转，则对质量为 $m(\mathrm{kg})$ 的固体粒子施加的离心力为 $mr\omega^2$。离心效果 Z 有如下关系式：

$$Z = \frac{r\omega^2}{g} = \frac{v_\mathrm{t}^2}{rg}$$

v_t 为周速度，离心场中粒子的沉降速度 u_e 为：

$$u_\mathrm{e} = \frac{D_\mathrm{p}^2(\rho_\mathrm{p} - \rho)r\omega^2}{18\mu} = u_\mathrm{t}Z$$

则斯托克斯区域中重力场的终末沉降速度 u_t 也可以表示出来。

离心分离　对于重力场中粒子，采用通过沉降分离的方法；而对于分散体系中粒子，采用通过离心力场进行分离的方法。将分散体系的物质加入到圆筒形或圆锥形的分离室中，施加重力的 $10^2 \sim 10^5$ 倍的离心力实现固液分离。如旋风分离一样，在分离室内通过旋转运动沉降粒子的分离方法似乎不属于离心分离。

例题 01

离心分离器中旋转筒的内径为 35cm，求以旋转数为 4000r/min 进行固液分离操作时，最大的离心效果是多少。

利用上述推导出的式子进行求解。

数据、算式的设定及其计算结果，如图 10-12 所示。

根据计算结果，求出的最大离心效果为 3130。

	B8	▼	f_x	=B6*B7^2/B3
	A		B	C
1	通过离心分离机实现固液分离			
2				
3	重力加速度 g		9.81	m/s²
4	旋转筒内径		35	cm
5	旋转数		4000	r/min
6	半径 r		0.175	m
7	角速度 ω		418.879	rad/s
8	最大离心效果		3130.014	

图 10-12　数据、算式的设定及其计算结果

单元格的设定

　　单元格 B6　 = B4/100/2

　　单元格 B7　 = 2 * PI( ) * B5/60

　　单元格 B8　 = B6 * B7^2/B3

习　题

1. 试求直径 $30\mu m$ 的球形石英粒子在 20℃水中与 20℃空气中的（终末）沉降速度各为多少？石英的密度为 $2600kg/m^3$。20℃水，$\rho_{水} = 998kg/m^3$，$\mu_{水} = 1mPa \cdot s$；20℃空气，$\rho_{空气} = 1.2kg/m^3$，$\mu_{空气} = 0.0181mPa \cdot s$。

2. 设颗粒的沉降符合斯托克斯定律，颗粒的初速度为零，试推导颗粒的沉降速度与降落时间的关系。现有颗粒密度为 $1600kg/m^3$，直径为 $0.18mm$ 的小球，在 20℃的水中自由沉降，试求小球加速到沉降速度的 99% 所需要的时间以及在这段时间内下降的距离（已知水的密度为 $998.2kg/m^3$，黏度为 $1.005 \times 10^{-3}Pa \cdot s$）。

3. 降尘室是从气体中除去固体颗粒的重力沉降设备，气体通过降尘室具有一定的停留时间，若在这个时间内颗粒沉到室底，就可以从气体中去除，如下图所示。现用降尘室分离气体中的粉尘（密度为 $4500kg/m^3$），操作条件是：气体体积流量为 $6m^3/s$，密度为 $0.6kg/m^3$，黏度为 $3.0 \times 10^{-5}Pa \cdot s$，降尘室高 $2m$，宽 $2m$，长 $5m$。求能被完全去除的最小尘粒的直径。

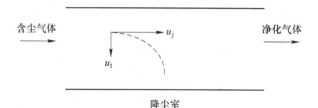

降尘室

4. 采用转筒离心机分离悬浊液中的固体颗粒，已知颗粒直径为 $50\mu m$，颗粒密度为 $6600kg/m^3$，悬浊液密度为 $1000kg/m^3$，黏度为 $1.2 \times 10^{-3}Pa \cdot s$，转筒尺寸为 $h = 500mm$，$r_1 = 50mm$，$r_2 = 100mm$，离心机转速为 $250r/min$。

(1) 求离心机完全去除固体颗粒时的最大悬浊液处理量。

(2) 如果改用直径 D 与离心机相同的旋流分离器处理该悬浊液，假设进液口宽度 $B = D/4$，液体在旋流分离器中的旋转圈数为 5，采用什么样的操作条件，才能使旋流分离器的分离效率与离心机相同。

参 考 文 献

［1］周仕学，张鸣林. 粉体工程导论［M］. 北京：科学出版社，2010.

［2］刘道德. 关于沉降分离问题的计算方法［J］. 化学工程，1983（1）.

［3］吉野善弥，张玺. 沉降分离技术及其设备设计［J］. 湿法冶金，1982（2）.

［4］Farmer R W，Beckman J R. Particle size distribution analysis of blended solids by a modified Andreasen pipet method［J］. Industrial & Engineering Chemistry Process Design & Development，2002，23（2）：341 ~ 343.

［5］李文东，王连泽. 旋风分离器内流场的数值模拟及试验研究［J］. 环境工程，2004，22（2）：37 ~ 39.

［6］徐新阳，罗茜. 固液分离设备技术发展趋势［J］. 石油和化工设备，2002，5（4）：244 ~ 246.

11 加湿和干燥

潮湿和干燥都会给生产、生活带来影响。相对湿度超过75%时，锈蚀率趋于直线上升，机器设备和钢铁产品易于锈蚀、会给生产与物质储存造成损失，相对湿度低于45%时，静电荷容易积聚，会给生产带来危害。湿度与人体健康密切相关，干燥天气人们易患呼吸道疾病，潮湿天气人们易患关节炎，所以正常的温湿度环境能提高人的工作效率。

湿度的变化给人的感受虽不如温度那样明显，但随着生活水平的提高和生产的不断发展，对湿度调节的要求也越来越高。舒适的环境，需要湿度调节，如房间干燥，可以使用加湿器吹洒水蒸气，使得房间内的湿度增加。干燥与湿度是相互关联的关系。因此，有必要把握好温度对应湿度的关系，灵活使用湿度表[1]。

本章重点围绕调节湿度和干燥的操作，进行 Excel 工作表的学习。

11.1 空气的湿度

梅雨季节，天气闷热、湿度很高，很容易产生霉菌。由于气温高、湿度大，人们会感觉到不舒服[2]。为了保证生活空间的舒适度，人们逐渐开发了除湿空调或冷暖设备。空调运行是为了调节温度和湿度。湿度的调节称为调湿，温度的调节称为调温。

湿度是空气中含有水蒸气的状态参数，湿润空气中的水蒸气的含量称为湿度。湿度的表示方法有：绝对湿度（absolute humidity）、相对湿度（relative humidity）、比较湿度（percentage humidity）等。化学工程中，提到的湿度均为绝对湿度。

绝对湿度如下述定义的公式：

$$H = \frac{M_{H_2O}}{M_{air}} \cdot \frac{p}{P-p} = \frac{18}{29} \cdot \frac{p}{P-p}$$

式中，P 为总压 101.3kPa，p 为水蒸气的分压。

饱和水蒸气压 p_s 对应的相对湿度 $\varphi(\%RH)$ 一般使用下述定义的关系式：

$$\varphi = \frac{p}{p_s} \times 100$$

比较湿度 $\phi(\%)$ 也可以叫做饱和度。

$$\phi = \frac{H}{H_s} \times 100$$

如上述定义的关系式，H_s 为饱和湿度。

湿润的空气遇冷后，在某个温度下，会凝结成露水，这个温度被叫做露点，表示水蒸气压达到了与饱和水蒸气压相同的温度。温度降到露点以下，水蒸气就会凝结成水，因此，露点也是表示湿度一种尺度标准[3]。

> 结露　夏天，人们喜欢喝加冰的咖啡。这是因为天气炎热，人们喜欢冷饮，冰咖啡也是冷饮的一种。桌上放置冰咖啡的杯子下面总是有浸润的水，非常烦人。这些水不是从杯子中洒出来的，其原因是周围的空气遇冷之后，水蒸气于水杯的表面凝结而成的水滴。
>
> 冬天，有火炉燃烧房间的窗玻璃上面会凝结很多水滴。而使用空调的房间，窗玻璃上则不会凝结水珠。结露是自然现象中的湿度管理现象。

湿润空气常压下的比热容又称湿热比。定义为"将 1kg 干燥的空气及其中含有的水蒸气量 $H(kg)$ 的温度升高 $1K(1℃)$ 时，需要的热量为 $C_H(kJ/K \cdot kg$ 干燥空气)"。空气与水蒸气的比热依次为 1.004kJ/K、1.88kJ/K，则有如下关系式：

$$C_H = 1.004 + 1.88H \quad (kJ/(K \cdot kg) \text{ 干燥空气})$$

湿润空气的热焓是 1kg 干燥空气与所含有的水蒸气 $H(kg)$ 的热焓的总和，则温度为 0℃、压力为 1atm 时，有如下关系式：

$$i = C_H t + 2502H = (1.004 + 1.88H)t + 2502H \quad (kJ/(K \cdot kg) \text{ 干燥空气})$$

湿润空气的比容积 V_H 是 1kg 干燥空气与所含有的水蒸气 $H(kg)$ 的总体积，则压力为 1atm，温度为 $t℃$ 时，有如下关系式：

$$V_H = 22.4 \times \left(\frac{1}{29} + \frac{H}{18}\right) \times \left(\frac{273.15 + t}{273.15}\right) \quad (m^3/kg \text{ 干燥空气})$$

当饱和绝对湿度为 H_s 时，可以得到饱和比容积 V_s。

在与外界隔热的条件下，不饱和的空气与大量的水长时间接触后，气温与水温相同时，空气中的水蒸气就会达到饱和。这时的温度称为绝热饱和温度 t_s，这时空气损失的显热和水从空气得到的蒸发热遵守热量守恒，则有如下关系式：

$$C_H(t - t_s) = \lambda_s(H_s - H)$$

这被称为"绝热冷却线"，λ_s 为温度为 t_s 时水的蒸发潜热（kJ/kg）。

11.2　水蒸气压和湿度

饱和水蒸气压强与温度的关系可以从工具书中得到数据，也可以从之前例题中的湿度图表中读取数据。表 11-1 为水蒸气压对应温度的关系。

表 11-1　水蒸气对应温度的数据

温度 T/K	P_s/MPa	温度 T/K	P_s/MPa
273.16	0.0006112	370	0.090452
280	0.0009911	380	0.12873
290	0.0019186	390	0.17948
300	0.0035341	400	0.24555
310	0.0062261	410	0.33016
320	0.010537	420	0.43691
330	0.017198	430	0.56974
340	0.027164	440	0.733
350	0.041644	450	0.93134
360	0.062136	460	1.1698

续表

温度 T/K	P_s/MPa	温度 T/K	P_s/MPa
470	1.4537	580	9.4433
480	1.7888	600	12.337
490	2.1811	610	14.037
500	2.637	620	15.906
520	3.7663	630	17.977
540	5.234	640	20.277
560	7.103	647.3	22.12

出自：日本机械协会编著"技术资料　流体的热物性值集"，1983 年。

例题 01

将表 11 - 1 中的数据用散点法作图表示（如图 11 - 1 所示），并求出低温区域、中温区域、高温区域的饱和水蒸气压实验式。

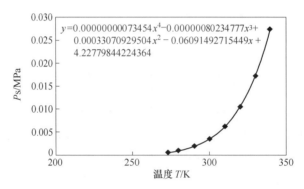

$y = 0.00000000073454x^4 - 0.00000080234777x^3 + 0.00033070929504x^2 - 0.06091492715449x + 4.22779844224364$

图 11 - 1　通过低温区域（273 < T < 340）的多项式趋势线（4 次）

得到的实验式： $P_s = aT^4 + bT^3 + cT^2 + dT + e$

公式中系数值见表 11 - 2。

表 11 - 2　低温区域、中温区域、高温区域中饱和水蒸气压的实验式（4 次）的系数

系　数	273 < T < 640	273 < T < 380	273 < T < 340
a	1.672E - 09	1.01E - 09	7.345E - 10
b	- 2.131E - 06	- 1.15E - 06	- 8.02E - 07
c	0.0010396	0.0004904	0.0003307
d	- 0.22942	- 0.093856	- 0.060915
e	19.234	6.7701222	4.2277984

单元格的设定

在空的单元格中输入表中的数据后，用散点法作图。

干湿球温度计是将两根普通的玻璃温度计并排，一根用纱布包裹，浸入到水池中，另一根直接测定气温。由于浸润在水中，被纱布包裹的温度计（湿球）通过水分的蒸发会被夺去热量。由于水分的蒸发与周围的湿度成正比，所以根据气温（干球）与湿球温度计的温度差可以测定出湿度[4]，如图 11 - 2 所示。

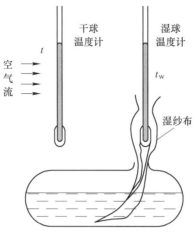

图 11 - 2　干湿球温度计

例题 02

使用干湿球温度计测定相对湿度，求当干球温度 t 为 27℃，湿球温度 t_w 为 17℃ 时的相对湿度。此时，水的蒸发热 λ_w 为 2458kJ/kg，总压为 101.3kPa。

使用干湿球温度计测定，得到热量与水移动速度的热量守恒关系式为：

$$h(t - t_w) = k_h(H_w - H)\lambda_w$$

$$\frac{h}{k_h}(t - t_w) = \lambda_w(H_w - H)$$

上述关系式为干湿球温度曲线。这里，h/k_h 被称为路易斯常数，正常大气压的情况下为 1090，H_w 为湿球温度时的饱和湿度。

湿球温度的水蒸气压可以按照之前例题中求得的实验式进行求解。然后，再求出饱和湿度，通过干球温度线的式子求出蒸气压 P_t。再使用单变量求解进行计算。

数据、算式的设定及其计算结果，如图 11 - 3 所示。根据计算结果，相对湿度为 34.7%。

单元格的设定

单元格 D6　　　= 273.15 + B6

单元格 D7　　　= 273.15 + B7

单元格 G3:G7　水蒸气压的趋势线系数

单元格 B9　　　= G3 * D7^4 + G4 * D7^3 + G5 * D7^2 + G6 * D7 + G7　按照趋势线算出水蒸气压

单元格 B10　　= 18/29 * (B9/(B8/1000 - B9))

单元格 B11　　= B10 - B3/(B4 * 1000) * (D6 - D7)

单元格 D12　　= 18/29 * (B12/(B8/1000 - B12)) - B11

单元格 B12　　单变量求解的解(初始值 0.001)　可变单元格

单元格 B13　　= G3 * D6^4 + G4 * D6^3 + G5 * D6^2 + G6 * D6 + G7　按照趋势线算出水蒸气压

单元格 B14　　= B12/B13 * 100

	B14	▼	fx	=B12/B13*100			
◢	A	B	C	D	E	F	G
1	干湿球温度计						
2							273<T<340
3	路易斯常数 h/k_H	1090				a	7.345E-10
4	蒸发热 λ_w	2458	kJ/kg			b	-8.02E-07
5						c	0.0003307
6	干球温度 t	27	℃	300.15	K	d	-0.060915
7	湿球温度 t_w	17	℃	290.15	K	e	4.2277984
8	总压 P	101.3	kPa				
9	P_w	1.94E-03	MPa				
10	饱和湿度 H_w	1.21E-02	kg/kg干燥空气				
11	绝对湿度 H	0.007696	kg/kg干燥空气				
12	P_t	0.00124	MPa	7.71815E-09			
13	P_s	3.57E-03	MPa				
14	相对湿度 φ	34.73	%				

图 11-3　数据、算式的设定及其计算结果

11.3　湿度图表

化工学习中，将有关湿润空气的诸多性质，如湿度、比热、比容积、绝热冷却线等经常会被集中到一个湿度图表中使用。图 11-4 表示的是质量基准湿度表。通过这个图表，湿度与温度（相对湿度）、绝热冷却线、湿热与温度、蒸发潜热与温度、饱和体积与温度、湿润空气的体积与湿度的诸多关系，都可以表示出来。掌握使用这样的图表进行相关数据计算的技能也很重要[5]。

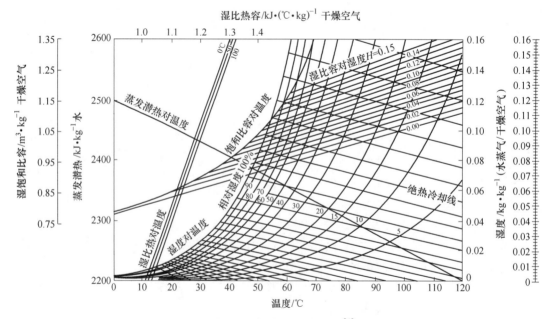

图 11-4　质量标准湿度图表[6]

例题 01

求总压为 101.3kPa，温度为 40℃，相对湿度为 80%RH 时，湿润空气的绝对湿度、露点、相对湿度、湿比热容。

按照前面例题中得到的水蒸气压曲线，求出 40℃时水的蒸气压。然后，求出绝对湿度。40℃时的水蒸气分压与露点温度的饱和水蒸气压相等时，使用单变量求解计算求出露点。饱和湿度 H_s 根据总压与水蒸气压 P_s 求解。湿比热容根据绝对湿度求解。

数据、算式的设定及其计算结果，如图 11–5 所示。

根据计算结果，绝对湿度为 0.0388kg/kg 的干燥空气，露点为 35.8℃，相对湿度为 78.8%，湿比热容为 1.08kJ/（K·kg）干燥空气。

	B10	▼	f_x	=18/29*B8/(B3/1000-B8)		
	A		B	C	D	E
1	绝对湿度					
2						
3	总压 P		101.3	kPa	a	1.01E-09
4	温度 T		40	℃	b	-1.15E-06
5			313.15	K	c	0.0004904
6	饱和水蒸气压 Ps		0.0074388	MPa	d	-0.093856
7	相对湿度 H_R		80	%RH	e	6.7701222
8	水蒸气的分压 P		0.0059511	MPa		
9	①					
10	绝对湿度 H		0.0387395	kg/kg干燥空气		
11	②				目标单元格	
12	露点 Td		308.98157	K		5.96991E-09
13			35.831567	℃		
14	③					
15	饱和湿度 Hs		0.0491919	kg/kg干燥空气		
16	相对湿度 φ		78.751728	%		
17	④					
18	湿比热容 C_H		1.0768302	kJ/K·kg干燥空气		

图 11–5 数据、算式的设定及其计算结果

单元格的设定

单元格 B5　　 = 273.15 + B4

单元格 E3:E7　 水蒸气压曲线的趋势线常数

单元格 B6　　 = E3 * B5^4 + E4 * B5^3 + E5 * B5^2 + E6 * B5 + E7　　 按照趋势线算出水蒸气压

单元格 B8　　 = B6 * B7/100

单元格 B10　　 = 18/29 * B8/（B3/1000 − B8）

单元格 D12　　 = E3 * B12^4 + E4 * B12^3 + E5 * B12^2 + E6 * B12 + E7 − B8

单元格 B12　　 单变量求解的解（初始值 300）　 可变单元格

单元格 B13　　 = B12 − 273.15

单元格 B15　　 = 18/29 * B6/（B3/1000 − B6）

单元格 B16　　 = B10/B15 * 100

单元格 B18　　 = 1.004 + 1.88 * B10　 湿比热容定义的关系式

11.4　调湿操作

增加空气湿度的操作称为增湿，减少空气湿度的操作称为减湿，综合后称为调湿。

增湿操作是利用充填塔或喷雾塔使空气与水充分接触而进行增湿的操作[7]。其方法有绝热增湿和温水增湿两种。前者是在绝热条件下，使空气达到绝热饱和温度与等温度下的水接触后增湿的方法；后者是将水预先加热到适当的温度与空气接触后进行增湿的方法。

减湿操作有冷却法、吸收法、吸附法等。利用冷线圈将空气凝缩，将空气的温度降到露点以下；使用氯化钙水溶液对湿气进行吸收；使用硅胶或硅藻土对湿气进行吸附。

> 干燥剂　干燥剂经常用于食品等水分的管理，常用的干燥剂有硅胶、碳酸钙（生石灰）、粒状氯化钙、硅藻土等。很多厂家都在制作和贩卖各种各样的干燥剂商品，但由于干燥剂仅用于水分的吸收，吸收量存在一定的界限。
>
> 点心包装中放入硅胶，若硅胶的部分是蓝色的，则表示是无水状态，具有吸水能力；若是粉红色的，则表示吸水量已经达到其界限。这是因为硅胶中混有氯化钴（Ⅱ），利用其无水状态下呈蓝色，含有结晶水时呈粉红色的指示作用。

例题 01

使用加湿器对空气进行调湿。入口的温度 T_1 为 30℃时，通入加湿器的空气，绝对湿度 H_1 为 0.0105kg/kg 干燥空气，与 100℃的空气接触，若想要得到相对湿度为 90% RH 的空气 10kg/h，求入口空气的流量 A 和蒸汽的流量 W_2。

将关系式整理后，可得：

（1）由绝对湿度 H_1 可得：

$$\frac{W_1}{A} = H_1$$

（2）由湿润空气的量可得：

$$A + W_1 + W_2 = W_3$$

（3）由热量守恒可得：

$$AC_H(T_3 - T_1) + W_2 C_v(T_3 - T_2) = 0$$

（4）由出口的温度条件可得：

$$H_3 = \frac{W_1 + W_2}{A}$$

得到上述四组方程式，未知数使用规划求解计算。数据、算式的设定及其计算结果，如图 11-6 所示。相关的水蒸气压，按照前面例题中的近似式算出。根据计算结果，入口的空气量为 9.73kg/h，蒸汽的流量为 0.172kg/h。

单元格的设定

　　单元格 E4　　= B4 - B5/B6　规划求解的目标单元格 1

　　单元格 E5　　= B11 - (B6 + B5 + B8)　规划求解的目标单元格 2

　　单元格 E6　　= B6 * B15 * (B10 - B3) + B8 * B17 * (B10 - B7)　规划求解的目标单元格 3

单元格 E7　　=(B5+B8)/B6/B14-1　规划求解的目标单元格 4

单元格 B5　W1　未知数 1

单元格 B6　A　未知数 2

单元格 B8　W2　未知数 3

单元格 B9　T3 未知数 4

单元格 F9:F13　水蒸气压曲线的趋势线常数

单元格 B13　=F9*D10^4+F10*D10^3+F11*D10^2+F12*D10+F13 按照趋势
　　　　　　　线算出水蒸气压

单元格 B14　=18/29*(B13/(101.3/1000-B13))/100*B12

单元格 B15　=B16+B17*B4

单元格 D10　=B10+273.15

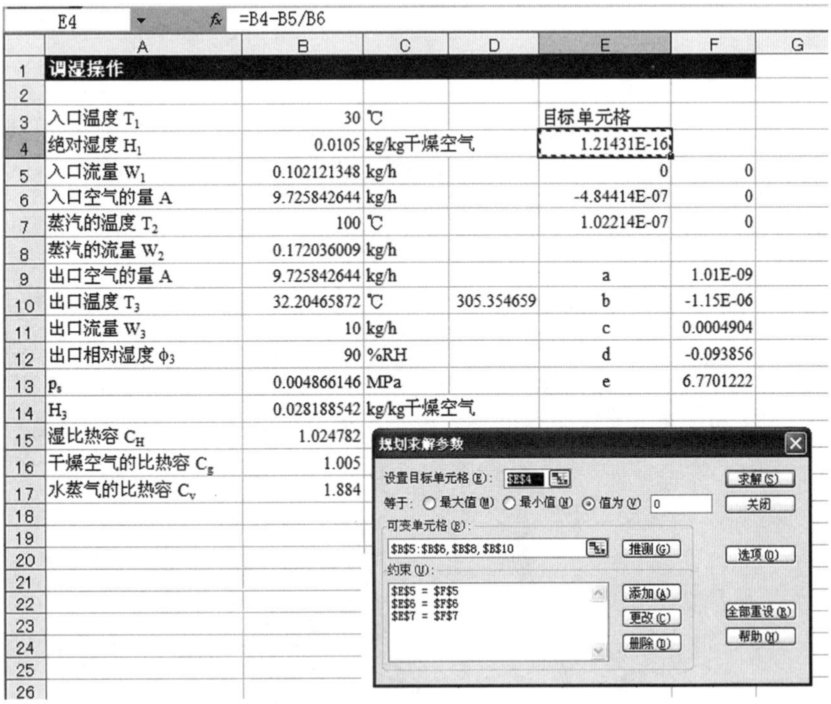

	E4	▼	fx	=B4-B5/B6		
	A	B	C	D	E	F	G
1	调湿操作						
2							
3	入口温度 T₁	30	℃		目标单元格		
4	绝对湿度 H₁	0.0105	kg/kg干燥空气		1.21431E-16		
5	入口流量 W₁	0.102121348	kg/h		0	0	
6	入口空气的量 A	9.725842644	kg/h		-4.84414E-07	0	
7	蒸汽的温度 T₂	100	℃		1.02214E-07	0	
8	蒸汽的流量 W₂	0.172036009	kg/h				
9	出口空气的量 A	9.725842644	kg/h		a	1.01E-09	
10	出口温度 T₃	32.20465872	℃	305.354659	b	-1.15E-06	
11	出口流量 W₃	10	kg/h		c	0.0004904	
12	出口相对湿度 φ₃	90	%RH		d	-0.093856	
13	pₛ	0.004866146	MPa		e	6.7701222	
14	H₃	0.028188542	kg/kg干燥空气				
15	湿比热容 C_H	1.024782					
16	干燥空气的比热容 C_g	1.005					
17	水蒸气的比热容 C_v	1.884					

规划求解参数

设置目标单元格(E): $E$4
等于: ○最大值 ○最小值 ⊙值为(V) 0
可变单元格(B):
$B$5:$B$6, $B$8, $B$10　推测(G)
约束(U):
$E$5 = $F$5
$E$6 = $F$6
$E$7 = $F$7
添加(A) 更改(C) 删除(D)
求解(S) 关闭
选项(O)
全部重设(R) 帮助(H)

图 11-6　数据、算式的设定及其计算结果

例题 02

按照绝热增湿操作，将温度为 20℃、绝对湿度为 0.01kg/kg 干燥空气的湿气，在 80℃增湿到绝对湿度为 0.04kg/kg 干燥空气。求达到这个增湿效果的 90% 时，需要的预热温度是多少。另外，求出预热所需要的热量。

首先，按照增湿效率：

$$增湿效率 = \frac{H_2 - H_1}{H_s - H_1}$$

关系式如上，饱和湿度按照单变量求解进行计算。

数据、算式的设定及其计算结果，如图 11 – 7 所示。根据计算结果，饱和湿度为 0.0433kg/kg 干燥空气。

	A	B	C	D	E	F	G	H
	D8	▾	f_x	=(B6-B5)/(B8-B5)-B7				
1	增湿操作1							
2								
3	温度 T_1	20	℃	293.15	K	a	1.01E-09	
4	温度 T_2	80	℃	353.15	K	b	-1.1E-06	
5	绝对湿度 H_1	0.01	kg/kg干燥空气			c	0.00049	
6	绝对湿度 H_2	0.04	kg/kg干燥空气			d	-0.09386	
7	增湿效率	0.9		目标单元格		e	6.770122	
8	饱和湿度 H_s	0.043333	kg/kg干燥空气	-2.79E-09				
9								
10	饱和温度 T_s	116	℃	389.15	K	←按照湿度表进行图形计算		
11	湿比体积 v_H	0.842325	m³/kg干燥空气					
12	湿比热容 c_H	1.024	kJ/K·kg干燥空气			←按照湿度表进行图形计算		
13	预热需要的热量 Q	116.7055	kJ/m³空气					
14	预热温度 T	116	℃					

图 11 – 7　数据、算式的设定及其计算结果

然后，按照湿度图表进行图形计算。随后，于图形上引出"自动图形"的划分线进行作图。如图 11 – 8 所示，根据线进行作图后计算，求得的饱和温度为 116℃。

湿比体积按照 $V_H = 22.4 \left(\dfrac{1}{29} + \dfrac{H_1}{18} \right) \left(\dfrac{273.15 + T_1}{273.15} \right)$ 计算求解。

湿比热容 c_H 按照湿度图表，使用如图 11 – 8 所示的线进行作图计算。由于相对湿度 100% 与湿度 0.043（kg/kg 干燥空气）的交点为饱和湿度，以这点作为起点，引出绝热冷却线。这条线与 116℃ 的交点的湿度从图表上读出的数据是 0.01，再从这里引一条横线，读取与引出的湿比热温度 0℃ 线的交点。最后，求得的结果是 1.024kJ/（K·kg）。

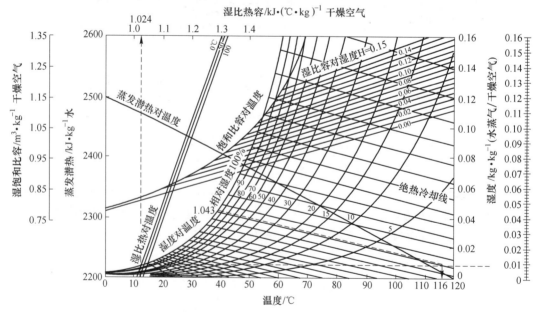

图 11 – 8　按照湿度表进行查图计算

根据计算结果，预热温度为饱和温度 116℃。求得的预热所需要的热量的结果为 116.7kJ/m^3 空气。

单元格的设定

单元格 D3　　=273.15+B3

单元格 D4　　=273.15+B4

单元格 G3:G7　水蒸气压曲线的趋势线常数

单元格 D8　　=（B6-B5）/（B8-B5）-B7　单变量求解的目标单元格

单元格 B8　　单变量求解的解

单元格 B10　按照湿度图表读取数据

单元格 D10　=273.15+B10

单元格 B11　=22.4*（1/29+B5/18）*（D3/273.15）

单元格 B12　按照湿度图表读取数据

单元格 B13　=B12/B11*（B10-B3）

单元格 B14　=B10

例题 03

按照绝热增湿操作，将温度为 85℃，绝对湿度为 0.020kg/kg 干燥空气的湿润空气与大量的水接触后增湿达到 90% 的饱和湿度。求此时得到最终空气的湿度和温度。此时，干燥空气的比热为 1.004kJ/（K·kg）干燥空气，水蒸气的比热为 1.88kJ/（K·kg）干燥空气。

首先，湿比热容按照 $C_H = 1.004 + 1.88H$ 进行求解。

数据、算式的设定及其计算结果，如图 11-9 所示。根据计算结果，湿比热容为 1.042kJ/（K·kg）。

	B6		f_x	=B7+B8*B4			
	A	B	C	D	E	F	G	H
1	增湿操作2						
2							
3	温度 T$_1$	85	℃		a	1.01E-09	
4	湿度 H	0.02	kg/kg干燥空气		b	-1.1E-06	
5	饱和度	90	%增湿		c	0.00049	
6	湿比热容 C$_H$	1.0416	kJ/K·kg干燥空气		d	-0.09386	
7	干燥空气的比热 C$_g$	1.004	kJ/K·kg干燥空气		e	6.770122	
8	水蒸气的比热 C$_v$	1.88	kJ/K·kg干燥空气				
9	温度 T$_s$	37	℃	310.15	K	←按照湿度表进行图计算	
10	饱和蒸汽压 P$_s$	0.00634	MPa				
11	饱和绝对湿度 H$_s$	0.041443	kg/kg干燥空气				
12	蒸发潜热 λ$_s$	2295	kJ/kg水			←按照湿度表进行图形计算	
13	最终空气的湿度 H	0.037299	kg/kg干燥空气				
14	最终空气的温度 T	46.13127	℃				

图 11-9　数据、算式的设定及其计算结果

然后，按照湿度表（如图 11-10 所示）作图计算，温度为 85℃时 H=0.020 的绝热冷却线与饱和湿度线的交点求得的温度为 37℃。也可以根据图表进行计算得到饱和绝热湿度，按照饱和蒸气压的趋势线求得的结果为 0.0414kg/kg 干燥空气。

蒸发潜热，按照湿度表（如图 11-10 所示）作图计算，求得的结果为 2295kJ/kg，当

最终空气温度时的 H 为饱和绝对湿度的 90% 时，最终空气温度 T 按照 $C_H(t-t_s) = \lambda_s(H_s - H)$ 进行求解。

根据计算结果，最终空气的温度为 46.1℃。

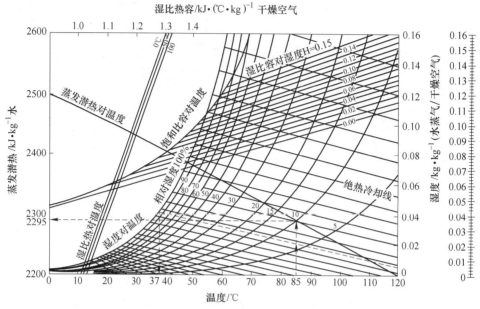

图 11-10 按照湿度表进行图计算

单元格的设定

单元格 B6	= B7 + B8 * B4
单元格 D9	= B9 + 273.15
单元格 B9	按照湿度图表读取数据
单元格 F3:F7	水蒸气压曲线的趋势线常数
单元格 B10	= F3 * D9^4 + F4 * D9^3 + F5 * D9^2 + F6 * D9 + F7
单元格 B11	= 18/29 * (B10/(101.3/1000 - B10))
单元格 B12	按照湿度图表读取数据
单元格 B13	= B11 * B5/100
单元格 B14	= B12 * (B11 - B13)/B6 + B9

例题 04

使用干湿球温度计测定空气的湿度，干球的温度为 70℃ 时，湿球的温度为 40℃。空气在壁面的温度为 30℃ 时，在金属面进行冷却减湿操作。求此时的最终湿度。另外，求最初的空气每 $1m^3$ 可以凝结多少水量。

最初，干球的温度为 70℃ 时，湿球的温度为 40℃，求出此时的绝对湿度。

数据、算式的设定及其计算结果，如图 11-11 所示。

根据计算结果，此时的绝对湿度为 0.0354kg/kg 干燥空气。这时的比容积按照 $V_H = 22.4\left(\dfrac{1}{29} + \dfrac{H_1}{18}\right)\left(\dfrac{273.15 + T_1}{273.15}\right)$ 进行计算求解，计算得到的结果是 1.026m³/kg 干燥空气。

此时，干燥空气的量为比容积的倒数，0.975kg/m^3 湿润空气。

壁面温度为30℃时的饱和湿度，按照湿度表（如图11－12所示）进行作图计算，得到结果为0.027kg/kg干燥空气，这是最终空气的湿度。

最终凝结的水量为8.21kg/m^3 湿润空气。

B12　fx　=B11-B3/(B4*1000)*(D6-D7)

	A	B	C	D	E	F	G
1	减湿操作						
2							273<T<340
3	路易斯常数 h/k_H	1.09E+03				a	7.3454E-10
4	蒸发热 λ_w	2458	kJ/kg			b	-8.02E-07
5						c	0.000330709
6	干球温度 t	70	℃	343.15	K	d	-0.06091493
7	湿球温度 t_w	40	℃	313.15	K	e	4.227798442
8	壁面温度 t_m	30	℃	303.15	K		
9	总压 P	101.3	kPa				
10	P_w	7.37E-03	MPa				
11	饱和湿度 H_s	4.87E-02	kg/kg干燥空气				
12	绝对湿度 H	0.0354215	kg/kg干燥空气				
13	比体积 v_H	1.0257363	m^3/kg干燥空气				
14	干燥空气的量	0.9749094	kg/m^{3}湿润空气				
15	饱和绝对湿度 H_s	0.027	kg/kg干燥空气			←按照湿度表进行图计算	
16	凝结的水量	8.2101885	g/m^{3}湿润空气				

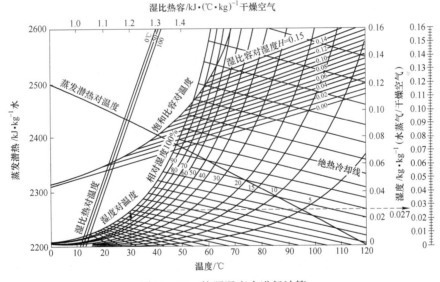

图11－11　数据、算式的设定及其计算结果

图11－12　按照湿度表进行计算

单元格的设定

单元格 D6　=273.15 + B6

单元格 D7　=273.15 + B7

单元格 D8　=273.15 + B8

单元格 G3:G7　水蒸气压曲线的趋势线常数

单元格 B10　= G3 * D7^4 + G4 * D7^3 + G5 * D7^2 + G6 * D7 + G7

单元格 B11	$= 18/29 * (B10/(B9/1000 - B10))$
单元格 B12	$= B11 - B3/(B4 * 1000) * (D6 - D7)$
单元格 B13	$= 22.4 * (1/29 + B12/18) * D6/273.15$
单元格 B14	$= 1/B13$
单元格 B15	通过湿度表读取
单元格 B16	$= B14 * (B12 - B15) * 1000$

11.5　干　燥

对固体材料进行加热或蒸发，除去其中含有水分的操作称为干燥。这与除去含有比较少量水分的液体或气体的情况不同，应与脱水的吸附操作、除湿的调湿操作区分对待。干燥操作，需要通过加热蒸发水分，需要热量供给。

固体材料中含水量的表示方法，有两组含水率的表示方法[1]：

（1）对于湿润材料以湿量为基准的含水率（kg/kg）。

（2）对于干燥材料以干量为基准的含水率（kg/kg）。

这些含水率的表示，有如下关系式：

$$W = \frac{w}{1 - w}$$

$$w = \frac{W}{1 + W}$$

在一定温度和湿度的空气中，长时间放置某湿的固体材料，水分会达到一定量的平衡。这时，水分的含量称为"平衡含水率"。这是可以通过干燥操作除去的水分量。

$$F = W - W_e$$

这里的 F 称为"自由含水率"（kg/kg 干量）。

例题 01

有湿润材料 100kg，干燥基准含水率为 0.5。求干燥后含水率下降到 0.04 时，蒸发除去的水分量为多少。

按照湿量基准含水率进行求解，求出湿润材料的水分含量。这样，就可以知道干燥固体材料的含量，也可以求出除去的水分量。

数据、算式的设定及其计算结果，如图 11 - 13 所示。

根据计算结果，湿量基准含水率为 0.333，干燥材料为 66.7kg。通过干燥除去的水分量为 30.7kg。

单元格的设定

单元格 B4	$= B3/(1 + B3)$
单元格 B6	$= B4 * B5$
单元格 B7	$= B5 - B6$
单元格 B9	$= B7 * B8$
单元格 B10	$= B6 - B9$

B10 f_x =B6-B9

	A	B	C	D
1	干燥操作			
2				
3	干量基准含水率 W	0.5	kg/kg干燥材料	
4	湿量基准含水率 w	0.333333	kg/kg湿润材料	
5	湿润材料 m	100	kg	
6	水分量	33.33333	kg	
7	干燥材料的量	66.66667	kg	
8	干燥后的含水率	0.04		
9	干燥后的水分含量	2.666667	kg	
10	除去水分量	30.66667	kg	

图 11－13 数据、算式的设定及其计算结果

伴随着干燥操作，湿润材料的重量随时间的延长而减少。这个减少曲线的斜率就是干燥速度。现使用湿度为 H 的热风进行干燥，表面的湿球温度为 t_w 时，所对应的饱和湿度 H_w 的干燥速度 R_c 的关系式可表示为：

$$R_c = -\frac{dW}{dt} = k_H A(H_w - H)$$

式中，k_H 为物质移动系数（kg 干燥空气/($m^2 \cdot s$)）；A 为干燥表面积（m^2/kg 干量）。

空气温度为 T_a 时传热膜系数为 h，则由热风传递到材料的对流传热速度为 $hA(T_a - T_w)$。通过热风蒸发水分进行干燥。相应的干燥速度可以用如下关系式表示：

$$R_c = -\frac{dW}{dt} = \frac{hA}{\lambda_w}(T_a - T_w)$$

这里的 λ_w 为水的蒸发潜热。

例题 02

湿润的材料（含水率 0.60）100kg，放入到表面积为 $2.0m^2$ 的容器中进行热风干燥。热风温度为 90℃ 时湿度为 0.015kg/kg 干燥空气。假设这种材料的界限含水率为 0.30，求达到界限含水率时所需要的干燥时间。这时，材料与空气间的界膜传热系数为 335kJ/($m^2 \cdot h \cdot K$)。

90℃ 时湿度为 0.015 的热风，湿球温度线与绝热冷却线一致时，按照湿度表进行作图计算。

数据、算式的设定及其计算结果，如图 11－14 所示。

B13 f_x =B4*(B3-B8)/B12

	A	B	C	D	E	F	G	H
1	干燥时间							
2								
3	含水率	0.6						
4	湿润材料	100	kg					
5	表面积 A	2	m^2					
6	热风温度	90	℃	←按照湿度表				
7	湿度	0.015	kg/kg干燥空气		湿球温度	36	℃	
8	限界含水率	0.3			饱和湿度	0.038	kg/kg干燥空气	
9	界膜传热系数 h	335	kJ/m^3h·K					
10	路易斯常数 h/k	1.09	kJ/kg·K					
11	物质移动系数 k	307.3394	kg干燥空气/m^2h					
12	干燥速度-dW/dt	14.13761	kg/h					
13	干燥时间	2.121999	h					

图 11－14 数据、算式的设定及其计算结果

单元格的设定
单元格 F7　按照湿度表读取
单元格 F8　按照湿度表读取
单元格 B11　＝ B9／B10
单元格 B12　＝ B11 * B5 * (F8 − B7)
单元格 B13　＝ B4 * (B3 − B8)／B12

　　热风温度为 90℃ 时的湿度按照绝热冷却线进行查找，饱和湿度根据湿度表（如图 11 – 15 所示）作图计算，读取的结果是 0.038kg/kg 干燥空气，温度为 36℃。

　　物质移动系数通过路易斯常数（$h/k = 1.09kJ/(kg \cdot K)$）求解，干燥速度为 14.1kg/h。因此，需要的干燥时间为 2.12h。

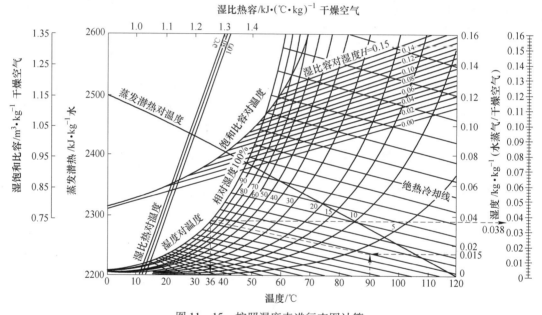

图 11 – 15　按照湿度表进行查图计算

例题 03

　　湿润的材料 12kg 在一定条件的空气流中进行干燥，测得的材料重量减少的数据，如下表所示。画出此时的干燥速度曲线，求出界限含水率和平衡含水率。

时间 t/min	重量 w/kg	时间 t/min	重量 w/kg
0.0	40.0	16.7	13.8
3.3	32.9	20.0	13.2
6.7	25.8	23.3	13.0
10.0	18.7	26.7	13.0
13.3	15.3		

算出的基准含水率，干燥速度通过 $-\dfrac{\Delta W}{\Delta t}$ 进行计算。

数据、算式的设定及其计算结果，如图 11−16 所示。

含水率与时间用散点法作图后得到干燥速度曲线，如图 11−17 所示。

然后，画出如图 11−16 所示的干燥特性曲线。这样可以求出含水率 W_{av} 在小范围内的直线趋势线。得到的关系式为：

$$-\frac{\Delta W}{\Delta t} = 0.2517 W_{av} - 0.0182$$

干燥速度为与一定的时间点的交点，可以算出界限含水率 W_c 为 0.784kg/kg 干燥空气。

平衡含水率 W_e 通过测定值可知，干燥操作后的最终值为 0.0833kg/kg 干燥空气。

H9		f_x	=(E9+0.0182)/0.2517				
	A	B	C	D	E	F	G	H
1	干燥速度曲线						
2							
3	干燥材料的重量	12 kg					
4							
5	时间t(min)	重量 w(kg)	含水率 W	$-\Delta W$	$-\Delta W/\Delta t$	W_{av}	
6	0.0	40.0	2.333333				
7	3.3	32.9	1.741667	0.591667	0.179293	2.0375	
8	6.7	25.8	1.15	0.591667	0.17402	1.445833	
9	10.0	18.7	0.558333	0.591667	0.179293	0.854167	←$W_c=$	0.784636
10	13.3	15.3	0.275	0.283333	0.085859	0.416667	
11	16.7	13.8	0.15	0.125	0.036765	0.2125	
12	20.0	13.2	0.1	0.05	0.015152	0.125	
13	23.3	13.0	0.083333	0.016667	0.005051	0.091667	
14	26.7	13.0	0.083333	0	0	0.083333	←$W_e=$	0.083333

图 11−16　数据、算式的设定及其计算结果

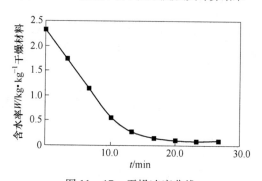

图 11−17　干燥速度曲线

单元格的设定

单元格 C6　　＝（B6－＄B＄3）/＄B＄3

单元格 C7:C14　单元格 C6 的自动填充

单元格 D7　　＝C6－C7

单元格 D8:D14　单元格 D7 的自动填充

单元格 E7　　＝D7/（A7－A6）

单元格 E8:E14　单元格 E7 的自动填充

单元格 F7　　＝（C6＋C7）/2

单元格 F8:F14　单元格 F7 的自动填充

单元格 H9　　＝（E9＋0.0182）/0.2517

单元格 H14　　＝F14

习　　题

1. 使用干湿球温度计测定相对湿度。求干球温度 t 为30℃，湿球温度 t_s 为20℃时，空气的相对湿度 φ 和露点温度是多少。

2. 将干球温度27℃、露点为22℃的空气加热至8℃，试求加热前后空气相对湿度的变化。

3. 在常压下将干球温度65℃、湿球温度40℃的空气冷却至25℃，计算1kg干空气中凝结出多少水分。1kg干空气放出多少热量。

4. 使用绝热增湿装置，将绝对湿度 $H_1 = 0.01$kg/kg 干燥空气的空气预热到温度 t_1，流量为 $G = 1.0$kg 干燥空气/（m^2·s）的增湿空气从增湿塔的底部进入，进行空气的加湿。如果塔顶想得到温度为 $t_2 = 43$℃，绝对湿度为 $H_2 = 0.04$kg/kg 干燥空气的空气，试求增湿塔的有效高度。物质界膜传热系数为 $k'_a = 2.83$kJ/（m^2·s·K）。

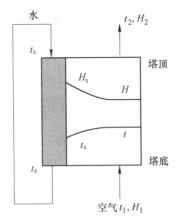

注：水与空气通过逆流接触操作，水在绝热增湿装置中的温度一定，为绝热饱和温度 t_s。而空气的温度随绝热冷却线变化，增湿塔任意位置的绝热冷却线都符合 $C_H(t - t_s) = \lambda_s(H_s - H)$，可以根据塔顶的条件，求出 t_s 和 H_s。

5. 已知在25℃常压下，水分在氧化锌与空气之间的平衡关系为：

相对湿度 $\varphi = 100\%$ 时，平衡含水量 $X = 0.02$kg 水/kg 干料

相对湿度 $\varphi = 40\%$ 时，平衡含水量 $X = 0.007\text{kg}$ 水/kg 干料

现氧化锌的含水量为 0.25kg 水/kg 干料，令其在 25℃、$\varphi = 40\%$ 的空气接触，试问物料的自由含水量、结合水及非结合水的含量各为多少。

6. 一理想干燥器在总压 100kPa 下，将物料由含水 50% 干燥至含水 1%，湿物料的处理量为 20kg/s。室外空气温度为 25℃，湿度为 0.005kg 水/kg 干气，经预热后送入干燥器，废气排出温度为 50℃，相对湿度 60%。试求：（1）空气用量 V；（2）预热温度；（3）干燥器的热效率。

参 考 文 献

［1］夏清，陈常贵. 化工原理（下册）［M］. 天津：天津大学出版社，2005.

［2］王燕. 梅雨季节巧防潮［J］. 食品与健康，2011（4）：20～20.

［3］肖建伟. 气候及其技术应用空气湿度测量方法［J］. 仪器仪表标准化信息，1987（4）.

［4］冯亚云，柴诚敬，冯朝伍，等. 用干湿球计测干燥操作中空气湿度［J］. 化学工程，1993（6）：16～18.

［5］伊東章，上江州一也. Excelで化学工学［M］. 化学工学会，2014.

［6］化学工学协会编. 化学工学便览改订 5 版［M］. 丸善株式会社，1988：1362.

［7］廖传华，周玲，黄振仁. 水泥行业用喷雾增湿塔的改型设计［J］. 环境污染治理技术与设备，2005，6（2）：92～94.

12 组合式流化床氯化制取 TiCl₄

12.1 TiCl₄ 生产与核心地位

世界钛工业产品主要包括钛白粉和海绵钛。钛白粉，学名二氧化钛（TiO_2），简称钛白，是一种白色无机颜料。由于它的密度、介电常数和折射率都很优越，被认为是目前世界上性能最好的一种白色颜料，广泛应用于涂料、塑料、造纸、印刷油墨、化纤和橡胶等工业。金属钛（海绵钛）是一种新金属，由于它具有一系列优异特性，被广泛用于航空、航天、化工、石油、冶金、轻工、电力、海水淡化、舰艇和日常生活器具等工业生产中，被誉为现代金属[1~5]。世界钛矿石约 90% 用于生产钛白粉，5% ~ 10% 用于生产海绵钛，其余用于生产焊条、陶瓷和化学制品[6]。而从钛白和海绵钛的制备工艺上看[4,7~11]：钛白生产的传统工艺是硫酸法，它是用浓硫酸分解钛矿使矿中的钛化合物转变为钛液，钛液经净化后水解转变成水合二氧化钛，再经洗涤、煅烧后获得钛白。但是由于硫酸法"三废"量大、能耗过高、产品质量低，虽然目前仍有工厂采用硫酸法，但已不是主流工艺，正在逐渐被淘汰。目前，钛白生产的主流工艺是氯化钛白法，即以氯气氯化富钛料获得四氯化钛，并通过氧化制取钛白。该方法因为工艺流程比硫酸法短，环境污染程度只及硫酸法的十分之一左右，生产能力易于扩大，连续化、自动化程度高，劳动生产率高、能耗低、产品质量优（特别是白度更高、粒度分布更窄）、氯气可循环利用等优点，所以得到了最为广泛地应用。海绵钛的主流工艺是克劳尔法（MD），它也以四氯化钛为原料，采用镁还原来制取海绵钛。

在钛工业中，四氯化钛占据了核心地位，它直接影响到了世界钛工业的发展，因此四氯化钛生产工艺的每一次变革都对世界钛工业产生了巨大影响。从四氯化钛的生产工艺上看，目前主要有两种工艺[4,12]：沸腾炉氯化法和熔盐氯化法，它们都以富钛料为原料，通过氯气氯化进行生产。富钛料包括天然富钛料，如金红石，或处理钛铁矿后得到的、高品位的人造富钛料，即高钛渣。

熔盐氯化工艺主要被前苏联加盟国家采用。氯化炉一般为圆形或方形熔盐池，顶部加料，氯气通过喷嘴进入氯化炉底部。熔池内有隔墙，便于熔盐循环。物料配备和反应条件见表 12 - 1。

表 12 - 1　熔盐氯化工艺的物料配备和反应条件

项　目		条　件　参　数
固体物料	钛渣　-0.13 ~ +0.08mm	配碳量 = 18% 钛渣重量熔盐中：2% ~ 3% TiO_2，3% ~ 7% C
	石油焦　-0.2 ~ +0.13mm	
熔　盐		KCl 75% ~ 80%，NaCl 4% ~ 8%，$CaCl_2$ 8% ~ 10%，$MgCl_2$ 5% ~ 7%，$FeCl_2 + MnCl_2$ 1% ~ 3%
氯　气		进口：20m/s
反应温度		750 ~ 800℃

注：表中百分比均为重量百分比。

　　熔盐氯化的基本原理：氯气通入熔盐造成熔盐、钛渣和石油焦的强烈混合，氯气分散成细小的气泡并逐渐从炉底上升到熔盐上层。悬浮在熔盐中的钛渣和石油焦微粒黏附在氯气泡表面，在表面张力的作用下，这些微粒被保持在熔盐—气体的界面上，实际的氯化反应就是在这些无数个小气泡的表面上进行的。钛渣被氯化成液态和气态两种产物，气体产物进入气泡内，随气泡上升至熔盐表面并在气泡破裂后进入气相；液体产物则在钛渣微粒表面上形成扩散层，这种扩散层与熔盐相互作用，或溶于熔盐中形成络合物。即每一个气泡就是一个由气液固三相组成的单个的微小的多相系统。

　　根据上述熔盐氯化的描述，该工艺的优点：对原料要求比较宽松，大多数类型的含钛矿物都可以处理，尤其是钙镁含量高的含钛物料。缺点：操作复杂，设备庞大，产能不高，尤其是生产过程中有大量废盐排出，迄今尚不能回收利用，造成了极大的二次污染。在环境保护越来越受到重视的今天，废盐排放已成为熔盐氯化工艺的致命缺点。另外，熔盐氯化工艺还存在不易放大、难以与后续氧化工序连接的问题。因此，现在除少数国家还在采用外，该工艺已逐渐被淘汰，已不是 TiCl₄ 的主流生产工艺。

　　沸腾氯化工艺采用沸腾炉进行氯化，表 12 - 2 是生产中普遍采用的条件参数。沸腾氯化炉由气室、气体分布板（筛板）、反应段、过渡段、扩大段及加料、排渣系统等组成。氯气由炉底进入气室，再经由分布板进入反应段并以一定流速将物料吹起使其处于沸腾，即鼓泡流化（bubble fluidization）状态。在这种流化状态下，气泡内的氯气扩散到颗粒表面并和固体颗粒发生反应生成 TiCl₄ 气体，生成的 TiCl₄ 气体通过扩散进入气泡相并被带出床层离开反应器。通常实际生产中采用的反应温度都较高，因此，沸腾氯化工艺是一个典型的由传热、传质控制的气固反应。其反应过程表述如下：

$$TiO_2(s) + 2Cl_2(g) + \frac{2(\gamma + 1)}{\gamma + 2}C(s) =\!\!=\!\!=$$

$$TiCl_4(g) + \frac{2\gamma}{\gamma + 2}CO(g) + \frac{2}{\gamma + 2}CO_2(g) - \frac{423.66 + 39.41\gamma}{\gamma + 2}kJ/mol \quad (12 - 1)$$

式中，γ 为反应产物中 CO 和 CO₂ 的摩尔比值。

表 12 - 2　沸腾氯化工艺的物料配备和反应条件

项　目		条 件 参 数
固体物料	钛渣	-80 ~ +200 目
	石油焦	-60 ~ +150 目
氯　气		15% ~45% 颗粒带出速度（氯化温度下）
反应温度		800 ~1000℃

注：钛渣: 石油焦 =100:30(kg)（横跨固体物料两行）

　　和熔盐氯化工艺相对应，对沸腾氯化工艺的优缺点分析如下：

　　优点：和熔盐工艺相比，沸腾床工艺因为没有废盐处理问题，钛的损耗量少，同时因为反应在沸腾层中进行，其传热、传质效果更好，大大强化了生产，因此在目前的四氯化钛生产中，除前苏联的加盟国家外，世界上大部分国家都采用沸腾床氯化工艺生产四氯化钛，是主流工艺。

　　缺点：从原料利用的角度看，与熔盐氯化工艺相比，为了防止反应过程中生成的沸点较高的、呈液相存在的 CaCl$_2$、MgCl$_2$（钙镁氧化物和钛氧化物共生于原矿中并更容易被氯化）在床层中大量积累，黏结成团，并导致沟流出现，破坏流化状态，沸腾床氯化工艺要求原料中 CaO 和 MgO 的含量小于 0.5%，即沸腾床氯化工艺对原料的要求过于苛刻。这直接限制了沸腾氯化工艺的进一步应用，这是沸腾氯化工艺最大的缺点。目前国外大都以高品位的天然金红石或人造金红石作为沸腾氯化的原料。

从世界钛资源的分布来看（不包括中国）[6]，据 1980 年联邦德国和美国的资料，以 TiO$_2$ 计，世界天然金红石储量为 0.28 亿吨，仅占钛矿物总量的 7%，而钛铁矿储量为 3.8 亿吨，占总储量的 93%。随着金红石资源的逐渐枯竭和价格上涨，转向利用廉价、丰富的钛铁矿就成为目前钛工业发展的趋势。对钛铁矿的利用[7]，主要是通过酸浸法（HCl 或 H$_2$SO$_4$）和锈蚀法制造人造金红石，或通过电炉法生产高钛渣，然后通过沸腾床工艺氯化生产四氯化钛。其中酸浸法由于"三废"量大，副流程复杂，在应用上受到限制；锈蚀法在澳大利亚有重要应用，但是只能处理高品位的砂矿，对原生岩矿并不适用。

中国钛资源储量占世界的 45%，居世界之首，但是金红石甚少，主要是钛铁矿，其中 90.5% 以上在攀枝花[4,6,11]。但是攀枝花钛资源属于岩矿型的钒钛磁铁矿，原矿中 TiO$_2$ 的含量仅有 10.63%，并且其中钙镁含量过高，开发利用困难。因此，1980 年美国矿务局和联邦德国都仅将我国两广砂矿型的钛铁矿列入世界钛资源，而未将攀枝花钒钛磁铁矿列入。

攀钢每年在产铁的同时排出约 300 万吨的高炉渣（TiO$_2$ 含量 24%），同时有 660 万吨的尾矿需要处理。对这些含钛矿物的利用，目前攀枝花主要通过三条途径：通过硫酸法生产钛白、HCl 酸浸法制取人造金红石（或 UGS 渣）、通过还原制取高钛渣。钛资源综合利用率仅有 4.9%，其余都被堆积储存。如前所述，由于硫酸法钛白工艺和酸浸法的一系列缺点，其污染严重，并且攀枝花处于长江流域，这两条途径并不适合。因此，通过处理将这些含钛原料转变为 TiO$_2$ 含量较高的高钛渣并通过氯化转变为四氯化钛，对攀枝花钛资源利用来说就成为一个非常重要的问题。但是因为攀枝花矿生产的高钛渣 Ca、Mg 含量高（CaO + MO 6% ~9%），不能直接用于沸腾床氯化工艺（CaO + MO < 0.5%），这就在原料来源和原料利用工艺间产生了冲突，对中国的钛资源利用和开发造成了极大的阻碍。因此从 20 世纪 70 年代开始，国家就将攀枝花钛资源的利用开发作为了一项战略任务，攀枝花钛资源的综合利用连续被列入国家重点科技攻关项目，并取得了一系列的成果。但是由于高钙镁原料利用途径的不成熟，目前仍是阻碍我国钛工业进步的一个重大难题。同时，由于世界上高品位的金红石矿藏的逐渐枯竭，原料来源和利用工艺之间的矛盾也越来越明显，能够直接利用低品位的原料进行生产就成为四氯化钛生产工艺的未来发展趋势。

根据中国钛资源的特点，开发出拥有自主知识产权的、新的、能够以高钙镁原料进行氯化生产的新工艺，不仅对解决我国钛资源利用会起到重大的推动作用，而且对世界钛工业的发展也会起到良好的促进作用，也只有这样，才能够将我国的钛资源优势真正转变为经济优势，并对国家西部大开发战略做出应有的贡献。对于新工艺，其关键之处在于怎样在氯化过程中实现抗黏结。

对于克服氯化过程中产生的 CaCl$_2$、MgCl$_2$ 黏结问题，直接利用高 Ca、Mg 原料进行生产，到目前为止只有很少的一些研究者进行了一些有限的研究[6,13]。

将氯化温度提升至 1200 ~ 1300℃，使 CaCl₂、MgCl₂ 全部挥发，避免在反应器内部形成液相并导致黏结。该种方法虽然能够解决黏结问题，但是能耗过大，同时对设备材质的耐腐蚀能力和高温承受能力提出了更高的要求，从总体上看并不是一个经济的方法。另外一些研究者提出，可以通过在床层中加入额外组分（磷酸钛），使 Ca、Mg 和这些额外组分形成新的不熔物以避免黏结。但是该方法在防止黏结的同时引进了多余组分，给后续处理过程带来了麻烦，并且目前对这种额外组分的研究极不充分。前苏联还进行过钛渣制粒防止黏结的研究，但是该方法需要增加复杂的制粒工艺设备，从而增加了设备投资和操作费用。一些研究者通过研究指出[14~16]，氯化法生产四氯化钛的最佳温度范围为 800 ~ 1100℃，而在此温度范围内 CaCl₂、MgCl₂ 呈熔融状态，如果温度过低则因为扩散壁垒过大而导致反应速率过低而不能用于生产。据此 Yang 和 Hlavacek[17,18] 提出采用低温氯化来解决 CaCl₂、MgCl₂ 的黏结问题。该方法和上述的温度提升方法相反，在氯化过程中使用较低的温度（300 ~ 600℃），以保证 CaCl₂、MgCl₂ 不呈熔融状态。但是为了克服扩散壁垒，该方法引入了预混合、磨碎、制团、烧结、粉碎等工序，以保证富钛料和焦炭的良好接触，从而将导致设备投资、操作费用的极大提高。还有研究者提出以碳或其他成分作为稀释剂和吸收剂[13]，分散吸收黏性物质以避免黏结。上述几种方法都是以沸腾床作为反应器时考虑问题的，其目的是在能够利用沸腾床氯化的优点的同时来防止黏结问题的发生。另外应该指出的是：上述这些研究从未实现工业实践。

氯化时流化床中颗粒的黏结主要是因为颗粒间液桥的形成。有研究表明：颗粒间形成液桥连接到保持这种连接并强化到不会再被破坏的程度是需要一定时间的，当颗粒间保持接触的时间小于这个时间或者在小于这个特征时间时，液桥连接就被流过空隙的流体的动力（次要）和气泡等引起的剪切力（主要）破坏，黏结最终就不能形成[19]。因此，作为氯化法抗黏结的一种新思想：尽量减少颗粒间的接触时间，并加大流体间（包括颗粒流）的剪切力等是防止黏结的更为有效的途径。而在沸腾床中，生产实践证明这种方法是难以实现的。因此开发新的、可以利用上述途径的反应器就成为高 Ca、Mg 原料氯化新工艺开发的关键，而在沸腾炉氯化工艺建立的数十年里，有关新型氯化反应器的开发研究工作几乎未见报道。最近，南非 Mintek 公司建立了一套用于氯化的循环流化床的中试设备[20]，他们采用的高钛渣品位较高（CaO 0.16%，MgO 0.17%），尚未涉及到高钙镁原料的利用问题。同时，循环流化床并不是解决高钙镁原料利用问题的有效途径。这是因为虽然提升管中气固两相流具有颗粒浓度低（颗粒间接触时间短）、强烈的湍动等特点，但是因为颗粒停留时间较短，原料转化率低，颗粒物料必须回收以循环使用，而收集下的颗粒在伴床中呈移动床状态下移。因此当 Ca、Mg 含量较高时，在气固分离，回收颗粒在进入伴床时，同样会有黏结的危险。

基于上述新思想，能够直接使用高 Ca、Mg 原料进行氯化生产的新型反应器应该具有如下的特点：能够继承沸腾床的优点，能在合适的反应温度下进行反应（800 ~ 1000℃，此时反应速率较高，设备材质可承受），流体间剪切力等强烈，颗粒间接触时间短，同时含钛的颗粒原料在一次单程反应时间内能基本完成反应而不需要进行循环。据此开发了一种满足上述要求的组合式流化床新型反应器，并对以组合式流化床作为反应器的高钙镁原料的氯化工艺通过试验和模拟进行研究。

12.2   组合式流化床反应器

高钙镁原料抗黏结氯化新工艺的核心是一种能够提供足够强的剪切力的新型反应器的开发。众所周知，湍动流态化状态下的颗粒间的剪切力明显地要比鼓泡流态化状态下的高。所提出的组合式流化床正是基于这点进行设计的。

图 12 – 1（a）是一个两级组合流化床反应器的示意图。每级包括两个部分：底部的提升管和提升管顶部的半循环流化床（SCFB，semi – circulating fluidized bed）。以第一级为例，氯气从提升管底部进入，提升管内的气速大于富钛料、焦炭颗粒的终端速度，并处于气力输送状态。在提升管内，经过预热的原料进行反应，其中富钛料氯化后形成四氯化钛并随气体向上运动。因为提升管中的颗粒处于气力输送状态，颗粒浓度很低（< 0.05，体积浓度），颗粒间接触时间非常短并且湍动剧烈，从而颗粒间的黏结现象被有效控制。在提升管顶部，经过部分反应的颗粒穿过特殊设计的、抗黏结的双面波浪形分布板（如图 12 –1(b) 所示）进入半循环流化床。在半循环流化床内，焦炭的粒径较大，富钛料的粒径较小。对焦炭颗粒来说，使气速处于粒径最小的焦炭颗粒的湍床转变速度 u_{cc} 之上，并

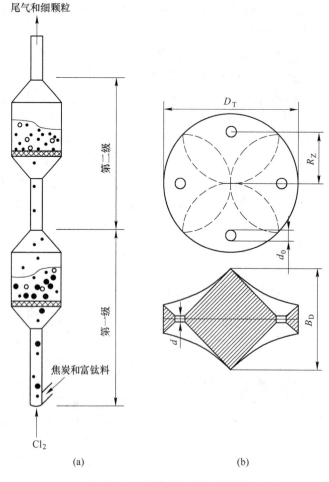

(a)   (b)

图 12 – 1   组合式流化床示意图

且比粒径最大的焦炭颗粒的传输速度 $u_{tr,c}$ 小，即保证所有进入半循环流化床的焦炭颗粒处于湍床状态；同时对于部分粒径较大的富钛料颗粒，使其像焦炭颗粒一样处于湍床状态，而对于另外一部分粒径较小的富钛料颗粒，使气速处于其传输速度 $u_{tr,r}$ 之上，即部分富钛料颗粒处于湍床状态，部分富钛料颗粒处于循环床状态。湍床的存在为颗粒物料提供了足够的停留时间，以使反应原料得以足够的转化。同时，与传统的沸腾床相比，湍动流态化比鼓泡流态化的湍动效果更加强烈，更接近于颗粒的快速流化状态，尤其是部分较细的富钛料颗粒直接穿越床层（返混较小）导致整个床层中颗粒间剪切力等更为显著，从而能够有效地破坏和抑制颗粒黏结，同时传质、传热效果也要高于沸腾床。但是，与沸腾床相比，气速的提高同时也导致了颗粒物料停留时间的缩短，从而有可能达不到较为完全的转化。为了在一次单程反应时间内基本完成反应而又不使湍床床层过高，可以根据实际反应效率，增加如图 12-1 所示的第二级或者更多级，直至反应转化率达到要求为止。

综合上述，组合流化床反应器因为具有上述特点，从而能够较好地满足上面提到的新型抗黏结反应器的基本要求，因此具有广阔的应用前景。

12.3　高钙镁原料抗黏结氯化工艺热态试验

高钙镁原料抗黏结氯化新工艺的核心是抗黏结氯化反应器的开发，为此，在冷态试验的基础上首先对组合式流化床反应器进行了热态小试以验证其抗黏结能力，为进一步的中试试验提供必要的热态数据。

12.3.1　试验物料

12.3.1.1　高钛渣化学成分及粒度分析结果

在热态小试中采用两种类型的高钛渣作为原料。其中表 12-3 所示为云南矿经过电炉熔炼得到的高钛渣，攀钢集团锦州钛业公司就是采用该种高钛渣以熔盐氯化方式生产 $TiCl_4$ 的。这种高钛渣中钙镁重量含量为 2.03%，与沸腾床工艺小于 0.5% 的要求相比，钙镁含量明显偏高，而这正是目前对该种原料采用落后的熔盐氯化工艺的原因。其粒度分布如表 12-4 所示，在本热态试验中，筛分 75~165μm 的颗粒作为试验原料使用。表 12-5 所示为由我国典型的钛资源，及攀枝花钛精矿处理后得到的高钛渣。其钙镁含量高达 9.09%，尤其是其中 MgO 含量高达 7.37%，在主流的沸腾床工艺中，这种类型的原料用于生产是非常困难的。其粒径分布见表 12-6，同样筛分 75~165μm 的颗粒作为试验原料使用。

表 12-3　锦州钛业公司高钛渣化学分析结果

组成	TiO_2	SiO_2	Al_2O_3	ΣFe	V	CaO	MgO	Ni	Cr	Mn	Cu	H_2O	晶型
%	91.55	1.90	1.53	3.53	0.18	0.29	1.74	微	0.032	1.18	微	0.3	5.35

表 12-4　锦州钛业公司高钛渣粒度详细分析结果

网目	20 下	40 下	60 下	80 下	100 下	120 下	140 下	160 下	180 下	200 下	220 下	240 下	260 下	280 下	300 下
%	100	97	83	70	54	41	38	35	34	22	20	17	15	15	8

表 12 - 5　攀枝花高钛渣化学分析结果

组成	TiO$_2$	SiO$_2$	Al$_2$O$_3$	ΣFe	V	CaO	MgO	Ni	Cr	MnO	晶型
%	76.76	4.70	2.15	5.02	0.083	1.72	7.37	微	微	0.832	2.82

表 12 - 6　攀枝花高钛渣粒度详细分析结果

网目	20 下	40 下	60 下	80 下	100 下	120 下	140 下	160 下	180 下	200 下	220 下	240 下	260 下	280 下	300 下
%	100	96	79	65	46	36	35	30	27	22	18	15	12	11	9

12.3.1.2　石油焦化学成分及粒度分析结果

石油焦从攀钢集团锦州钛业公司得到, 其化学组成和粒度分布分别见表 12 - 7 和表 12 - 8。热态小试中筛分 0.5 ~ 0.85mm 范围内的颗粒作为原料使用。

表 12 - 7　石油焦化学分析结果

挥发分/%	灰分/%	固定碳/%	H$_2$O/%
3.89	0.66	95.45	0.2

表 12 - 8　石油焦粒度分析结果

网目	20 下	30 下	40 下	60 下	80 下	100 下	120 下	140 下	160 下	180 下	200 下
%	81	61.5	45	30	22	15	10	9.5	8	7	5

12.3.1.3　氯气

氯气采用液态氯蒸发获得并经流量计计量后使用, 可视其为纯氯。

12.3.2　分析方法

12.3.2.1　气体样品分析方法

对于热态小试中取得的气体样品, 采用奥氏气体分析仪分析其中的 Cl$_2$、O$_2$、CO、CO$_2$ 组成, 以获得氯气转化率。图 12 - 2 为奥氏气体分析的流程示意图。测定时, 首先关闭所有活栓, 接上采样气袋后, 打开活栓 1 选取合适的气量作为测试气体。关闭活栓 1, 然后从右向左依次打开活栓, 分别测定各个组分的含量。

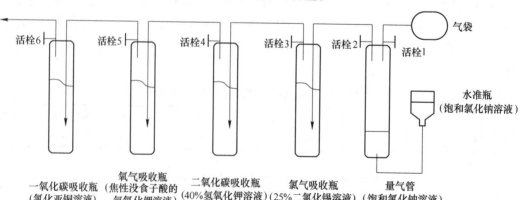

图 12 - 2　奥氏气体吸收原理示意图

气体中可能含有的氯化氢采用如下的滴定法测定：

试剂：盐酸比重 1.37；碘化钾 15%；酚酞 1% 乙醇溶液；淀粉指示剂 0.5% 水溶液；氢氧化钠标准溶液 0.5mol/L；硫代硫酸钠标准溶液 0.01mol/L。

方法：用注射器取 100mL 气样，慢慢通入 100mL 水中。加入 10mL 盐酸，1g 碘化钾后，充分混合，加入 5 滴淀粉指示剂，用硫代硫酸钠标准溶液滴定至蓝色消失。再加入 3~5 滴酚酞指示剂，用氢氧化钠标准溶液滴定至粉红色即为终点。

12.3.2.2 固体样品元素分析方法

旋风收尘渣取得的固体样品，采用 XRF – 1700 型 X 射线荧光光谱仪和 VISTA – MPX 型等离子发射光谱测定其元素组成。

因为收尘渣中单质碳含量较高，为避免影响荧光光谱仪测量准确度，需先将样品进行高温处理以除去单质碳。同时为避免样品中的氯化物在烧炭过程中发生变化，需在高温处理前将其中的氯化物除去。图 12 – 3 为用荧光光谱进行元素分析全流程图。作为荧光光谱分析结果的一个校对，还用等离子发射光谱对收尘渣中的 Ti 元素进行了测试。

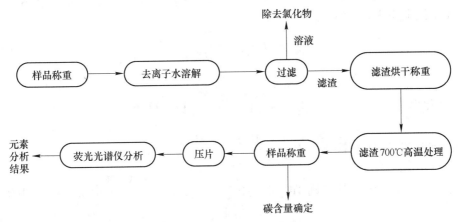

图 12 – 3 固体样品元素分析流程图

12.3.2.3 固体样品化学成分分析方法

固体样品化学成分主要采用化学溶液滴定方法进行测定。

12.3.3 相关结果的计算方法

根据采用上述分析方法得到的尾气样品和收尘渣样品的分析结果，通过计算就可以得到相应的原料转化率和产品收率。

12.3.3.1 由尾气成分计算氯化效率

可以根据尾气成分数据计算氯化效率。从热力学分析可知：与 TiO_2 相比，CaO、MgO、Fe_2O_3、MnO 更容易被氯化。从操作条件和尾气成分，因为无法确定用于氯化 CaO、MgO、Fe_2O_3、MnO 时所消耗的氯气量，所以无法直接确定 TiO_2 的氯化效果。但是可以计算得到 CaO、MgO、Fe_2O_3（所有 Fe 都折算为 Fe_2O_3）、MnO 都完全氯化的情况下的氯化效率和 CaO、MgO、Fe_2O_3（所有 Fe 都折算为 Fe_2O_3）、MnO 都不被氯化时的氯化效率。因为实际氯化效率应介于这两种情况之间，因此最后取两种情况下的平均值作为实际结果。

反应体系：

$$TiO_2(s) + 2Cl_2(g) + \frac{2(\gamma+1)}{\gamma+2}C(s) \Longrightarrow TiCl_4(g) + \frac{2\gamma}{\gamma+2}CO(g) + \frac{2}{\gamma+2}CO_2(g)$$

$$(12-2)$$

两种情况下的计算方法如下所述：

（1）不考虑其他氧化物的影响。

设 $Y_{in}^{Cl_2}$、Y_{in}^{CO}、$Y_{in}^{CO_2}$ 分别为原料进气中的 Cl_2、CO、CO_2 的体积百分含量，M_{in} 为原料进气的总摩尔数；$Y_{out}^{Cl_2}$、Y_{out}^{CO}、$Y_{out}^{CO_2}$、M_{out} 则为尾气中的相应数值。根据上述化学计量关系，有下述两式成立：

$$\frac{M_{in}Y_{in}^{Cl_2} - M_{out}Y_{out}^{Cl_2}}{2} = \left(M_{out}Y_{out}^{CO} - M_{in}Y_{in}^{CO}\right)\frac{\gamma+2}{2\gamma} \tag{12-3}$$

$$\gamma = \frac{M_{out}Y_{out}^{CO} - M_{in}Y_{in}^{CO}}{M_{out}Y_{out}^{CO_2} - M_{in}Y_{in}^{CO_2}} \tag{12-4}$$

其中，M_{in} 可以根据进气状态计算得到，$Y_{in}^{Cl_2}$、Y_{in}^{CO}、$Y_{in}^{CO_2}$、$Y_{out}^{Cl_2}$、Y_{out}^{CO}、$Y_{out}^{CO_2}$ 通过仪器分析得到，从而根据上述两式可得：

$$M_{out} = M_{in}\frac{Y_{in}^{Cl_2} + Y_{in}^{CO} + 2Y_{in}^{CO_2}}{Y_{out}^{Cl_2} + Y_{out}^{CO} + 2Y_{out}^{CO_2}} \tag{12-5}$$

因此：

Cl_2 转化率：

$$X_{Cl_2}\% = \left(1 - \frac{M_{out}Y_{out}^{Cl_2}}{M_{in}Y_{in}^{Cl_2}}\right) \times 100$$

单位面积 Cl_2 转化效率：

$$R_{Cl_2} = \frac{M_{in}Y_{in}^{Cl_2} - M_{out}Y_{out}^{Cl_2}}{A}$$

假设 Cl_2 只和 TiO_2 反应，则 TiO_2 的转化率：

$$X_{TiO_2}\% = \frac{M_{in}X_{Cl_2}\%}{2}M_{TiO_2}/m_{in}^{TiO_2} \times 100$$

TiO_2 的单位面积转化效率：

$$R_{TiO_2} = \frac{m_{in}^{TiO_2}X_{TiO_2}\%}{A}$$

式中，$m_{in}^{TiO_2}$ 为进入反应器的 TiO_2 的质量速率；A 为反应器截面积。

（2）CaO、MnO、MgO、Fe_2O_3 完全转化。

根据热力学，高钛渣中各成分容易氯化的顺序为：

$$CaO > MnO > MgO > Fe_2O_3 > FeO > TiO_2 > Al_2O_3 > SiO_2$$

若假设 Cl_2 首先将 CaO、MnO、MgO、Fe_2O_3（将 Fe 都看作 Fe_2O_3）完全转化，并且这些氧化物反应生成 CO 和 CO_2 的比都为 γ，则：

$$\frac{M_{in}Y_{in}^{Cl_2} - M_{out}Y_{out}^{Cl_2} - M^O}{2} = \left(M_{out}Y_{out}^{CO} - M_{in}Y_{in}^{CO}\right)\frac{\gamma+2}{2\gamma} \tag{12-6}$$

$$\gamma = \frac{M_{out}Y_{out}^{CO} - M_{in}Y_{in}^{CO}}{M_{out}Y_{out}^{CO_2} - M_{in}Y_{in}^{CO_2}} \tag{12-7}$$

其中，M^O 表示 CaO、MnO、MgO、Fe_2O_3 完全氯化时单位时间内所需的消耗氯气摩尔量，可以根据颗粒物料进料速率和组成计算得到（其他符号含义如上）。推导得：

$$M_{out} = \frac{M_{in}\left(Y_{in}^{Cl_2} + Y_{in}^{CO} + 2Y_{in}^{CO_2}\right) - M^O}{Y_{out}^{Cl_2} + Y_{out}^{CO} + 2Y_{out}^{CO_2}} \tag{12-8}$$

因此：

Cl$_2$ 转化率：
$$X_{Cl_2}\% = \left(1 - \frac{M_{out}Y_{out}^{Cl_2}}{M_{in}Y_{in}^{Cl_2}}\right) \times 100$$

单位面积 Cl$_2$ 转化效率：
$$R_{Cl_2} = \frac{M_{in}Y_{in}^{Cl_2} - M_{out}Y_{out}^{Cl_2}}{A}$$

TiO$_2$ 的转化率：
$$X_{TiO_2}^*\% = \frac{M_{in}X_{Cl_2}\% - M^*}{2}M_{TiO_2}/m_{in}^{TiO_2} \times 100$$

TiO$_2$ 的单位面积转化效率：
$$R_{TiO_2}^* = \frac{m_{in}^{TiO_2}X_{TiO_2}^*\%}{A}$$

C 的转化效率的计算和 TiO$_2$ 的近似。

相应的 TiCl$_4$ 的单位面积产能：
$$R_{TiCl_4} = \frac{190}{80}R_{TiO_2}^* \quad 或 \quad R_{TiCl_4}^* = \frac{190}{80}R_{TiO_2}^*$$

12.3.3.2 由收尘渣成分计算氯化效率

由于某些操作条件下采样方式不合理以及反应器被氯气腐蚀导致尾气成分不能准确反映氯化情况，可以从收尘渣的成分分析结果进行氯化效率的计算。

以 Ca 为例，下面是以 Ca 作为标准时的计算方法。也可以以其他元素作为标准物，但是要求该元素反应后的物质必须都进入收尘渣而不能以气体形式逸出系统。因为有可能有部分 TiCl$_4$ 进入收尘系统并和水发生反应重新生成 TiO$_2$，同时收尘渣化学成分分析较为粗糙，在能以尾气成分进行分析时应以后者为准。

以 F_{in}、F_{out} 表示进入反应器的高钛渣的质量速率（kg/s）和离开反应器并进入收尘系统（理论上）的固体物料（最终形态）的质量速率（kg/s）；以 Y_{in}^{CaO}、$Y_{in}^{CaCl_2}$、Y_{out}^{CaO}、$Y_{out}^{CaCl_2}$ 分别表示 F_{in}、F_{out} 中的 CaO 和 CaCl$_2$ 的质量含量。则根据物料衡算：

$$F_{in}Y_{in}^{CaO}X_{CaO}\frac{M_{CaCl_2}}{M_{CaO}} = F_{out}Y_{out}^{CaCl_2} \tag{12-9}$$

$$F_{in}Y_{in}^{CaO}(1 - X_{CaO}) = F_{out}Y_{out}^{CaO} \tag{12-10}$$

推得：
$$X_{CaO} = 1 / \left(\frac{Y_{out}^{CaO}}{Y_{out}^{CaCl_2}}\frac{M_{CaCl_2}}{M_{CaO}} + 1\right)$$

$$F_{out} = F_{in}Y_{in}^{CaO}(1 - X_{CaO})/Y_{out}^{CaO}$$

根据收尘渣中 TiO$_2$ 含量，可以推得：

$$X_{TiO_2} = 1 - \frac{F_{out}Y_{out}^{TiO_2}}{F_{in}Y_{in}^{TiO_2}} \tag{12-11}$$

$$R_{TiO_2} = F_{in}X_{TiO_2}/A \tag{12-12}$$

$$R_{TiCl_4} = \frac{190}{80}R_{TiO_2} \tag{12-13}$$

其中，其他符号的定义如上所述。

12.3.4 操作条件对比、反应器构造和热态小试流程图

12.3.4.1 各氯化工艺的操作参数对比

表 12-9 对比了熔盐氯化工艺、沸腾床工艺、组合式流化床工艺的主要操作参数。其

中最为关键的区别在于操作气速的确定和粒径范围的选择上，这是由颗粒不同的操作状态决定的。以组合式流化床为例，在试验中，为了保证颗粒处于湍动流态化状态（部分处于循环流化床状态），其操作气速大约是沸腾床工艺的 4~6 倍（冷态）。

表 12 – 9　操作参数对比

项　　目	组合式流化床氯化	熔盐氯化	沸腾床氯化
粒径分布 高钛渣 石油焦	$-90 \sim +200$ 目（$+0.075 \sim -0.165$mm） $-20 \sim +35$ 目（$+0.5 \sim -0.85$mm）	$-20 \sim +200$ 目 $-20 \sim +120$ 目	$-80 \sim +200$ 目 $-60 \sim +150$ 目 <120 目的占 90%
配碳比 /kg Slag · kg⁻¹ Coke	100 : 30	100 : 18	100 : 30
气速/m · s⁻¹	湍床：0.7 ~ 1.1（热态） 0.4 ~ 0.6（冷态）	20	0.1 ~ 0.15（冷态）
反应区压力	微正压	负压	微正压（表压：0 ~ 294Pa）
进气压力 （缓冲罐）/MPa	根据各部分实际压降确定	0.25	0.29 ~ 0.39
颗粒进料量 /kg · (m² · s)⁻¹	0.47 ~ 0.71(4.6 ~ 7.0kg/h)	间歇	间歇

12.3.4.2　反应器结构

图 12 – 4 为试验用反应器的结构参数示意图，反应器材质为石英或 Inconel600。

12.3.4.3　热态小试流程示意图

热态小试的流程示意图如图 12 –5 所示。预先按照一定配碳比混合好的固体颗粒物料由螺旋进料器控制进料量并进入提升管底部，氯气经预热后也进入提升管底部。整个反应器外部被电炉环绕并被控温系统（热电偶、温度控制仪）控制加热温度以保证反应器内部达到所需温度。经过床层的气体和夹带扬析出反应器的气固混合物进入旋风分离器进行气固分离以收集固体样品，离开旋风分离器的气体进入冷凝器进行冷却以收集液体产品——TiCl₄，冷却后的剩余气体进入碱吸收罐以收集残留氯气并排空。整个流程中必须严格控制温度避免因为温度过低导致液体产物提前冷却并黏结固体颗粒。相应的气体样品、液体样品、固体样品的采样位置如图 12 –5 所示。

12.3.5　流态化操作范围——粒径分布和气速关系

对于组合式流化床，为了保证焦炭颗粒和部分较大的高钛渣颗粒处于湍动流态化状态，而另一部分高钛渣颗粒处于循环流态化状态，较为严格的粒径分布和气速的匹配将被要求。图 12 –6 表示了在本热态试验中所选择的气速和粒径分布的匹配关系。其中 R_r 和 R_c 分别为高钛渣和石油焦的粒径；u_g 表示气速；$u_{tr,r}$、$u_{tr,c}$ 分别为高钛渣、石油焦颗粒向循环床转变的输送速度；$u_{c,r}$、$u_{c,c}$ 分别为高钛渣、石油焦颗粒由鼓泡流态化状态向湍动流态化状态转变的转变速度。X_w 表示不同粒径的颗粒的重量分布。以 979K、0.15MPa 的纯氯气作为流化介质，实际试验气体速度范围取为 0.7 ~ 1.1m/s，石油焦粒径范围为 0.5 ~

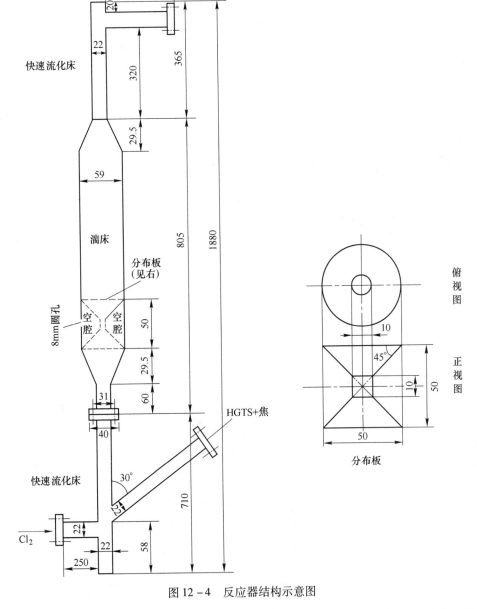

图 12 - 4 反应器结构示意图

0.85mm，高钛渣粒径范围为 0.075～0.165mm。在该操作范围内，湍床内石油焦颗粒始终处于湍床状态，而高钛渣颗粒依操作气速度不同，有部分处于湍床状态，部分处于循环流化床状态。

12.3.6 热态小试试验结果

本试验最主要的目的是考察新型氯化反应器的抗黏结能力，这是抗黏结氯化工艺开发成功与否的关键。在进行抗黏结能力考察的同时，还进行相应的一些氯化效果和操作规律的考察，为进一步的热态试验进行探索。

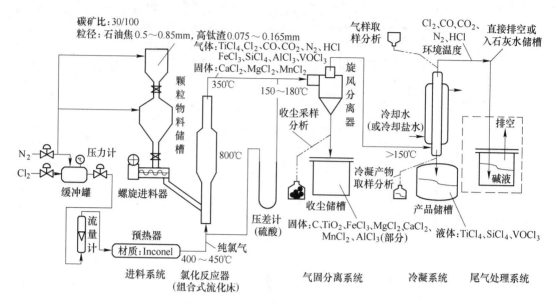

图 12-5　热态试验流程示意图

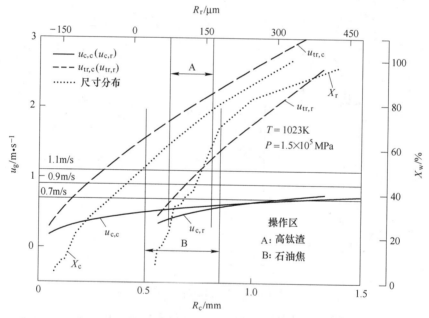

图 12-6　操作范围和固体颗粒的粒径分布

12.3.6.1　抗黏结效果考察

和传统的沸腾床工艺不同，以组合式流化床作为氯化反应器时，熔融并易导致黏结的 $CaCl_2$、$MgCl_2$ 等物质是从反应器顶部离开并进入收尘系统的，因此在收尘系统中应有相应氯化物的存在（存在性）。作为一个充分必要条件：如果熔融物在反应器内发生了黏结，则意味着 $CaCl_2$、$MgCl_2$ 等发生了积累，反之亦然。同时，黏结的发生也意味着炉内黏结团状物的产生和 Ca、Mg 等元素的物料衡算不平衡。因此在评价组合式流化床的抗黏结效果时，建立了如下的评价标准并分析。

A 存在性考察——收尘样分析

用 12.3.2.3 小节中的化学滴定方法对离开反应器并被旋风分离器收集下来的收尘渣成分进行分析，结果显示：在收尘渣中有导致黏结的 $CaCl_2$、$MgCl_2$ 等氯化物的存在，尤其是当高钛渣中 CaO、MgO 含量较高（11.3 – 1 号、11.3 – 2 号、11.3 – 3 号，11.5 – 1 号）时，与 $FeCl_3$、$AlCl_3$ 等氯化物相比，$CaCl_2$、$MgCl_2$ 等在收尘渣中的相对含量也较高。这表明有相当数量的、反应过程中生成的导致黏结的氯化物被带出反应器。这从一个侧面（必要条件）说明新型反应器具备了一定的抗黏结效果。

B 充分必要条件——长时间试验后的炉内残料分析

为了更充分验证组合式流化床的抗黏结能力，进行了固定条件下的长周期试验。反应器在稳定的操作条件下，即保持一定的反应温度、操作气速、颗粒进料量下，进行 1 ~ 2h 的反应操作，当反应时间达到要求后，停止颗粒物料进料，然后逐渐降低氯气进气流量，同时逐步增大氮气进气流量，直至进气中全是氮气为止，此时应始终保持反应器内操作气速基本保持不变，即尽量保持炉内湍动程度不变。当反应器内温度降至所有易熔融氯化物熔点以下（温度小于 600℃）后，停止进气并在炉温降低至室温后取出炉内残料进行分析。如果在反应过程中生成的黏结物无法被有效击碎并被带出反应器，则在反应器内部必定会有相应的黏结团产生，而按照上述操作方法，在反应结束后，这些黏结团将能够以原貌被保存在炉内残料中。而如果组合式流化床能够有效地防止黏结的发生，则在炉内残料中将不会有相应黏结团的出现。同时，如果无黏结发生，即反应过程中在反应器内部无相关的、导致黏结发生的元素的积累，则相应的导致黏结的元素，如镁，将能够保持物料平衡。据此，试验中在反应温度 750℃、反应区气体流速 0.9m/s、颗粒原料进料量 4.6kg/h 的条件下，分别对表 12 – 3 所示的原料（高钛渣/石油焦 = 100kg/30kg）和表 12 – 5 所示的原料（高钛渣/石油焦 = 100kg/40kg）进行了长周期试验。其中钙镁含量较高的、表 12 – 5 所示的原料（CaO + MgO = 9.03%）的反应状态分析结果如下：

（1）炉内残料形态分析。在原料中钙镁含量较高时，即生成的熔融氯化物较多时，在反应 1h 后收集到的炉内残料中没有黏结导致的、较大的黏结团的出现。

（2）Mg 物料平衡计算。

原料中镁是导致黏结产生的元素中含量最高的，因此针对镁进行了物料衡算。其中衡算中涉及离开反应器的颗粒物料流量是以铁元素为基准，根据收尘渣成分分析和进料成分组成推算得到的 Mg 物料平衡。图 12 – 7 是长周期试验中，不同反应时间进入反应器的镁总量和离开反应器的镁总量的对比图。由图 12 – 7 可见，虽然原料中镁含量较高，即反应中生成的易熔融的 $MgCl_2$ 总量较多，但是，在反应 1.5h 后，离开反应器的镁总量和进入反应器的镁总量基本相等，即在反应器内没有发生镁元素的积累，也就是说没有黏结团产生。这充分说明了反应过程中组合式流化床确实起到了抗黏结的作用。

对于表 12 – 3 中钙镁含量较低的原料也

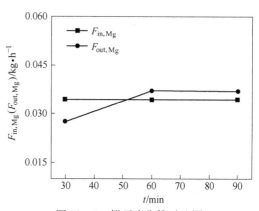

图 12 – 7 镁元素衡算对比图

进行了长达 2h 的长周期试验验证，试验结果同样证明了组合式流化床具备较好的抗黏结能力。

通过对收尘渣、长周期试验后的炉内残料分析以及镁元素的物料平衡计算证明，即使原料中钙镁含量较高，反应过程中也没有相应的黏结团的产生，因此，组合式流化床的确具有良好的抗黏结效果，本试验设计的抗黏结思路切实可行。

12.3.6.2 氯化效果考察

新氯化工艺和设备的氯化效果直接关系到实际生产中的原料利用率和目标产品的收率，从而直接影响工艺的生产成本和收益。因此在该部分主要对新工艺热态小试过程中的 TiO_2 转化率、氯气转化率以及 $TiCl_4$ 的产能进行分析。由于本试验主要是为了验证抗黏结效果而进行设计的，因此作为主要反应区域的湍床只有一级，同时由于组合式流化床操作状态具有气速较高，粒径较细，导致氯气通量较大、氯气和颗粒的停留时间较短的特点，与现行的沸腾床工艺相比，只有一级的组合式流化床工艺的氯气和高钛渣的转化率将有可能较低。本试验中进行的相关氯化效果的考察主要是进行一些探索性工作，为组合式流化床工艺相关操作条件的进一步优化提供实际的热态数据基础。

A　低温氯化试验 (≤700℃)

在沸腾床工艺中，富态料氯化制取四氯化钛时，为了获得较为满意的反应速率和维持自热的需要，要求反应温度控制在 800～1000℃。而对于其中的 CaO、MgO 来说，其氯化产物 $CaCl_2$ 和 $MgCl_2$ 的熔点分别为 772℃ 和 714℃，因此，在沸腾床工艺中，随着氯化的进行，具有黏性的这些熔融氯化物将被富集，导致物料层黏度增大，物料结团，从而影响生产的正常进行。

作为一种抗黏结的措施，采用较低的反应温度（<700℃）进行氯化反应，即所谓的低温氯化就成为一种选择，表 12－10 为低温氯化试验结果。而根据氯化反应动力学，在小于700℃时主要为反应控制区（接近700℃时扩散控制也较为明显，以700℃作为低温、高温氯化的分界），在采用低温氯化时相应的低的氯化速率限制富态料转化，生产能力较低，因此，在沸腾床工艺中不能被采用。与此相对照，在湍床工艺中，如果采用低温氯化，虽然同样会遇到反应速率过低的问题，但是，与沸腾床工艺相比，由于湍床工艺的操作气速大约是沸腾床的 4～6 倍（冷态），大的氯气通量导致了单位面积上反应效率的提高，同时湍动程度的增强能够有效提高扩散速率，因此，有可能从某种程度上弥补低温氯化速率过低的缺点，而使接近700℃的低温氯化成为一种可能。在本热态小试中，考察了新工艺的低温氯化效果。

表 12－10　低温氯化试验结果

项　目	$T/℃$	U_g /m·s⁻¹	G_s /kg·h⁻¹	Slag/Coke /kg·kg⁻¹	X_{Cl_2} /%	R_{Cl_2} /mol· (m²·s)⁻¹	X_{TiO_2} /%	R_{TiO_2} /kg· (m²·s)⁻¹	X_{Coke} /%	R_{Coke} /kg· (m²·s)⁻¹	R_{TiCl_4} /t· (m²·d)⁻¹
9.18－2 号	650	0.9	4.6	100:30	20.62	2.58	23.54	0.081	12.96	0.014	13.99
9.18－3 号	700	0.7	4.6	100:30	23.51	2.38	21.31	0.073	11.06	0.012	12.67
9.18－4 号	700	1.0	4.6	100:30	25.40	3.24	30.87	0.106	15.87	0.017	18.35
9.20－1 号	700	0.9	4.6	100:30	35.45	4.53	45.04	0.155	24.23	0.026	26.77

项　目	$T/℃$	U_g /m·s^{-1}	G_s /kg·h^{-1}	Slag/Coke /kg·kg^{-1}	X_{Cl_2} /%	R_{Cl_2} /mol· (m^2·s)$^{-1}$	X_{TiO_2} /%	R_{TiO_2} /kg· (m^2·s)$^{-1}$	X_{Coke} /%	R_{Coke} /kg· (m^2·s)$^{-1}$	R_{TiCl_4} /t· (m^2·d)$^{-1}$
9.20 - 2 号	700	0.9	5.8	100:30	32.17	4.11	30.55	0.134	15.92	0.022	23.21
9.20 - 3 号	700	0.9	7.0	100:30	33.75	4.31	25.65	0.137	13.76	0.023	23.72
9.20 - 4 号	700	0.7	5.8	100:30	32.91	3.33	23.80	0.105	12.49	0.017	18.09
9.20 - 5 号	700	1.2	5.8	100:30	29.88	4.61	34.90	0.154	18.36	0.026	26.51

注：1. 试验中采用纯氯作为流化反应介质。T—反应温度，U_g—反应气速，G_s—颗粒进料速率，X_{Cl_2}—氯气转化率，R_{Cl_2}—氯气单位转化效率，X_{TiO_2}—高钛渣转化率，R_{TiO_2}—高钛渣单位面积转化效率，X_{Coke}—石油焦转化率，R_{Coke}—石油焦单位面积转化效率，R_{TiCl_4}—TiCl$_4$ 单位面积反应器的产能。

2. 作为比较，沸腾氯化工艺的单位面积反应器的产能为 25 ~ 40t TiCl$_4$/（m^2·d）。

3. 数据由尾气分析得到。

a　TiO$_2$ 转化率

对 700℃、0.9m/s 条件下的反应原料和收尘渣的形貌进行对比：低温氯化下的收尘渣颜色偏黑，这是高钛渣转化不完全的标志。如表 12 - 10 所示，在本试验低温氯化所采用的所有操作条件下，TiO$_2$ 的转化率在 20% ~ 45% 之间，即在只经过一级湍床时，由于停留时间过短，低温氯化时的高钛渣转化过于不完全。因此，为了增加停留时间，必须适当增加反应器级数。同时，因为低温氯化时没有熔融物黏结的影响，对于高钛渣颗粒可以采用和石油焦相同的操作状态——湍床，而不必采用部分湍床、部分循环流化床的状态，这样可以较好地利用该状态下高钛渣颗粒的返混特性来延长停留时间，提高高钛渣颗粒的转化率。

b　氯气转化率

如表 12 - 10 所示，在本试验低温氯化所采用的所有操作条件下，Cl$_2$ 的转化率均低于 36%，氯气过量。因此，如反应器采用一级模式，必须在冷凝工序后增加尾气（游离氯）循环回路以解决氯气单程转化率过低的事实。作为另一种解决办法，采用稀释的、氯气含量较低的混合气作为进气原料也可以解决氯气单程转化率较低的问题。

c　TiCl$_4$ 产能

反应器单位面积的 TiCl$_4$ 产能 R_{TiCl_4} 是衡量反应器产能的一个重要指标。如表 12 - 10 所示，新工艺在某些操作条件下的低温氯化（650℃、700℃）的产能已能够和沸腾床工艺（25 ~ 40t TiCl$_4$/（m^2·d））的下限相比（如 9.20 - 5 号），因此，在新型氯化工艺中采用低温氯化是有可能的。由此获得如下结论：从 TiCl$_4$ 产能上看，以组合式流化床进行低温氯化是可能的，关键是怎样增加高钛渣颗粒的停留时间，以保证高钛渣颗粒的单程转化率接近 100%；低温氯化条件下，湍床中的石油焦颗粒处于湍床状态，同时为利用返混增加高钛渣颗粒的停留时间，可以使高钛渣颗粒也处于湍床状态，而不用担心黏结问题，并应适当增加反应器级数；可以采用在 TiCl$_4$ 淋洗吸收单元后增加循环回路或者适当降低原料气中的氯气含量解决氯气单程转化率过低的问题。

B　高温氯化试验（750℃、800℃）

为考察高温条件（反应温度超过大多数易熔融氯化物熔点温度）下的氯化效果，为后续工作收集相关热态数据，在进行抗黏结效果考察的同时还进行了相关高温条件下的氯化试验，见表 12 - 11。

表 12 - 11　高温氯化试验结果

项　目	$T/℃$	U_g /m·s^{-1}	G_s /kg·h^{-1}	Slag/Coke /kg·kg^{-1}	X_{Cl_2} /%	R_{Cl_2} /mol· (m²·s)$^{-1}$	X_{TiO_2} /%	R_{TiO_2} /kg· (m²·s)$^{-1}$	X_{Coke} /%	R_{Coke} /kg· (m²·s)$^{-1}$	R_{TiCl_4} /t· (m²·d)$^{-1}$
10.31 - 2 号	750	1.1	4.6	100:30	33.61	4.86	54.04	0.194	28.98	0.031	39.89
10.31 - 3 号	750	0.7	4.6	100:30	71.02	6.39	71.09	0.256	39.78	0.043	52.47
10.31 - 4 号	750	0.9	5.8	100:30	58.04	6.81	60.04	0.272	32.85	0.045	55.88
10.31 - 6 号	750	0.9	4.6	100:30	63.53	7.45	82.86	0.298	44.02	0.048	61.16
10.19 - 1 号	800	0.9	5.8	100:30	78.36	9.19	81.06	0.368	43.93	0.060	75.44
*11.3 - 3 号	750	0.9	4.6	100:40	52.82	6.20	74.19	0.248	29.56	0.040	50.85
*11.5 - 1 号	750	0.7	4.6	100:40	52.31	4.71	56.39	0.188	30.34	0.041	38.65

注：1. *表示采用攀研院高钛渣作为反应原料，其余为表 12 - 3 原料。

　　2. 数据由收尘渣分析计算得到。

a　TiO_2 转化率

将 750℃、0.9m/s 条件下的收尘渣的形貌与低温氯化相比，高温氯化下的收尘渣颜色已明显偏灰（黄），这是高钛渣转化程度较高的标志。如表 12 - 11 所示，在本试验高温氯化所采用的所有操作条件下，TiO_2 的转化率均在 50% ~ 85% 之间，即在只经过一级湍床时，虽然与低温氯化（20% ~ 45%）相比高温氯化时的高钛渣转化率已有较大程度的提高，但距离 95% 以上的高钛渣转化率要求仍有一段差距。这是由于组合式流化床的操作特点，即气速较高、颗粒较易被夹带出床层，停留时间较短所导致的。作为一种增加停留时间的办法，适当增加反应器级数是一个较好的选择。在高温条件下，由于有熔融氯化物的出现，虽然组合式流化床能够有效防止黏结的发生，但是为防止颗粒间的频繁碰撞导致的黏结几率增大，对于熔融氯化物来源的高钛渣颗粒采用循环流化床状态或者采用如本试验中采用的部分湍床、部分循环床状态（0.9m/s、1.1m/s）以及接近循环床状态的湍床（0.7m/s）是一个更好的选择。

b　氯气转化率

如表 12 - 11 所示，在本试验高温氯化所采用的所有操作条件下，Cl_2 的转化率均低于 80%，氯气过量。因此与低温氯化近似，如反应器采用一级模式，必须在冷凝工序后增加尾气（游离氯）循环回路以解决氯气单程转化率过低的事实。作为另一种解决办法，采用稀释的、氯气含量较低的混合气作为进气原料也可以解决氯气单程转化率较低的问题。

c　$TiCl_4$ 产能

作为衡量反应器产能的一个重要指标，如表 12 - 11 所示，组合式流化床在高温条件下的产能（一级反应器）在 35 ~ 75t $TiCl_4$/(m²·d)，大约是沸腾床工艺的 1 ~ 3 倍，其低限已接近沸腾床工艺（25 ~ 40t $TiCl_4$/(m²·d)）的上限。因此，与传统的沸腾床工艺相比，新型氯化工艺在产能方面也具有明显的竞争优势。

获得如下结论：以组合式流化床进行高温氯化（750℃、800℃）时，TiCl₄产能是传统的沸腾床工艺的1~3倍，但仍存在高钛渣一级单程转化率过低的问题；高温氯化条件下，湍床中的石油焦颗粒处于湍床状态，同时为防止黏结几率增大，高钛渣颗粒应尽量处于接近循环床的湍床状态，或者使用循环床状态以及部分湍床、部分循环床状态；氯气单程转化率较低可以采用在TiCl₄淋洗吸收单元后增加循环回路的办法进行解决或者适当降低原料气中的氯气含量。

12.3.6.3 操作规律

不同的操作条件对氯化效率有不同的影响，因此本研究针对反应温度、操作气速、颗粒进料量、原料钙镁含量这四个对氯化反应影响较大的因素进行了操作规律的试验，以期获得相关的热态数据。在本部分试验中，除非特别注明，所用高钛渣均为表12-3中的原料，且矿碳质量比为100：30。

A 反应温度的影响

如图12-8所示，在其他条件不变的情况下，当反应温度逐渐提高时，因为氯化反应速率增大，相应的TiO_2转化率和单位面积产能也相应增大。因此在设备材质和能量消耗能够承受的条件下，应尽量提高反应温度，但应结合具体的经济、生产要求进行确定。

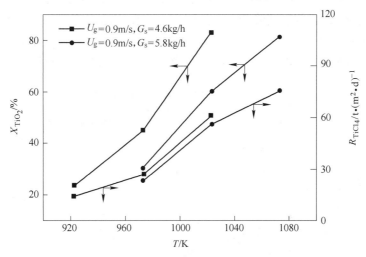

图12-8 反应温度对氯化效果的影响

B 气速的影响

图12-9是不同操作气速条件下的氯化效果对比图。如图12-9所示，当颗粒进料量较少（4.6kg/h）时，随着气速逐渐增大，TiO_2转化率并不呈单调变化，而是出现了一个极大峰值。

根据图12-6所示，高钛渣颗粒此时处于部分湍床、部分循环床状态，当气速增大时，湍床湍动效果增强，气固间扩散速率增大，但同时也有更多的高钛渣颗粒快速通过床层而导致高钛渣颗粒平均停留时间减少，双方竞争的结果导致了TiO_2转化率以及相应的$TiCl_4$产能的非单调性变化。而在颗粒进料量较大（5.8kg/h）时，因为湍床中阻力相应增大，此时气速的提高对扩散速率的影响大，因此，相应的TiO_2转化率、$TiCl_4$产能也逐渐增大。因此应根据具体进料量选择峰值附近的气速进行操作。

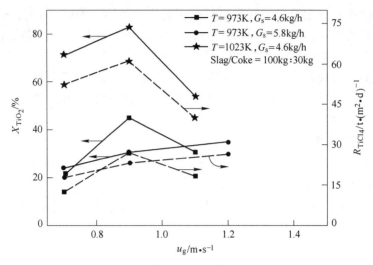

图 12 - 9　气速对氯化效果的影响

C　颗粒进料量的影响

如图 12 - 10 所示，在其他操作条件恒定的情况下，当颗粒进料量逐渐增加时，相应的 TiO$_2$ 转化率、TiCl$_4$ 产能逐渐降低。这是因为在此反应温度范围内，扩散速率是反应的控制步骤，当颗粒进料量增加时，因为湍床内阻力增大，湍动效果变差，相应的扩散速率降低，从而导致反应效率的降低。因此在实际操作时，颗粒原料进料量不应过高。

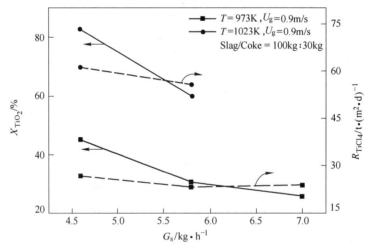

图 12 - 10　颗粒进料量对氯化效果的影响

D　原料中 Ca、Mg 含量的影响

图 12 - 11 是在其他操作条件完全相同的情况下，分别以 1 号高钛渣（见表 12 - 3）和 2 号高钛渣（见表 12 - 5）作为反应原料时的氯化效果对比图。

如图 12 - 11 所示，即使采用较多的配碳量，当高钛渣中钙镁含量较高时（2 号），TiO$_2$ 转化率较低，同时因为原料中 TiO$_2$ 含量（1 号 - 96.9%，2 号 - 79.58%）较低，相关的 TiCl$_4$ 产能也较低。至于 TiO$_2$ 转化率降低的原因，在本热态小试平台上无法进行更为细致的研究，应进行热态仿真试验，从矿相结构等方面进行进一步的分析研究。

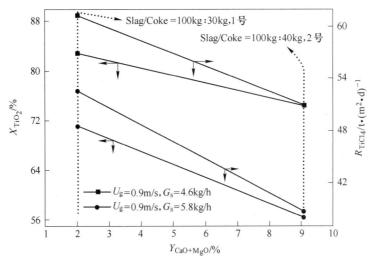

图 12-11　原料中钙、镁含量对氯化效果的影响

　　因此，得到如下结论：反应温度较高时，有利于 TiO_2 转化率、$TiCl_4$ 产能的提高；气速的提高虽然有利于气固间传质，但同时也导致了高钛渣颗粒停留时间的缩短，双方竞争的结果有可能导致 TiO_2 转化率、$TiCl_4$ 产能极大峰值的出现；过高的颗粒进料量将导致床层湍动程度的降低，从而导致 TiO_2 转化率、$TiCl_4$ 产能的降低；高钛渣中钙镁含量过高时，其 TiO_2 转化率、$TiCl_4$ 产能将降低。

　　根据上述分析，对于高钙镁原料的氯化，可以采用两种方法作为解决手段：低温氯化和高温氯化。两种方法的比较见表 12-12。

表 12-12　低温氯化和高温氯化解决高钙镁原料氯化黏结问题的比较

方　法	缺　点	优　点	颗粒状态		高钛渣停留时间 主要控制手段	产能与沸腾床 工艺相比
			高钛渣	石油焦		
低温氯化	产能低	无熔融物黏结	湍床	湍床	湍床返混、多级	相当湍床低限
高温氯化	粒径和气速匹 配要求严格	产能高	极接近或 处于循环床	湍床	粒径和气速 配合、多级	湍床的 1~3 倍

　　已进行的热态小试已证明了组合式流化床抗黏结思路的可行性，同时获得了一些至关重要的热态数据，但是，在热态小试中同样发现了一些诸如颗粒粒径和气速间的匹配关系未优化等问题，因此，需要针对这些发现的问题进行进一步的热态试验，以获得更为坚实的理论和试验基础。

12.4　反应器模拟

　　以组合式流化床作为氯化反应器，对高钙镁原料进行了热态试验，结果表明：组合式流化床反应器具有良好的抗黏结能力。这种抗黏结能力得益于湍动引起的颗粒间强的剪切力。在热态试验中，所选择的高钛渣颗粒粒径分布和气体速度的匹配关系使部分较细的颗粒处于循环流态化状态，这部分颗粒较少返混而接近于以平推流模式直接穿越床层。因此，这部分颗粒能够带来更大的湍动程度并导致颗粒间剪切力更强，同时较短的返混使颗粒间接触时间也较短，从而更有利于防止黏结的发生。基于这点，如果使高钛渣颗粒完全处于循环流化状态，应能更加有利于防止黏结的发生。对这种情况，为了在进一步的热态试验设计前获得更为完整的认识，基于颗粒群体平衡模型（population balance model）和气泡聚并模型，首先建立了一个一维轴向模型并对这种情况进行了模拟。考虑到颗粒在提升管中极短的停留时间，颗粒只进行了极少的转化，也就是说在组合式流化床中提升管只起到了连接反应器各部分、分散和加热颗粒的作用，因此可以放弃在提升管部分的氯化反应。为了减少不必要的分布板磨损，可以使石油焦颗粒不进入提升管而直接进入半流化床，如图 12 - 12 所示。在这一节中，将主要对这种情况进行模拟研究。

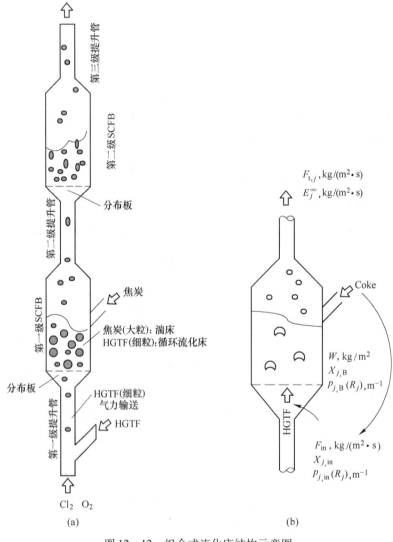

图 12 - 12　组合式流化床结构示意图

12.4.1 反应体系

在较小规模的反应器中（中试试验），尤其是以金红石作为原料时，因为氯化过程中的反应放热量较小，与反应放热量相比热量损失较大，从而不能够通过自热保持一定的反应温度。为了保持一定的反应温度，通常使用 Cl_2 和 O_2 的混合气进行反应，同时适当增大焦炭含量，通过焦炭和氧之间的氧化反应来提供部分热量，以保证反应所需的温度。因此当焦炭存在时，整个反应体系可表示如下：

$$TiO_2(s) + 2CO(g) + Cl_2(g) \xrightarrow{K_1} TiCl_4(g) + 2CO_2(g) \qquad (12-14)$$

$$\theta C(s) + O_2(g) \xrightarrow{K_2} 2(\theta-1)CO(g) + (2-\theta)CO_2(g) \qquad (12-15)$$

$$2CO(g) + O_2(g) \xrightarrow{K_3} 2CO_2(g) \qquad (12-16)$$

$$C(s) + CO_2(g) \xrightarrow{K_4} 2CO(g) \qquad (12-17)$$

其中反应式（12-16）只有当存在 H_2O 的情况下才有可能快速反应[21]，而在氯化过程中，为了防止 Cl_2 和 H_2O 反应产生腐蚀性的 HCl，要求整个反应系统干燥，因此该反应在氯化反应体系中被忽略。反应式（12-15）为炭的燃烧反应[26]，根据炭粒大小和反应温度的不同，在燃烧反应中有不同比例的 CO 和 CO_2 生成。反应式（12-17）为焦炭气化的布多尔反应，因为该反应的存在，C 转变为 CO，改变了还原剂的状态，从而使反应式（12-14）能够顺利进行。在氯化反应体系研究中通常将反应式（12-14）和式（12-17）联立。因此最终反应体系表达为：

$$TiO_2(s) + 2Cl_2(g) + \frac{2(\gamma+1)}{\gamma+2}C(s) = TiCl_4(g) + \frac{2\gamma}{\gamma+2}CO(g) + \frac{2}{\gamma+2}CO_2(g)$$
$$(12-18)$$

$$\theta C(s) + O_2(g) = (\theta-1)CO + (2-\theta)CO_2 \qquad (12-19)$$

相应的反应速率和参数见表 12-13。焦炭粒径缩减速率应为反应式（12-19）（R_C^{II}）和式（12-18）（R_r）的综合后的速率。

12.4.2 数学模型

12.4.2.1 提升管部分——热量平衡方程

根据提升管部分的气力输送状态的特征，假设如下：

（1）气体、富钛料颗粒呈平推流形式自下向上运动。

（2）径向无速度、浓度、温度分布，并忽略颗粒在轴向方向离析的影响。

（3）气体通过管壁被加热并通过对流扩散加热富钛料颗粒，忽略传导和辐射的影响。

A　气相热量平衡

因为反应式（12-18）和式（12-19）生成的反应产物均为气体，因此假设气固反应生成的热量均被生成的气体产物带入气相，而固体颗粒和气相间通过扩散进行热量传递。所以稳定状态下微元中气相热量平衡方程如下：

$$C_{r,g} U_g \rho_g \frac{dT_g}{dh} = Q_w - \int_{\text{all } R_r} \frac{3}{R_r} h_{P,r}(T_g - T_{r,S}^{R_r}) \varepsilon_r p_r(R_r) dR_r \qquad (12-20)$$

等式右边第二项为气相传递给固体颗粒富钛料的热量，Q_w 为气体和管壁间的热量交换量。在提升管部分采用管壁沿程加热时（管壁温度恒定），则 $Q_w = \dfrac{4}{D_f} h_{wf}(T_{wf} - T_g)$，$D_f$ 为提升管管径，h_{wf} 为管壁和气相间的湍流热量扩散系数。$\varepsilon_r = 1 - \varepsilon_f$ 为提升管中高度 h 处富钛料的体积分率，$\varepsilon_f (=0.998)$ 为提升管内气体体积分率。

    B   固体颗粒热量平衡

    对于粒径为 R_j 的颗粒，其在微元中的热量平衡方程为：

$$C_{p,r} \frac{\mathrm{d}[G_{s,r} T_{r,S}^{R_r} p_r(R_r) \Delta R_r]}{\mathrm{d}h} = \frac{3}{R_r} h_{p,r}(T_g - T_{r,S}^{R_r}) \varepsilon_r p_r(R_r) \Delta R_r \qquad (12-21)$$

    提升管模型在提升管入口处的边界条件为气体和富钛料颗粒的初始值，在（Ⅱ）中列出。

12.4.2.2 半循环流化床部分

    根据半循环流化床的特征假设如下：

    整个床层分为两相：气泡相、乳相，忽略气泡周围的晕相[23,24]。气泡相中的气体呈平推流模式；乳相中的富钛料颗粒呈平推流模式向上运动；乳相中气体和焦炭颗粒呈全混流模式运动。其中较细的、呈平推流运动的焦炭颗粒在焦炭颗粒总量中的分率在整个模拟范围内不超过 10%，并且其中部分是由较大颗粒通过反应缩减生成的，因此忽略呈平推流运动的焦炭颗粒的影响。

    乳相中的焦炭颗粒处于最小流化状态并考虑气泡相和乳相间的传质阻力[23]。忽略径向温度、浓度、速度分布，同时因为强烈的混合作用，认为全床温度均匀一致，各相间没有温差存在。关于气泡和乳相的一些特征参数见表 12-13。

表 12-13   在模型中使用的一些关联式

关 联 式	研 究 者
在生成气中 CO/CO$_2$ $\gamma = 1/(-0.0167T + 23.378)$	Lin 和 Lee[25]
参数 θ $\theta = \dfrac{2P_A + 2}{P_A + 2}$ $d_c < 0.05\,\mathrm{mm}$, $\theta = 1.0$ $d_c \geqslant 1.0\,\mathrm{mm}$ $\theta = \dfrac{2P_A + 2 - P_A \dfrac{d_c - 50 \times 10^{-6}}{950 \times 10^{-6}}}{P_A + 2}$ $0.05\,\mathrm{mm} \leqslant d_c < 1.0\,\mathrm{mm}$ $P_A = 2500 e^{-6239/T}$	Rajan 和 Wen[26] Lin 和 Lee[27]
富钛料反应速率 $-\Re_r(R_r, C_{Cl_2}, T) = -R_{r,0} \dfrac{0.294}{60} e^{-\frac{45270}{R_g T}} P_{Cl_2}^{0.692} d_c^{-0.55} \left(\dfrac{m_{coke}}{m_{ore}}\right)^{0.376}$	Rajan 和 Wen[26]
焦炭反应速率 $-\Re_C^{\mathrm{II}}(R_C, C_{O_2}, T) = -\dfrac{\rho_C}{M_C} \theta K_{O_2} C_{O_2}$ $K_{O_2} = \dfrac{595}{\theta} T \cdot e^{-\frac{149200}{R_g T}}$	Wen 和 Chen[28]
扬析常数 $E_C^\infty = \rho_C (1 - \varepsilon_i) U_{si}$	Kunii 和 Levenspiel[23]

关 联 式	研 究 者
全床气泡分率 $\varepsilon_b = \begin{cases} \dfrac{U_g - u_{mf}}{u_b + u_{mf}} & u_b \approx \dfrac{u_{mf}}{\varepsilon_{mf}} \\[3mm] \dfrac{U_g - u_{mf}}{u_b} & u_b \approx \dfrac{5u_{mf}}{\varepsilon_{mf}} \end{cases}$	Cai 和 Schiavetti 等[29]
气泡直径 $D_b = 0.2 H_B^{0.8} p_r^{0.06} (U_g - u_{mf})^{0.42} \exp[-1.4 \times 10^{-4} p_r^2 -$ $\qquad 0.25(U_g - u_{mf})^2 - 0.1 p_r(U_g - u_{mf})]$ $p_r = \dfrac{P}{P_a}$	Davidson 和 Harrison[30]
气泡上升速率 $u_b = (U_g - u_{mf}) + 0.71(gD_b)^{\frac{1}{2}}$ 最小流化速度 $u_{mf} = U_g - u_b \varepsilon_b$	Sit 和 Grace[31]
湍床中气泡相和乳化相间的传质系数 $K_{be,j} = \dfrac{u_{mf}}{3} + 2\left(\dfrac{D_m \varepsilon_{mf} u_b}{\pi D_b}\right)^{0.5}$ 气体扩散第二项被忽略	Li[32]
湍床中气固间传质系数 $\varepsilon_B \dfrac{K_{p,k}}{U_g} Sc^{2/3} = \dfrac{0.765}{Re_p^{0.82}} + \dfrac{0.365}{Re_p^{0.335}}$	Li[32]
提升管中气固间传热系数 $\dfrac{h_{p,j}}{\rho_g U_g C_{p,g}} p_r^{2/3} = \dfrac{1.10}{Re_p^{0.41} - 0.15}$	

A　气泡相中气体成分平衡方程

将湍床沿轴向向上分为 n 个小单元，在稳定状态下针对 i 单元对气泡相建立平衡方程如下：

$$-u_b \frac{dC_{k,b}}{dh} = K_{be,k} \frac{6}{D_b}(C_{k,b} - C_{k,I}) \qquad (12-22)$$

其中，k 表示 Cl_2、O_2、CO 和 CO_2，$C_{k,b}$、$C_{k,I}$ 分别表示 i 单元处气泡相和乳相孔隙中的气体浓度。

B　乳相中气体成分平衡方程

$$Q_I(C_{k,in} - C_{k,I}) = M_{k,r} + M_{k,C} - \int_0^{H_B} \varepsilon_b \frac{6}{D_b} K_{be,k}(C_{k,b} - C_{k,I}) dh \qquad (12-23)$$

其中，$M_{k,r}$、$M_{k,C}$ 分别表示 k 种气体向富钛料和焦炭颗粒表面传质的量，其表达式见表 12 – 14。

表 12 - 14　$M_{k,r}$、$M_{k,C}$ 的表达方法

k	$M_{k,r}$	$M_{k,C}$
Cl$_2$	$\displaystyle\int_0^{H_B}\Big[\int_{all\,R_r}A\varepsilon_{r,B}\frac{3}{R_r}p_{r,B}(R_r,h)K_{p,k}(C_{k,I}-C_{k,S}^{R_r}(h))\Big]dhdR_r$	0
O$_2$	0	$\displaystyle\int_{all\,R_C}\frac{WX_{C,B}p_{C,B}(R_C)}{\rho_C}\frac{3}{R_C}K_{p,k}(C_{k,I}-C_{k,S}^{R_C})dR_C$
CO CO$_2$	$\displaystyle\int_0^{H_B}\Big[\int_{all\,R_r}A\varepsilon_{r,B}\frac{3}{R_r}p_{r,B}(R_r,h)K_{p,k}(C_{k,I}-C_{k,S}^{R_r}(h))\Big]dhdR_r$	$\displaystyle\int_{all\,R_C}\frac{WX_{C,B}p_{C,B}(R_C)}{\rho_C}\frac{3}{R_C}K_{p,k}(C_{k,I}-C_{k,S}^{R_C})dR_C$

表中，W 为湍床单位面积上的颗粒重量，并且湍床床层单位面积上的焦炭颗粒重量为：$WX_{C,B}=H_B(1-\varepsilon_b)(1-\varepsilon_{mf})/(\frac{1}{\rho_C}+\frac{1-X_{C,B}}{X_{C,B}}/\rho_r)$，$H_B$ 为湍床床高；$Q_I=u_{mf}A$，为乳相中通过空隙的气体体积流量；床内富钛料体积分率如下所示：

$$\varepsilon_{r,B}=(1-\varepsilon_b)(1-\varepsilon_{mf})/\Big[\Big(\frac{1}{X_{r,B}}-1\Big)\frac{\rho_r}{\rho_C}+1\Big]$$

C　气固传质方程

$$K_{p,k}(C_{k,I}-C_{k,S}^{R_j})=r_{T,k}^j \tag{12-24}$$

当 j 表示富钛料时，用 $C_{k,S}^{R_j}(h)$ 代替 $C_{k,S}^{R_j}$，表示轴向 h 处 k 种气体在粒径为 R_j 的富钛料颗粒的表面浓度。其中 $r_{T,k}^j$ 为颗粒表面反应速率，其表达式见表 12 - 15。

表 12 - 15　$r_{T,k}^j$ 的表达方法

k	j	$r_{T,k}^j$
Cl$_2$	HGTF	$r_{T,Cl_2}^r=\dfrac{2\rho_r}{M_r}\Re_r(R_r,C_{Cl_2,S}^{R_r}(h),T_B)$
O$_2$	Coke	$r_{T,O_2}^C=\dfrac{2\rho_C}{M_C}\Re_C^{II}(R_C,C_{O_2,S}^{R_C},T_B)$
CO	HGTF	$r_{T,Cl_2}^r=\dfrac{2\rho_r}{M_r}\Re_r(R_r,C_{Cl_2,S}^{R_r}(h),T_B)$
CO	Coke	$r_{T,CO}^C=-\dfrac{2(\theta-1)}{\theta}\dfrac{\rho_C}{M_C}\Re_C^{II}(R_C,C_{O_2,S}^{R_C},T_B)-$ $2\dfrac{\displaystyle\int_0^{H_B}\Big[\int_{all\,R_r}p_{r,B}(R_r,h)\frac{3}{R_r}\frac{\rho_r}{M_r}\Re_r(R_r,C_{Cl_2,S}^{R_r}(h),T_B)\frac{2(\gamma+1)}{\gamma+2}\Big]dhdR_r}{\displaystyle\int_{all\,R_C}\frac{WX_{C,B}}{\rho_C}p_C(R_C)\frac{3}{R_C}dR_C}$
CO$_2$	HGTF	$r_{T,CO_2}^r=-\dfrac{2\rho_r}{M_r}\Re_r(R_r,C_{Cl_2,S}^{R_r}(h),T_B)$

k	j	$r_{T,k}^{j}$
CO_2	Coke	$r_{T,CO}^{C} = -\dfrac{2(\theta-1)}{\theta}\dfrac{\rho_C}{M_C}\Re_C^{\mathrm{II}}(R_C, C_{O_2,S}^{R_C}, T_B) -$ $2\dfrac{\displaystyle\int_0^{H_B}\Big[\int_{\mathrm{all}\,R_r}p_{r,B}(R_r,h)\dfrac{3}{R_r}\dfrac{\rho_r}{M_r}\Re_r(R_r,C_{Cl_2,S}^{R_r}(h),T_B)\dfrac{2(\gamma+1)}{\gamma+2}\Big]\mathrm{d}h\mathrm{d}R_r}{\displaystyle\int_{\mathrm{all}\,R_C}\dfrac{WX_{C,B}}{\rho_C}p_C(R_C)\dfrac{3}{R_C}\mathrm{d}R_C}$

D 乳相中颗粒相平衡方程（population balance）

因为富钛料颗粒在半循环流化床中呈平推流模式通过床层，因此离开半循环流化床的富钛料流量为 $G_{s,r}(H_B)$；因为焦炭颗粒在半循环流化床中呈湍床状态，因此焦炭颗粒被夹带出半循环流化床的流量和床层中的颗粒分率成正比[28]。

a 富钛料颗粒

如图 12 - 12（b）所示，在稳定状态下，粒径为 R_r 的富钛料颗粒质量平衡方程表示如下：

$$\frac{\mathrm{d}\big[G_{s,r}(h)p_{r,B}(R_r,h)\Delta R_r\big]}{\mathrm{d}h} = \varepsilon_{r,B}\rho_r p_{r,B}(R_r+\Delta R_r)\Re_r(R_r+\Delta R_r, C_{Cl_2,S}^{R_r+\Delta R_{rj}}(h), T_B) -$$
$$\varepsilon_{r,B}\rho_r p_{r,B}(R_r,h)\Re_r(R_r, C_{Cl_2,S}^{R_r}(h), T_B) -$$
$$\frac{3}{R_r}\varepsilon_{r,B}\rho_r p_{r,B}(R_r,h)\Delta R_r\Re_r(R_r, C_{Cl_2,S}^{R_r}, T_B) \qquad (12-25)$$

对所有粒径的富钛料颗粒，有下列平衡方程成立：

$$\frac{\mathrm{d}\big[G_{s,r}(h)\big]}{\mathrm{d}h} = -\int_{\mathrm{all}\,R_r}\frac{3}{R_r}\varepsilon_{r,B}\rho_r p_{r,B}(R_r,h)\Re_r(R_r, C_{Cl_2,S}^{R_r}, T_B)\mathrm{d}R_r \qquad (12-26)$$

b 焦炭颗粒

如图 12-12（b）所示，在稳定状态下，粒径为 R_C 的富钛料颗粒质量平衡方程表示如下：

$$\frac{\mathrm{d}\big[p_{C,B}(R_C)\Re_C(R_C, C_{k,S}^{R_C}, T_B)\big]}{\mathrm{d}R_C} = \frac{3}{R_C}p_{C,B}(R_C)\Re_C(R_C, C_{k,S}^{R_C}, T_B) +$$
$$\frac{E_C^{\infty}(R_C)X_{C,B}p_{C,B}(R_C)}{WX_{C,B}} - \frac{F_{in}X_{C,in}}{WX_{C,B}}p_{C,in}(R_C) \qquad (12-27)$$

式中 F_{in}——提升管顶部，即进入湍床的颗粒质量通量；

E_C^{∞}——扬析速率常数（表达式见表 12 - 13）。

因此，从湍床顶部出口离开或进入第二级的焦炭质量通量：

$$F_{t,C} = E_C^{\infty}(R_C)X_{C,B}p_{C,B}(R_C)\mathrm{d}R_C$$

另外，$p_{j,B}(R_j)$ 满足归一化方程：

$$\int_{\mathrm{all}\,R_j}p_{j,B}(R_j)\mathrm{d}R_j = 1 \qquad (12-28)$$

当 j 为富钛料时，以 $p_{r,B}(R_r,h)$ 代替 $p_{j,B}(R_j)$，表示 h 处富钛料颗粒粒径分布的归一化方程。

E 热量平衡方程

稳定状态下，半循环流化床部分的热量平衡方程为：

$$
\left[C_{p,\mathrm{g}} U_g \rho_\mathrm{g}(T_\mathrm{B} - T_\mathrm{f}) + \int_{\mathrm{all}\,R_\mathrm{r}} C_{p,\mathrm{r}} G_{\mathrm{s,r}}(H_\mathrm{B})(T_\mathrm{B} - T_\mathrm{f}) + \int_{\mathrm{all}\,R_\mathrm{C}} C_{p,\mathrm{C}} E_\mathrm{C}^{\infty} X_{\mathrm{C,B}} p_{\mathrm{C,B}}(R_\mathrm{C})(T_\mathrm{B} - T_\mathrm{f}) \mathrm{d}R_\mathrm{C} \right] -
$$

$$
\left\{ C_{p,\mathrm{g}} U_g \rho_\mathrm{g}(T_{\mathrm{g,in}} - T_\mathrm{f}) + \sum_{j=r,C} \left[\int_{\mathrm{all}\,R_j} C_{p,j} F_{\mathrm{in}} X_{j,\mathrm{in}} p_{j,\mathrm{in}}(R_j)(T_{j,\mathrm{S}}^{R_j} - T_\mathrm{f}) \mathrm{d}R_j \right] \right\}
$$

$$
= \left[\int_0^{H_\mathrm{B}} \int_{\mathrm{all}\,R_\mathrm{r}} \varepsilon_{\mathrm{r,B}} P_{\mathrm{r,B}}(R_\mathrm{r},h) \frac{3}{R_\mathrm{r}} \Re_\mathrm{r}(R_\mathrm{r}, C_{\mathrm{Cl_2,S}}^{R_\mathrm{r}}(h), T_\mathrm{B}) \frac{\rho_\mathrm{r}(-\Delta H_1)}{M_\mathrm{r}} \mathrm{d}h \mathrm{d}R_\mathrm{r} + \right.
$$

$$
\int_{\mathrm{all}\,R_\mathrm{C}} W X_{\mathrm{C,B}} p_{\mathrm{C,B}}(R_\mathrm{C}) \frac{3}{R_\mathrm{C}} \Re_\mathrm{C}^{\mathrm{II}}(R_\mathrm{C}, C_{\mathrm{O_2,S}}^{R_\mathrm{C}}, T_\mathrm{B}) \frac{-\Delta H_2}{\theta M_\mathrm{C}} \mathrm{d}R_\mathrm{C} \left] - \frac{4}{D_\mathrm{T}} K_{\mathrm{wT}}(T_\mathrm{B} - T_\mathrm{a}) \right. \quad (12-29)
$$

半循环流化床模型在提升管和半循环流化床连接处的边界条件根据提升管模型计算得到。半循环流化床中的热量生成速率（反应）和热量移出速率的表达式如下：

$$
Q_{\mathrm{gen}} = \int_0^{H_\mathrm{B}} \int_{\mathrm{all}\,R_\mathrm{r}} \varepsilon_{\mathrm{r,B}} p_{\mathrm{r,B}}(R_\mathrm{r},h) \frac{3}{R_\mathrm{r}} \Re_\mathrm{r}(R_\mathrm{r}, C_{\mathrm{Cl_2,S}}^{R_\mathrm{r}}(h), T_\mathrm{B}) \frac{\rho_\mathrm{r}(\Delta H_1)}{M_\mathrm{r}} \mathrm{d}R_\mathrm{r} \mathrm{d}h +
$$

$$
\int_{\mathrm{all}\,R_\mathrm{C}} W X_{\mathrm{C,B}} p_{\mathrm{C,B}}(R_\mathrm{C}) \frac{3}{R_\mathrm{C}} \Re_\mathrm{C}^{\mathrm{II}}(R_\mathrm{C}, C_{\mathrm{O_2,S}}^{R_\mathrm{C}}, T_\mathrm{B}) \frac{-\Delta H_2}{\theta M_\mathrm{C}} \mathrm{d}R_\mathrm{C} \quad (12-30)
$$

$$
Q_{\mathrm{rem}} = \left[C_{p,\mathrm{g}} U_g \rho_\mathrm{g}(T_\mathrm{B} - T_\mathrm{f}) + \int_{\mathrm{all}\,R_\mathrm{r}} C_{p,\mathrm{r}} G_{\mathrm{s,r}}(H_\mathrm{B})(T_\mathrm{B} - T_\mathrm{f}) \mathrm{d}R_\mathrm{r} + \right.
$$

$$
\int_{\mathrm{all}\,R_\mathrm{C}} C_{p,\mathrm{C}} E_\mathrm{C}^{\infty} X_{\mathrm{C,B}} p_{\mathrm{C,B}}(R_\mathrm{C})(T_\mathrm{B} - T_\mathrm{f}) \mathrm{d}R_\mathrm{C} \left] - \left\{ C_{p,\mathrm{g}} U_g \rho_\mathrm{g}(T_{\mathrm{g,in}} - T_\mathrm{f}) + \right.\right.
$$

$$
\sum_{j=r,C} \left[\int_{\mathrm{all}\,R_j} C_{p,j} F_{\mathrm{in}} X_{j,\mathrm{in}} p_{j,\mathrm{in}}(R_j)(T_{j,\mathrm{S}}^{R_j} - T_\mathrm{f}) \mathrm{d}R_j \right] \right\} + \frac{4}{D_\mathrm{T}} K_{\mathrm{wT}}(T_\mathrm{B} - T_\mathrm{a}) \quad (12-31)
$$

12.4.3 模型求解

半循环流化床模型方程为一个非线性微分方程组，采用向后差分方法离散模型方程，并采用逐步试差迭代法对离散方程组进行数值求解。图 12-13 为求解半循环流化床模型的流程图。求解提升管模型的方法与求解半循环流化床模型的方法类似。

12.4.4 计算结果与讨论

在反应器结构一定的情况下，初始炭矿比、氯气初始浓度、氧气初始浓度对氯化反应具有重要影响，下面通过模拟对这三个因素的影响进行了模拟研究。表 12-16 列出了模拟中采用的提升管入口初始操作条件和反应器尺寸，其中固体物料进料总量（$G_{\mathrm{s,0}}$）保持不变。计算中半循环流化床中的气流雷诺数范围为 650～2200；富钛料和石油焦的平均粒径分别为 40μm 和 0.618mm，提升管入口处颗粒粒度初始分布的典型情况如图 12-23 所示；富钛料的平均颗粒雷诺数为 0.2～0.7，石油焦的平均颗粒雷诺数为 3.2～11。与此相对应，传统的湍床工艺中的气流雷诺数范围为 100～600，富态料的平均颗粒雷诺数为 0.05～0.2，石油焦的平均颗粒雷诺数为 0.1～1.5。因此组合式气力输送反应器中的湍动

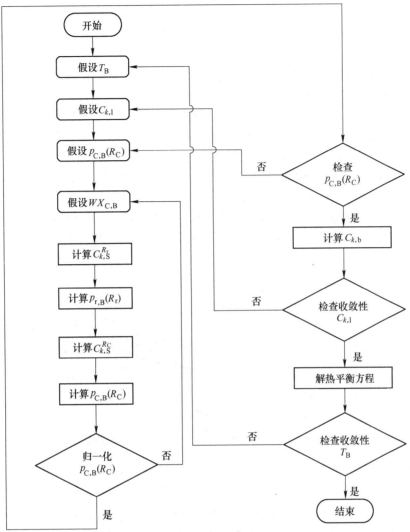

图 12 - 13 数值求解流程图

程度较传统的湍床要高，并且在 700 ~ 1100℃ 的范围内，扩散速率是氯化反应的控制步骤[4,12]，组合式气力输送反应器中的剧烈的湍动增大了气固间的传热、传质速率，从而组合式气力输送反应器中的氯化效率较传统的湍床要高。

表 12 - 16 模拟中采用的操作范围和反应器尺寸

$U_{g,0}/m \cdot s^{-1}$	6.7	$T_{C,0}/K$	298	H_f/m	3.5
$U_g/m \cdot s^{-1}$ （湍床）	1.3	$T_{g,0}/K$	773	D_T/m	0.25
$G_{s,0}$ $/kg \cdot (m^2 \cdot s)^{-1}$	0.56	H_B/m	1.0	H_T/m	5
$T_{r,0}/K$	298	D_f/m	0.11		

12.4.4.1　稳定状态

根据前一部分工作，半循环流化床中的热量生成速率（反应）和热量移出速率表达式见式（12-30）、式（12-31）。

图 12-14 是在不同的半循环流化床内外总传热系数下，半循环流化床中热量生成速率 Q_{gen} 和热量移出速率 Q_{rem} 随床层温度变化的趋势图。由图可见，在富钛料氯化的合适温度范围 700~1100℃（工业实际采用 800~1000℃）内，当传热系数过高时，热量移出速率将始终大于热量产生速率，无法实现热量平衡，从而导致半循环流化床床层温度的逐渐下降而大大降低反应效率；当传热系数过低时，热量生成速率将始终大于热量移出速率，同样无法在 700~1100℃ 的范围内实现热量平衡，床层温度将逐渐升高，并有可能超过材质耐热温度而导致生产危险产生；只有在合适的传热系数时，在此范围内才能实现热量平衡，存在 1~2 个平衡点。当存在两个平衡点时，温度较高的是稳定的。为了操作的稳定性，应选择该稳定点温度作为操作温度，下面的模拟中提到的模拟结果也都是在温度稳定点上获得的。

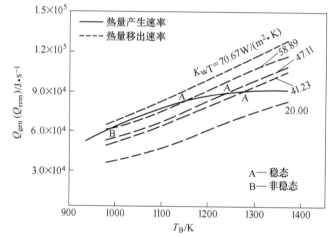

图 12-14　热量产生速率和移出速率随反应温度的变化

$G_{s,0}=0.56\mathrm{kg/(m^2 \cdot s)}$, $X_{r,0}=0.7$, $T_{s,0}=298\mathrm{K}$, $T_{g,0}=773\mathrm{K}$, $T_{wf}=1073\mathrm{K}$, $H_B=1.0\mathrm{m}$,

$C_{Cl_2,0}=23.34\mathrm{mol/m^3}$, $C_{O_2,0}=3.11\mathrm{mol/m^3}$, $C_{CO,0}=0.31\mathrm{mol/m^3}$, $C_{CO_2,0}=4.36\mathrm{mol/m^3}$

12.4.4.2　氧气初始浓度的影响

图 12-15 和图 12-16(a) 是氧气初始浓度对反应器特征和性质影响的模拟结果图。由图 12-16(a) 可见，随着氧气初始浓度的升高，焦炭转化速率逐渐增加，焦炭中用于燃烧反应的含量逐渐增加，放热量增大，这直接导致了半循环流化床反应温度的增高。如图 12-17 所示，在较高的温度范围内，焦炭燃烧反应与富钛料氯化反应相比对温度敏感性更高，进一步的如图 12-18 所示，当床层温度达到 1393K 时，床层内焦炭已经接近完全消耗。因此，在此温度范围内焦炭的燃烧消耗速率要较富钛料氯化消耗速率更快，这导致半循环流化床内富钛料含量提高（$X_{r,B}$ 升高），炭矿比下降。因为床层温度的升高，富钛料反应速率增快，因此富钛料转化率逐渐增大（如图 12-16(a) 所示）。与此相对应，因为颗粒扬析速率与半循环流化床内颗粒组成呈正比[17]，因此焦炭的扬析速率有所下降，同时离开床层的富钛料质量通量也因反应消耗而逐渐降低，总的颗粒扬析量也逐渐下降。

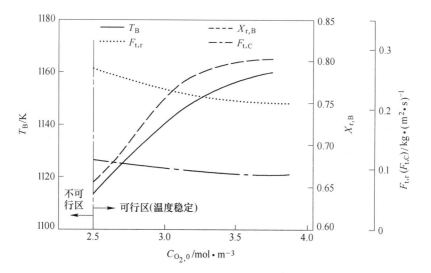

图 12 - 15　氧气初始浓度对反应器特征和性质的影响

$G_{s,0} = 0.56\,\mathrm{kg/(m^2 \cdot s)}$，$X_{r,0} = 0.7$，$T_{s,0} = 298\,\mathrm{K}$，$T_{g,0} = 773\,\mathrm{K}$，$T_{wf} = 1073\,\mathrm{K}$，$H_B = 1.0\,\mathrm{m}$，

$C_{Cl_2,0} = 23.34\,\mathrm{mol/m^3}$，$C_{CO,0} = 0.31\,\mathrm{mol/m^3}$，$C_{CO_2,0} = 4.36\,\mathrm{mol/m^3}$

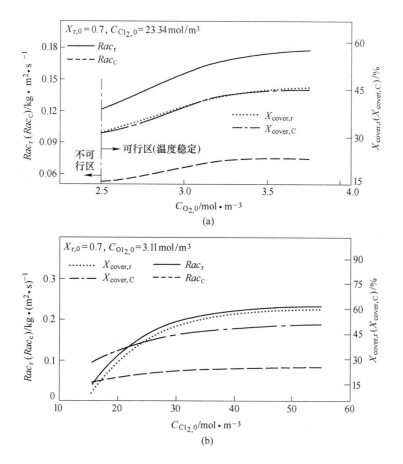

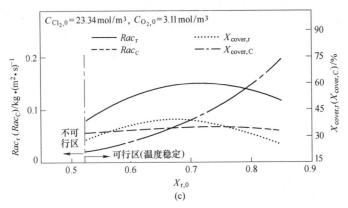

(c)

图 12－16   富钛料和焦炭反应效率的比较

$G_{s,0} = 0.56 \text{kg}/(\text{m}^2 \cdot \text{s})$，$T_{s,0} = 298\text{K}$，$T_{g,0} = 773\text{K}$，$T_{wf} = 1073\text{K}$，

$H_B = 1.0\text{m}$，$X_{r,0} = 0.7$，$C_{CO,0} = 0.31 \text{mol}/\text{m}^3$，$C_{CO_2,0} = 4.36 \text{mol}/\text{m}^3$

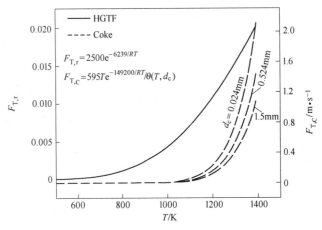

图 12－17   反应温度对温度因子的影响

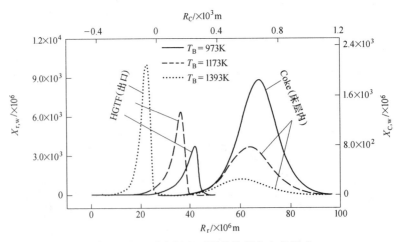

图 12－18   反应温度对颗粒粒径分布的影响

$G_{s,0} = 0.56 \text{kg}/(\text{m}^2 \cdot \text{s})$，$X_{r,0} = 0.7$，$T_{s,0} = 298\text{K}$，$T_{g,0} = 773\text{K}$，$T_{wf} = 1073\text{K}$，$H_B = 1.0\text{m}$，

$C_{Cl_2,0} = 23.34 \text{mol}/\text{m}^3$，$C_{O_2,0} = 3.11 \text{mol}/\text{m}^3$，$C_{CO,0} = 0.31 \text{mol}/\text{m}^3$，$C_{CO_2,0} = 4.36 \text{mol}/\text{m}^3$

根据上述分析，在保持床层高度不变的情况下，在利用焦炭燃烧反应提供热量以使半循环流化床温度保持在合适的温度范围内时，从富钛料转化速率上看，增加氧气浓度是有利于富钛料的转化的。但是当氧气浓度过高时，因为焦炭的燃烧反应大量消耗焦炭，将导致床层内焦炭含量迅速降低，这对希望焦炭起到稀释剂的作用来稀释反应中产生的 $CaCl_2$、$MgCl_2$ 来说是不可取的。另外当氧气初始浓度低于某一数值时，同样会因为燃烧放热量减少，温度达不到合适的反应温度而导致反应不能发生。如图 12-19 所示，当氧气初始浓度低于 $2.5mol/m^3$（如 $2.375mol/m^3$）时，因为热量产生速率始终低于热量移出速率，半循环流化床反应温度将不断下降而不能在合适的温度范围内达到热量平衡，因此在低于该浓度时，操作处于不可行区域。综合上述，根据反应要求，氧气初始浓度的选取应确定在某一范围内，在床层内焦炭含量不过分低和床体材质可以承受时，较高的氧气初始浓度对提高富钛料转化率是有利的。

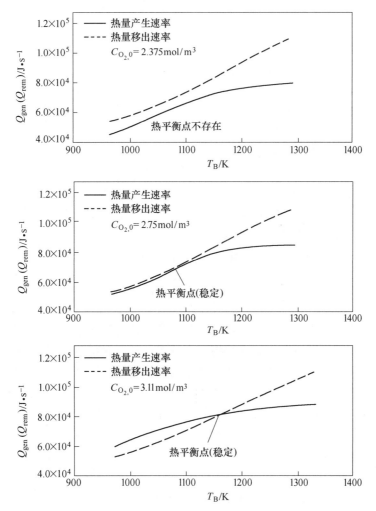

图 12-19 不同氧气初始浓度对热量产生和移热速率的影响

$G_{s,0} = 0.56kg/(m^2 \cdot s)$，$X_{r,0} = 0.7$，$T_{s,0} = 298K$，$T_{g,0} = 773K$，$T_{wf} = 1073K$，$H_B = 1.0m$，

$C_{Cl_2,0} = 23.34mol/m^3$，$C_{CO,0} = 0.31mol/m^3$，$C_{CO_2,0} = 4.36mol/m^3$

12.4.4.3   氯气初始浓度的影响

图 12 – 20 和图 12 – 16(b) 是氯气初始浓度对反应器特征和性质影响的模拟结果图。如图 12 – 16(b) 所示，当氯气初始浓度逐渐增加时，富钛料的转化率逐渐增大，这是因为氯气浓度的增高增大了氯气分子和富钛料颗粒的接触机会的缘故。但是当氯气初始浓度增大到一定程度时，富钛料的转化率的增加已不明显，这是因为过高的氯气浓度已不能有效地提高气固接触机会的缘故。因为富钛料转化率的增大，反应放热量增大，床层温度增高，但是这种增高是不显著的。与此同时，因为富钛料转化率的增大和床层温度升高，焦炭转化率增大，这些变化的相对结果是导致床层内富钛料分率的相对升高。与此相对应，焦炭扬析量将逐渐减少，同时离开床层的富钛料质量通量也因反应消耗而降低，因此床层总的颗粒扬析量减少。

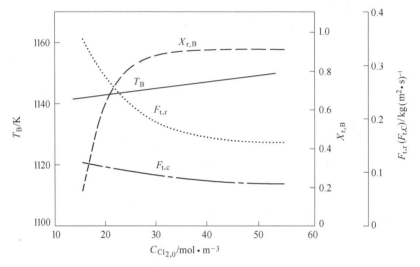

图 12 – 20   初始氯气浓度对反应器特征和性质的影响

$G_{s,0} = 0.56 kg/(m^2 \cdot s)$，$X_{r,0} = 0.7$，$T_{s,0} = 298K$，$T_{g,0} = 773K$，$T_{wf} = 1073K$，$H_B = 1.0m$，

$C_{O_2,0} = 3.11 mol/m^3$，$C_{CO,0} = 0.31 mol/m^3$，$C_{CO_2,0} = 4.36 mol/m^3$

根据上述分析，适当提高氯气初始浓度对提高富钛料转化率是有利的，但是当氯气初始浓度过高时，继续增加氯气初始浓度将不能有效提高富钛料转化率。在工业生产中，作为物料的循环使用，通常使用四氯化钛氧化制取二氧化钛的氧化尾气作为四氯化钛生产的氯气来源，其中氯气含量是较高的（体积百分比 70% ~ 85%，本节模拟中氯气体积含量大部分为 75%），此时在以组合式气力输送反应器作为氯化反应器时，不向尾气中添加纯氯气而直接作为氯气来源就成为一种可能。

12.4.4.4   初始炭矿比的影响

图 12 – 21 和图 12 – 16(c) 是初始炭矿比对反应器特征和性质影响的模拟结果图。如图 12 – 16(c) 所示，当初始炭矿比较高时，随着初始炭矿比的逐渐减小（即富钛料初始含量 $X_{r,0}$ 逐渐增加），通过床层的富钛料质量通量增大，因此富钛料转化量（Rac_r）将逐渐增大，离开床层的富钛料质量通量反而逐渐减少，这实际上意味着此时床层尚未达到富钛料转化的饱和能力。与此同时，因为富钛料转化反应放热量和焦炭燃烧反应的放热量的影响，床层温度将逐渐增大。但是，当富钛料初始含量进一步增高时，通过床层的富钛料

增多，并且富钛料的转化量将不能完全抵消富钛料的增加量，因此离开床层的富钛料质量通量将逐渐增大，这直接导致更多的热量被富钛料带离床层，并将超过反应放热量的影响，因此床层温度将逐渐降低。与此相对应，随着富钛料初始含量的增加，进入床层的焦炭含量将逐渐降低，直接影响到床层内的焦炭含量，这种影响和反应的影响一起导致了床层内炭矿比的降低（焦炭含量降低），因此焦炭扬析量将逐渐降低，同时炭矿比降低的影响和温度降低的影响都将导致富钛料转化速率的降低，所以富钛料转化量（Rac_r）也将逐渐降低。这些影响的综合结果是：随着富钛料初始含量的升高（初始炭矿比降低），床层内富钛料分率逐渐增加，并且床层温度、富钛料扬析量、富钛料转化量将在某一数值处出现峰值。

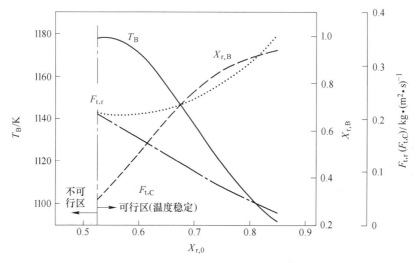

图 12 - 21　初始炭矿比对反应器特征和性质的影响

$G_{s,0} = 0.56\text{kg}/(\text{m}^2 \cdot \text{s})$，$T_{s,0} = 298\text{K}$，$T_{g,0} = 773\text{K}$，$T_{wf} = 1073\text{K}$，$H_B = 1.0\text{m}$，$C_{Cl_2,0} = 23.34\text{mol}/\text{m}^3$，

$C_{O_2,0} = 3.11\text{mol}/\text{m}^3$，$C_{CO,0} = 0.31\text{mol}/\text{m}^3$，$C_{CO_2,0} = 4.36\text{mol}/\text{m}^3$

　　根据上述分析，在床层颗粒进料量一定的情况下，针对于富钛料初始含量，对于特定的组合式流化床来说存在一个富钛料转化的饱和能力，在此饱和能力下，富钛料的转化量将是该种情况下床层能够实现的最大的转化量。因此，在选择富态料初始含量时应根据其他操作条件和床体结构参数，针对饱和能力确定富钛料的初始含量。另外，与氧气初始含量过低相类似，当富钛料初始含量过低时，同样会在 700 ~ 1100℃ 的温度范围内因达不到热量平衡而出现一个不可行操作区域（如图 12 - 21、图 12 - 16（c）所示），在进行操作参数选取时应注意该区域的存在。

12.4.4.5　半循环流化床内气相浓度的变化规律

　　图 12 - 22 是半循环流化床内 Cl_2、O_2、CO 和 CO_2 的浓度在气泡相和乳相中变化规律的模拟结果。如图 12 - 22 所示，随着床层高度的增加，Cl_2、O_2 的浓度逐渐降低，但是气泡相中的浓度始终高于乳相中的浓度，这是因为 Cl_2、O_2 的消耗反应主要是在乳相中颗粒表面进行的缘故。与此相反，气泡相中 CO、CO_2 的浓度随床层高度的增加而增加，同时，乳相中的浓度要高于气泡相中的浓度，这是由于在本反应体系中，从总体上看，CO 和 CO_2 在颗粒表面不断生成，不断向乳相空隙中扩散并向气泡相中扩散的结果。

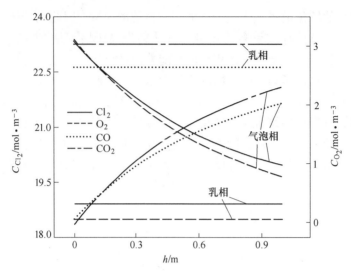

图 12 – 22   半循环流化床中气相组分在气泡相和乳相中浓度的变化

12.4.4.6   粒径分布的变化规律

图 12 – 23 是不同位置处，富钛料、焦炭粒径分布的变化结果模拟结果图。与半循环流化床入口相比，床层内、半循环流化床出口的富钛料颗粒、焦炭颗粒的粒径分布都偏向粒径较小的一侧，尤其是出口处。这是因为反应消耗导致大颗粒变细所引起的。在确定反应操作条件时，应结合这种变化注意采取措施防止不利现象的发生。

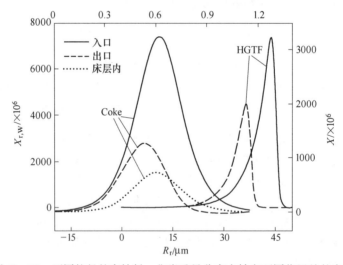

图 12 – 23   不同粒径的富钛料、焦炭重量分率在轴向不同位置处的变化

12.5   中试示范线试验

12.5.1   中试流程图

图 12 – 24 是 10t TiCl$_4$/d 的中试生产流程图。和热态小试最大的不同是增加了一个控制氯化炉出口温度的泥浆返混路线。流程中各部分温度控制如图 12 – 24 所示。

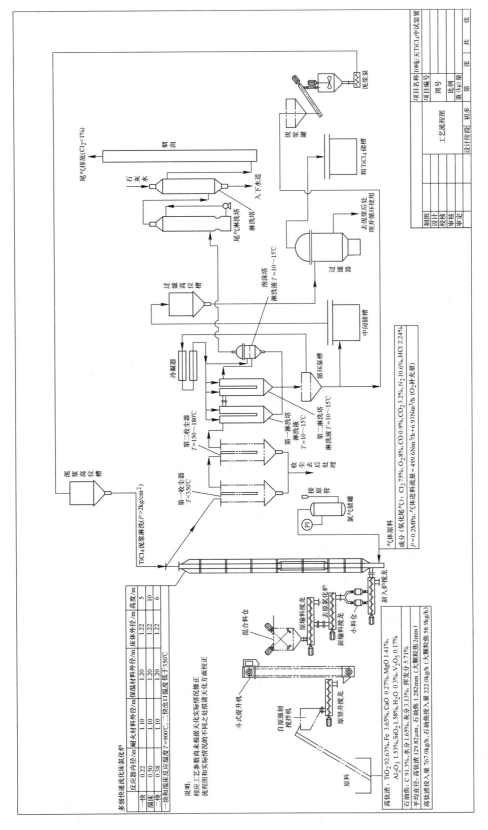

图12-24 中试生产流程图

12.5.2　实施选择的技术路线

新型氯化装置的中试线设计能力为 4500t $TiCl_4$/a。本项目选择在天津渤天化工有限责任公司进行中试，拟利用现有两条生产线中一条 $\phi1000mm$ 氯化炉生产线的收尘、淋洗、尾气处理、泥浆过滤、四氯化钛储藏等设备流程，新建一台外径 1.2m、高 21m 的多级快速流化床氯化炉，置于新建的 4m×4m×4m、高 24m 的六层承重操作台中，出口安装总长 15m 的下降管，与收尘器连接。为保证快速流化床的稳定运行，现氯气系统需增加 2m³ 氯气缓冲罐一台。不需要原有的粉碎系统，但需有高钛渣与石油焦的混合、提高与输送设备。因此需混料仓一台，混合料至炉前设小料仓一个，其下安装螺旋加料机一台，控制加料量。

12.5.2.1　物料衡算

以中试反应器能够维持自热反应为基础进行年产 4500t $TiCl_4$ 的物料衡算。矿粉中各成分加碳氯化时，除生成相应的氯化物之外，碳与氧反应既可以生成 CO 也可以生成 CO_2，二者比例取决于该温度下气相中 CO/CO_2 的平衡值，此值的理论值与实际值有较大偏差，本估算采用一般沸腾炉的实测数据为：CO/CO_2 = 0.532/0.215。

诸成分的反应平衡式为：

$$TiO_2 + 1.553C + 2Cl_2 = TiCl_4 + 1.106CO + 0.447CO_2 \qquad (12-32)$$

$$Fe_2O_3 + 2.33C + 3Cl_2 = 2FeCl_3 + 1.66CO + 0.67CO_2 \qquad (12-33)$$

$$MgO + 0.78C + Cl_2 = MgCl_2 + 0.55CO + 0.23CO_2 \qquad (12-34)$$

$$CaO + 0.78C + Cl_2 = CaCl_2 + 0.55CO + 0.23CO_2 \qquad (12-35)$$

$$Al_2O_3 + 2.33C + 3Cl_2 = 2AlCl_3 + 1.66CO + 0.67CO_2 \qquad (12-36)$$

$$SiO_2 + 1.553C + 2Cl_2 = SiCl_4 + 1.106CO + 0.447CO_2 \qquad (12-37)$$

$$MnO + 0.776C + Cl_2 = MnCl_2 + 0.553CO + 0.223CO_2 \qquad (12-38)$$

因此，当生产 $TiCl_4$ 的中试规模为 4500t/a 即 15t/d 时，需要高钛渣原料（根据工艺要求，TiO_2 转化率按 95% 计）为 8.35t/d，据此以及上述反应方程，得到原料投入见表 12-17，其中根据氯化难易程度，计算中 TiO_2、Fe_2O_3、Al_2O_3、SiO_2 均按 95% 转化率计算，较易氯化的 CaO、MgO、MnO 均按 100% 转化计算，因此计算结果是保守的，计算结果见表 12-17。

表 12-17　高钛渣氯化反应中各组分的物料衡算结果

主要组分	转化率/%	反应消耗量/t·d⁻¹	氯气用量/t·d⁻¹	碳用量/t·d⁻¹
TiO_2	95	6.32	11.21	1.47
Fe_2O_3	95	1.14	1.52	0.20
MgO	100	0.62	1.10	0.15
CaO	100	0.15	0.20	0.03
Al_2O_3	95	0.17	0.35	0.05
SiO_2	95	0.38	0.89	0.12
MnO	100	0.08	0.08	0.02
合　　计			15.35	炭：2.04
				石油焦：2.13

12.5.2.2　试验原料

试验原料主要为石油焦、高钛渣和氯气。高钛渣的成分和粒度分布见表 12 – 18 和图 12 – 25。石油焦的成分及粒度见表 12 – 19 和图 12 – 26。原料氯气主要是纯的液氯，通过液氯气化来供给。

表 12 – 18　高钛渣成分及含量　　　　　　　　　　　（％）

TiO$_2$	SiO$_2$	Al$_2$O$_3$	ΣFe	V	CaO	MgO	Ni	Cr	MnO
79.58	4.70	2.15	5.02	0.083	1.72	7.37	微	微	0.832

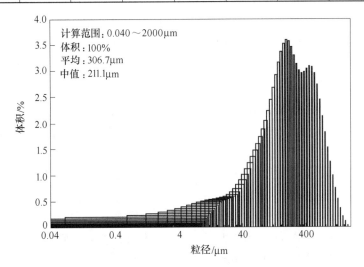

图 12 – 25　高钛渣粒度分布

表 12 – 19　石油焦成分及含量

挥发分/%	灰分/%	固定碳/%	水分/%
3.89	0.66	95.45	0.2

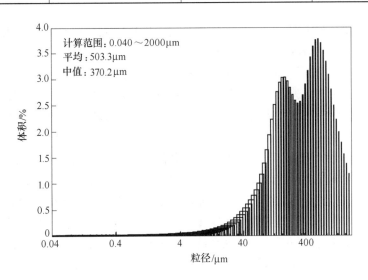

图 12 – 26　石油焦粒度分布

12.5.2.3　试验方法

本项目采用快速氯化工艺与国内外所采用的沸腾床氯化工艺流程大体上是相似的。氯化装置分三部分组成，第一部分是原料准备设备，第二部分为新型快速氯化设备，第三部分是后处理设备。烤炉去除炉内水分后，工艺流程如下。

A　原料粉碎预处理工艺

按规定比例与数量将高钛渣与除铁石油焦称重计量后放入混料器中，混合后的混合料被斗式提升机送入竖井料仓，由搅龙定量送入竖井粉碎机进行破碎与风选，合格的混合料经二级旋风分离，混合料被收集于高位大料仓。未被风选出的粗颗粒被继续粉碎直至达合格，风选至大料仓。混合料被附属大料仓的星型弹性叶轮下料器控制进入螺旋干燥器口，经二级螺旋干燥器合格的物料进入氯化炉小料仓。旋风分离器出口的含尘空气被引风机吸入袋滤器除尘后排空。

B　供氯气工艺流程

液氯钢瓶称重计量后吊装置低温热水槽上气化，气化氯气进入集气总管，控制氯气化量，稳定氯气压力，氯气进入蛇管式加热器二次气化呈无液滴干氯气进入缓冲罐待氯化使用。

将使用过的空瓶称重计量后，吊装出槽，重新吊上重瓶气化，保持氯气压力平稳。

C　氯化主工艺流程

此工艺即是本项目研究的核心技术。本试验预期减少甚至完全消除常规沸腾床氯化的黏结问题，并且使装置的产能大幅度提高，从而扩大氯化工艺的原料品种，为解决中国攀枝花钛资源综合利用提供一个可行的途径。

炉子各级各段均设有热电偶、取压管、观察孔，并可适量补充氯气，调整氯气、物料停留时间和反应量多少，以控制至最佳运行状态。为延缓、减少结疤堵塞，本装置还考虑了回收四氯化钛过滤的泥浆，以及喷枪除疤工艺。为此在原有工艺中增加泥浆高位罐一个、泥浆泵一台。对反应器内壁材料的耐高温氯化腐蚀、热稳定性、耐磨损、抗黏结性能进行系统的考察。

按生产指令开动氯化炉，加料搅龙向炉内定量的加入混合料，并开动氯气流量计通入匹配的氯气，控制炉温与压力，使氯化反应正常。氯化产生分离的气体带粉尘从炉顶进入1号除尘器进行沉降，然后再进入2号收尘沉降，当积存尘渣达一定时间后从沉降器底部排除。含少量细尘的气体进入一级喷淋塔与由循环槽内液下泵打出的经过蛇管冷却器冷却的四氯化钛液体进行传热传质交换，使气体中的四氯化钛部分冷凝并流入循环槽参与继续循环，含未被完全冷凝的四氯化钛气体进入二级、三级喷淋塔继续吸收，为了吸收完全，第三级喷淋的四氯化钛是经冷冻液冷却的。循环液增多后从溢流口流入置换槽，用泵打入过滤槽计量后打入高位槽再放入过滤器进行泥浆过滤，清液流入清液罐经计量后打入粗四氯化钛储罐暂存。过滤出的滤泥放入双搅龙干燥器经加热脱出大部分四氯化钛蒸气，进入冷却管冷凝，未被冷凝的气体与少量四氯化钛被第三级喷淋吸收，未被吸收的气体同原有气体经分离器气液分离后一起进入尾气系统进行处理。各循环槽内积存的沉渣多了，不利于再循环，需定时将泥渣放入地罐，然后打入过滤槽，再进行过滤过程，循环罐则由置换罐补充新液继续循环。

D 尾气处理主工艺流程

来自氯化的尾气,进入一级盐酸吸收塔,由经冷却的盐酸喷淋吸收后到循环酸罐,经酸泵打入石墨冷却器继续喷淋吸收尾气中的 HCl 气体。当盐酸浓度达控制条件后,将盐酸打入过滤罐进行过滤,清液打入盐酸储罐外销。尾气中尚未被吸收完的 HCl 气体进入第二级吸收塔被酸泵用循环槽中打出的稀酸吸收循环。循环的稀酸增浓后打入一级吸收循环槽,补充因过滤盐酸而降低的液位,二级吸收塔循环槽的液位则加水补充。

吸收完 HCl 气体后的尾气经二级气液分离器分离出盐酸后,进入由化灰罐制出的石灰乳液喷淋的吸收塔吸收,尾气中残余的氯气,气体与乳液在分离器进行分离,吸收乳液由泵打入塔顶循环,当乳液即将失效时,将其打出送到污水池,用新鲜乳液继续循环。吸收氯气的尾气在气液分离后由引风机送入烟囱排空。

E 精制工艺主流程

由粗四氯化钛储罐将粗四氯化钛放入泵槽,将其打入精制粗四氯化钛高位槽。粗四氯化钛经浮阀塔蒸汽冷凝器管间内套管表面加热预热后,通过转子流量计控制进入浮阀塔上部,沿塔板向底部溢流与由浮阀塔釜加热蒸发出的气体 $TiCl_4$ 相遇,进行热量和质量传递,致使塔顶低沸点四氯化硅浓度增高,控制塔顶冷凝器温度使在冷凝器中大量 $TiCl_4$ 与少量 $SiCl_4$ 冷凝,大部分 $SiCl_4$ 气体在分离器与液体 $TiCl_4$ 分离,经呼吸罐排空,分离出的液体回流至塔顶。除去 $SiCl_4$ 等低沸点的较纯 $TiCl_4$ 液体,由浮阀塔底部流入精馏分塔釜补充液面,由电加热蒸发,四氯化钛蒸气进入铜球塔内,三氯氧钒被铜吸附还原在表面。$TiCl_4$ 蒸气自塔顶冷凝器冷凝。精分离器分离出惰性气体经呼吸罐排出。四氯化钛液体进入中间罐回流塔釜继续精馏,经分析塔顶冷凝进入中间罐的产品合格后将四氯化钛导入计量罐计量后放入精制储罐,由泵送往计量罐。

浮阀塔塔釜、精馏分塔塔釜中累积高沸点物达一定程度时需进行清除,由塔釜底部将此泥浆放入氯化地罐经过滤程序处理。精馏分塔即将失效前停止精制,将铜球放入酸洗槽浸洗,再水洗干燥后重新装塔并补充部分铜球后开车。

12.5.2.4 结果与分析

A 反应效率及产能

新氯化工艺和设备的氯化效果直接关系到实际生产中的原料利用率和目标产品的收率,从而直接影响工艺的生产成本和收益。因此在该部分主要对新工艺热态小试过程中的 TiO_2 转化率、氯气转化率以及 $TiCl_4$ 的产能进行分析。由于本试验主要是为了验证抗黏结效果而进行设计的,由于复合式流化床操作状态具有气速较高,粒径较细,导致氯气通量较大、氯气和颗粒的停留时间较短的特点,本试验中进行的相关氯化效果的考察主要是进行一些探索性工作,为快速流化床工艺相关操作条件的进一步优化提供实际的热态数据基础。

根据冷态实验结果,对选定的高钛渣物料,湍流床的可操作范围是气体速度:$U_g = 0.9 \sim 1.5 \text{m/s}$;固体流率 $S_v = 4.26 \sim 11 \text{t/(m}^2 \cdot \text{h)}$。考虑到化学平衡和热平衡的限制,实际的取值范围(因气相中 Cl_2 含量的变化)大致为 $U_g = 0.9 \sim 1.3 \text{m/s}$;$S_v = 4.0 \sim 5.5 \text{t/(m}^2 \cdot \text{h)}$。据估计,本装置比一般沸腾床的单位产能约高 3 倍以上。

关键工艺参数暂时确定为:颗粒进料量:高钛渣 373kg/h,石油焦 150kg/h(其中 1

号，110kg/h；3 号石油焦 40kg/h 且平均粒径小于 1mm），配碳比 100∶40；氯气供应：Cl_2 15.35 t/d；氯气气化温度为 345～355K，气化速度为 640kg/h；入炉前氯气压力控制在约 0.25MPa。

进入收尘系统的固体物料中各元素的质量含量见表 12－20。

表 12－20   进入收尘系统的固体物料中各元素的质量含量   （kg/kg）

成分	工业试验收尘渣 01 号的百分含量	工业试验收尘渣 02 号的百分含量
Al	5.219949699	2.842
V	0	0.107
Ti	9.647416125	3.338
Si	0.066435723	0.129
Mg	12.37128079	8.369
Ca	16.31946092	1.472
Fe	56.37545675	37.75
合计	100	100

B   反应产物形貌和成分分析

试验产物及原料的 SEM 照片如图 12－27 和图 12－28 所示。

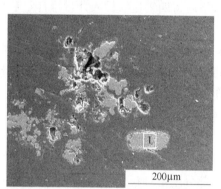

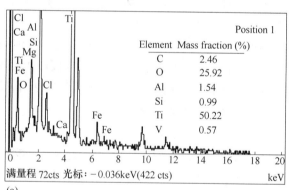

Position 1	
Element	Mass fraction (%)
C	2.46
O	25.92
Al	1.54
Si	0.99
Ti	50.22
V	0.57

满量程 72cts 光标：－0.036keV（422 cts）

(a)

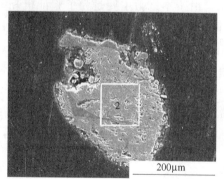

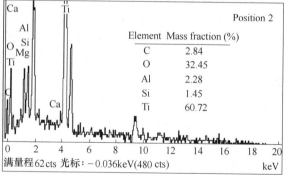

Position 2	
Element	Mass fraction (%)
C	2.84
O	32.45
Al	2.28
Si	1.45
Ti	60.72

满量程 62cts 光标：－0.036keV（480 cts）

(b)

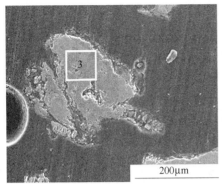
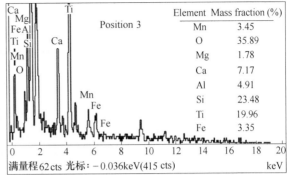

(c)

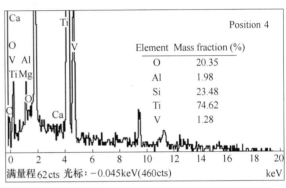

(d)

图 12-27 快速流化床制备 TiCl₄ 工业中试（一）的产物 SEM 及 EDS
（a）收尘渣；（b）炉底渣；（c）炉顶内壁渣；（d）炉顶下降管

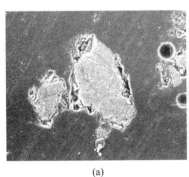
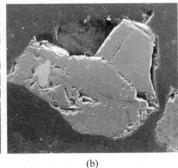

(a)   (b)   (c)

图 12-28 快速流化床制备 TiCl₄ 工业中试（二）的产物 SEM
（a）收尘渣；（b）炉底渣；（c）炉顶渣

C 流态化、温度和压力分析

散式流态化（particulate fluidization）指液相与固体颗粒层流化床在流化状态时，颗粒均匀分布在流体中，并在各方向上做随机运动，床层表面平稳且清晰，床层随流体表观流速的增加而均匀膨胀，即为散式流态化。但由于固体或流体的密度差、黏度粒径等的不同，而存在大量气泡的聚式流态化。美国学者 R. H. 威海姆和中国学者郭慕孙提出用弗劳德数作为流态化类型的判据。若 $Fr_{mf} < 0.123$ 为散式流态化；$Fr_{mf} > 1.3$ 为聚式流态化。一一般情况下，液固系统为散式流态化，气固系统为聚式流态化。

　　流态化操作条件要求原料粒径分布与气速必须有一个匹配关系。图 12 – 29 中 R_r 和 R_c 分别为高钛渣和石油焦的粒径；U_g 表示气速；u_{mf} 和 u_{tr} 分别为最小流化速度和颗粒输送速度；X 表示不同粒径的颗粒的重量分布。以 979K、0.13MPa 的纯氯气作为流化介质，实际试验气体速度范围取为 0.7～1.1m/s，石油焦粒径范围为 – 20～+35 目，高钛渣粒径范围为 – 90～+200 目。在该操作范围内，在湍床内，石油焦颗粒始终处于湍床状态，而高钛渣颗粒依操作气速不同，有部分处于湍床状态，部分处于循环流化床状态。

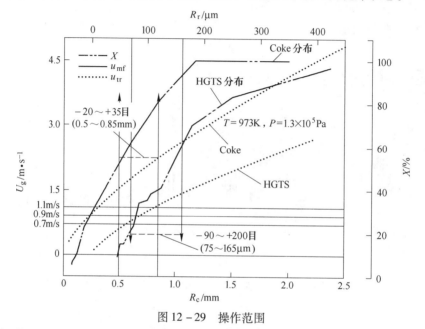

图 12 – 29　操作范围

　　图 12 – 30 是开始通入氯气后组合式流化床（氯化炉）六个测温点的温度变化。T_1 ～ T_2 温度随运行时间延长逐渐下降，是由于氯气从流化床底部通入，而氯气温度较低，对氯化炉底部炉温有所影响；T_6 对应的热电偶处于氯化炉炉顶的支管位置，其温度随运行时间延长逐渐升高，这表明通入氯气后，反应生成温度较高的气化产物流经炉顶支管，并进入了除尘器。T_3 ～ T_4 处于氯化炉炉顶的支管位置温度随运行时间延长逐渐升高，表明反应已经正常进行并释放反应热维持炉温并抵消炉壁的热量损失和由物料带走的热量。

　　如果压力保持在一定范围内小幅波动，则表示流化床运行比较平稳。图 12 – 31 是开始通入氯气后组合式流化床（氯化炉）六个测压点的压力变化情况。

　　D　尾气成分分析

　　尾气成分推导 Cl₂ 反应效率。反应效率比较小，Cl₂ 必然是过量的。

　　试验过程中初始阶段尾气中氯气含量的变化如图 12 – 32 所示。从图 12 – 32 中可以看出，随着时间的延长，尾气中氯气含量逐渐降低，在本试验高温氯化所采用的所有操作条件下，Cl₂ 的转化率均低于 90%，表明氯气过量，第二阶段中尾气中氯气未检测到。因此，可在冷凝工序后增加尾气（游离氯）循环回路，以解决氯气单程转化率过低的可能。作为另一种解决办法，采用稀释的、氯气含量较低的混合气作为进气原料也可以解决氯气单程转化率较低的问题。

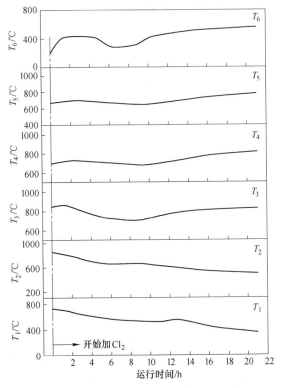

图 12-30　六个测温点的温度随运行时间的变化

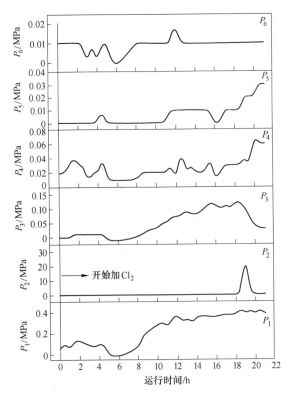

图 12-31　六个测压点的压力随运行时间的变化

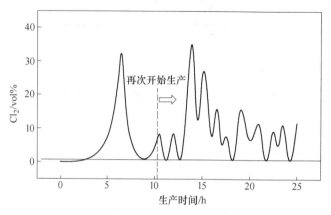

图 12-32   尾气中氯气的变化

E   研究结论

中试试验在天津渤天化工有限责任公司进行，一次开车成功，各项工艺指标运行基本正常，根据原料投入和渣样分析，生产出 TiCl₄大约 4t。从点火开始，全部过程包括烤炉试验、除尘器加热、液氯气化试验、快速氯化工艺试验等，共用时约 710h。通过 TiCl₄产品、除尘器排渣量和渣样的分析，获得以下结果：

（1）通过绘制复合流化床不同部位的气流速度—压降曲线，确定曲线上的压降转折点，进而求得复合流化床不同部位即一级快速床、湍流床和二级快速床的最小流化速度分别为 $u_{mf1} = 3.2\text{m/s}$，$u_{mf2} = 1.04\text{m/s}$ 和 $u_{mf3} = 1.24\text{m/s}$。

（2）根据试验结果分析探讨了高镁钙富钛料导致在氯化过程中黏结物料和不正常流态化的机制。黏结机制是镁钙氧化物杂质在碳热氯化过程中对应的氯化物 $MgCl_2$ 和 $CaCl_2$ 逐渐由高钛渣内部扩散并富集在高钛渣颗粒表面，进而由于 $MgCl_2$ 和 $CaCl_2$ 容易黏结石墨和高钛渣等物料，故而容易导致正常流态化趋于恶化。

（3）复合流化床具有一定的抗黏结能力。炉渣的 SEM-EDS 显示 $CaCl_2$ 和 $MgCl_2$ 富集于未反应的炉渣颗粒表面。如果 $CaCl_2$ 和 $MgCl_2$ 导致原料颗粒的黏结，颗粒经过氯化炉顶进入收尘系统中的 $CaCl_2$ 和 $MgCl_2$ 应该不存在，即收尘渣不会有导致黏结的 $CaCl_2$、$MgCl_2$ 等氯化物存在。表明有相当数量的、反应过程中生成的、导致黏结的氯化物被带出复合流化床反应器。这说明复合流化床具备了一定的抗黏结能力。

（4）所设计的中试装置可连续稳定运行 710h 以上；富钛料中 TiO_2 的氯化率大于90.0%，尾气达标排放；所得粗四氯化钛中，TiCl₄含量不小于98%。

综上所述，新型多级快速流化床氯化装置关键工艺流程技术可行，排渣效果显著，这为钛矿资源的新型氯化工艺产业化的实现提供关键技术基础，项目的目标已经基本完成。

12.6   结   论

提出了一种新型反应器——组合式流化床，该反应器至少包括一个提升管和一个半循环流化床。半循环流化床由一个循环流化床叠加在一个湍床上组成。因为剧烈的湍动，半循环床中的颗粒间能够产生强的剪切力，该剪切力能够在液桥被强化前破坏液桥连接，从而能够有效地防止黏结的发生。

以 CaO + MgO 含量高达 2.03% 和 9.09% 的两种高钛渣作为原料，以组合式流化床为核心进行的热态小试表明：

（1）通过强的剪切力，组合式流化床能够有效地防止黏结的发生，在 750℃ 下反应 1.5h 后仍没有发生物料黏结。

（2）以组合式流化床作为反应器，低温氯化（650~700℃）可以作为防止黏结发生的一个途径，但其生产能力仅能达到传统的沸腾床工艺的低限 25t $TiCl_4$/d。

（3）以组合式流化床作为反应器，高温氯化（750~800℃）的生产能力是传统的沸腾床工艺的 1~4 倍，具有良好的应用前景。

因此组合式流化床反应器能够适应钛资源钙镁含量高的特点，从而有可能促进长久以来困扰我国钛资源开发这一难题的解决。为了进一步提高半循环流化床的湍动程度，并为进一步的热态试验提供理论基础，对高钛渣颗粒完全呈循环流化状态的情况进行了理论模拟。模拟结果表明：

（1）单纯增加氧气浓度，以提升半循环流化床反应温度来增加富钛料转化量是不可行的；同样，在氯气浓度已较高时，增加氯气初始浓度也并不能增加富钛料转化量，反而会因为夹带量的增多而降低转化效率。

（2）针对富态料转化量，半循环流化床床层存在一个饱和能力，此时富态料转化能力最高。

（3）如果氧气初始浓度、富钛料初始含量的取值低于某一数值，半循环流化床将不能达到热量平衡，在合适的氯化温度范围内（700~1100℃），不存在能够稳定操作的温度点。

符 号 表

A	截面积（m^2）
C_k	气体 k 组分的浓度（mol/m^3）
$C_{k,0}$	气体 k 组分在提升管入口处的浓度（mol/m^3）
$C_{k,b}$	气体 k 组分在气泡相中的浓度（mol/m^3）
$C_{k,1}$	气体 k 组分在乳相空隙中的浓度（mol/m^3）
$C_{k,S}^{R_j}$	气体 k 组分在半径为 R_j 的 j 种颗粒上的表面浓度（mol/m^3）
$C_{p,g}$	气体热容（$J/(kg \cdot K)$）
$C_{p,C}$	焦炭颗粒热容（$J/(kg \cdot K)$）
$C_{p,j}$	j 种颗粒热容（$J/(kg \cdot K)$）
d_c	焦炭颗粒直径（cm）
dh	单元长度（m）
dR_j	j 种颗粒半径增量（m）
D_b	气泡直径（m）
D_f	提升管直径（m）
D_k	k 组分有效扩散系数（m^2/s）

D_{m}	有效扩散系数（m²/s）
D_{t}	SCFB 直径（m）
E_j^{∞}	j 种颗粒的扬析常数（kg/(m²·s)）
F_{in}	进入 SCFB 的颗粒通量（kg/(m²·s)）
$F_{\mathrm{t},j}$	气体夹带出的 j 种颗粒通量（kg/(m²·s)）
F_{in}	进入 SCFB 的颗粒通量（kg/(m²·s)）
$F_{\mathrm{t},r}$	气体夹带出的富态料颗粒通量（kg/(m²·s)）
$F_{\mathrm{t},C}$	气体夹带出的焦炭颗粒通量（kg/(m²·s)）
$F_{\mathrm{T},r}$	富钛料反应速率的温度因子
$F_{\mathrm{T},C}$	焦炭反应速率的温度因子（m/s）
G_{s}	颗粒通量（kg/(m²·s)）
$G_{\mathrm{s},0}$	进入提升管的颗粒总通量（kg/(m²·s)）
$G_{\mathrm{s},r}$	富钛料颗粒通量（kg/(m²·s)）
h	SCFB 轴向位置（m）
$h_{p,j}$	提升管中 j 种颗粒的气固传热系数（W/m²）
h_{wf}	提升管管壁和气相间的湍流热量扩散系数（W·m/K）
H_{B}	SCFB 床层高度（m）
H_{f}	提升管高度（m）
H_{T}	SCFB 床体总高度（m）
$-\Delta H_1$	反应（1）的反应热（J/mol）
$-\Delta H_2$	反应（2）的反应热（J/mol）
k_{g}	气体热传导系数（J/(s·m·K)）
K_{O_2}	焦炭氧化反应系数（m/s）
$K_{\mathrm{be},j}$	气体组分传质系数（m/s）
$K_{p,k}$	乳相间隙气体中 k 组分向颗粒表面的传质系数（m/s）
K_{wf}	提升管总体传热系数（W/(m²·K)）
K_{wT}	SCFB 总体传热系数（W/(m²·K)）
m_{C}，m_{r}	单位质量颗粒原料中焦炭和富钛料的质量（kg/kg）
M_{C}，M_{r}	碳、二氧化钛分子量（kg/mol）
M_j	j 种颗粒分子量（kg/mol）
$M_{k,r}$，$M_{k,\mathrm{C}}$	k 种气体向富钛料和焦炭颗粒表面传质的量（mol/s）
P	压力（Pa）
P_{a}	大气压（Pa）
$p_{\mathrm{C},\mathrm{B}}$	焦炭、高钛渣在 MPTB 中的粒径分布密度函数（m⁻¹）
P_{A}	参数
P_{Cl_2}	氯气分压（atm）
p_j	j 组分的粒径分布密度函数（m⁻¹）
$p_{j,\mathrm{in}}$	焦炭、高钛渣在进入 MPTB 时粒径分布密度函数（m⁻¹）

p_r	$p_r = P/P_{常压}$
Q_1	乳相中空隙气体流量（m^3/s）
Q_{gen}	热量生成速率（J/s）
Q_{rem}	热量移出速率（J/s）
Q_w	通过管壁的放热量（W）
$r_{T,k}^j$	SCFB 中的颗粒表面反应速率（$mol/(m^2 \cdot s)$）
R_{acr}	富钛料转化速率（kg/s）
R_{acC}	焦炭转化速率（kg/s）
R_g	气体常数（$J/(mol \cdot K)$）
R_C	焦炭颗粒半径（m）
R_j	j 种颗粒半径（m）
R_r	富钛料的颗粒半径（m）
$R_{r,0}$	富钛料的初始颗粒半径（m）
R_C	焦炭颗粒粒径缩减速率（m/s）
R_C^{II}	反应（2）中的焦炭颗粒粒径缩减速率（m/s）
R_r	富钛料颗粒粒径缩减速率（m/s）
T_a	环境温度（K）
T_B	SCFB 温度（K）
T_f	参考温度（K）
T_g	气相温度（K）
$T_{g,0}$	进入提升管的气体温度（K）
$T_{g,in}$	气体进入 SCFB 时的温度（K）
$T_{s,0}$	富钛料、焦炭进入提升管时的温度（K）
$T_{r,S}^{R_r}$	半径为 R_r 的富钛料颗粒表面温度（K）
$T_{C,S}^{R_C}$	半径为 R_C 的焦炭颗粒表面温度（K）
$T_{j,S}^{R_j}$	半径为 R_j 的 j 种颗粒表面温度（K）
T_{wf}	提升管管壁加热温度（K）
u_b	气泡上升速度（m/s）
U_g	气体速度（m/s）
$U_{g,0}$	提升管入口气体速度（m/s）
u_{mf}	最小流化速度（m/s）
U_{si}	参数
W	SCFB 单位面积上的颗粒质量（kg/m^2）
$X_{C,B}$	焦炭、富钛料颗粒在 MPTB 中的质量分率
$X_{C,W}$	焦炭、富钛料颗粒的质量分率
$X_{cover,C}$	焦炭的转化率
$X_{cover,r}$	富钛料颗粒的转化率
X_j	j 种颗粒质量量分率

$X_{j,\text{in}}$	j 种颗粒在进入 SCFB 时的质量分率
$X_{r,0}$	富钛料颗粒进入提升管时的质量分率
$X_{r,B}$	富钛料颗粒在 SCFB 中的质量量分率
γ	化学计量系数
ε_b	SCFB 中的气泡体积分率
ε_r	提升管中的富钛料颗粒分率
ε_B	SCFB 床层空隙率
$\varepsilon_{r,B}$	SCFB 中的富钛料颗粒分率
ε_{mf}	最小流化空隙率
θ	化学计量系数
ρ_C，ρ_r	焦炭和富钛料密度（kg/m^3）
ρ_j，ρ_g	j 种颗粒和气体密度（kg/m^3）

上标

II	反应（2）
C	焦炭颗粒
j	j 种颗粒，富钛料或焦炭
r	富钛料颗粒
R_j	半径为 R_j 的 j 种颗粒

下标

0	初始值
b	气泡相
B	SCFB
C	焦炭颗粒
Cl$_2$，O$_2$，CO，CO$_2$	氯气、氧气、一氧化碳、二氧化碳
g	提升管气相
in	SCFB 入口处
I	乳相空隙
j	颗粒组分，代表富钛料和焦炭
k	气体组分，代表 Cl$_2$、O$_2$、CO 或 CO$_2$
O$_2$	氧气组分
r	富钛料颗粒
S	颗粒表面

准数

Re_p	颗粒雷诺数
Sc	施密特数
Pr	普朗特数

参 考 文 献

[1] 胡克俊. 国外钛白工业发展现状 [J]. 钢铁钒钛, 1996, 17 (2): 58~65.

[2] 刘华, 胡文启. 钛白粉的生产和应用 [M]. 北京: 科学技术文献出版社, 1992.

[3] Pierre A C. Sol-gel Processing of Ceramic Powders [J]. Ceramic Bulletin, 1991, 70 (8): 1281.

[4] 莫畏, 邓国珠, 罗方承. 钛冶金 [M]. 2版. 北京: 冶金工业出版社, 1999.

[5] 李文兵, 袁章福, 黄文来. 钛白粉材料的历史、现状和发展 [J]. 现代化工, 2002, 22 (12): 5~9.

[6] 《稀有金属手册》编辑委员会. 稀有金属手册 [M]. 北京: 冶金工业出版社, 1995.

[7] 邓国珠. 钛铁矿的质量和生产钛白的原料选择 [J]. 钒钛, 1994 (1): 36~40.

[8] 刘文向. 氯化法钛白发展概况和建议 [J]. 氯碱工业, 1999 (2): 17~20.

[9] 吴晓晖, 吴锁林. 氯化法钛白粉工艺的进展 [J]. 氯碱工业, 1994 (5): 1~6.

[10] 吴建生, 孙已荟. 论我国"九五"期间钛白工业的发展 [J]. 化工技术经济, 1996 (2): 5~9.

[11] 汪镜亮. 近年钒、钛矿产的开发及应用 [J]. 矿产综合利用, 1997 (1): 23~29.

[12] 孙康. 钛提取冶金物理化学 [M]. 北京: 冶金工业出版社, 2001.

[13] Perkins. Fluidized Bed Chlorination of Titaniferrous Slag and Ores [R]. Bureau of Mines Report 6317, 1963: 13.

[14] Morris A J, Jensen R F. Fluidized-bed Chlorination Rates of Australian Rutile [J]. Metallurgical Transactions B, 1976, 7B: 89~93.

[15] Chun-I Lin, Torng-Jing Lee. On the Chlorination of Titanium Dioxide-Carbon Pellet Ⅱ [J]. Journal of the Chin. I Ch E, 1986, 17: 2.

[16] Barin I, Schuler W. On the Kinetics of the Chlorination of Titanium Dioxide in the Presence of Solid Carbon [J]. Met Trans, 1980, 11B: 199.

[17] Fenglin Yang, Hlavacek V. Effective Extraction of Titanium from Rutile by a Low-Temperature Chloride Process [J]. AIChE J, 2000, 46 (2): 355~360.

[18] Fenglin Yang. Recycling Titanium from Ti-Waste by a Low-Temperature Extraction Process [J]. AIChE J, 2000, 46 (12): 2499~2503.

[19] Tardos G, Mazzone D, Pfeffer R. Destabilization of Fluidized Beds Due to Agglomeration Part Ⅰ [J]. The Canadian Journal of Chemical Engineering, 1985, 63: 377~383.

[20] Luckos A, Mitchell D. The Design of a Circulating Fluidized-Bed Chlorinatior at Mintek [R]. IFSA 2002, Industrial Fluidization South Africa, 147~160.

[21] 韩昭沧. 燃料及燃烧 [M]. 北京: 冶金工业出版社, 1987: 66~73.

[22] Youn In-ju, Park K Y. Modeling of Fluidized Bed Chlorination of Rutile [J]. Metallurical Transaction B, 1989, 20B: 959~966.

[23] Kunii D, Levenspiel O. Fluidization Engineering [M]. Wiley, New York, 1991.

[24] 金涌, 祝京旭, 汪展文, 等. 流态化工程原理 [M]. 北京: 清华大学出版社, 2001: 334~345.

[25] Lin C I, Lee T J. On the Chlorination of Titanium Dioxide-Carbon Pellet Part Ⅰ [J]. J Chin Inst Chem Eng, 1985, 16 (1): 49.

[26] Rajan R R, Wen C Y. A Comprehensive Model for Fluidized Bed Coal combustors [J]. AIChE J, 1980, 26 (4): 642~55.

[27] Lin C I, Lee T J. On the Chlorination of Titanium Dioxide-Carbon Pellet [J]. J Chin Inst. Chem. Eng., 1986, 17 (2): 119~123.

[28] Wen C Y, Chen L H. Fluidized Bed Freeboard Phenomena: Entrainment and Elutriation [J]. AIChE J,

1982, 28 (1): 117~128.

[29] Cai P, Schiavetti M, DeMichele G, et al. Quantitative Estimation of Bubble Size in PFBC [J]. Powder Technology, 1994, 80: 99.

[30] Davidson J F, Harrison D. Fluidized Particles [M]. Cambridge: Cambridge University Press, 1963.

[31] Sit S P, Grace J R. Effect of Bubble Interaction on Interphase Mass Transfer in Gas Fluidized Bed [J]. Chem. Eng. Sci., 1987, 36: 327~335.

[32] 李绍芬. 化学与催化反应工程 [M]. 北京: 化学工业出版社, 1986: 196~198.

[33] Cong Xu, Minghan Han, Sheng Chen, et al. Study on Stress Distribution and Modeling of Standpipe in Circulating Moving Bed [J]. Powder Technology, 2003, 131 (1): 80~92 (SCI-658JE, EI-03117398412).

[34] Minghan Han, Cong Xu, Jinfu Wang, et al. Operation Characteristics of a New Liquid-Solid Circulating Moving Bed Reactor [J]. Chemical Engineering Communications, 2003, 190 (2): 197~212 (SCI-653KV, EI-03467723997).

[35] Minghan Han, Zhe Cui, Cong Xu, et al. Synthesis of Linear Alkylbenzene Catalyzed by Hβ Zeolite [J]. Applied Catalysis, 2003, 238 (1): 99~107 (SCI-629WK).

[36] Minghan Han, Cong Xu, Jing Lin, et al. Alkylation of Benzene with Long-Chain Olefins Catalyzed by Fluorinated Beta Zeolite [J]. Catalysis Letters, 2003, 86 (1~3): 81~86 (SCI-646PU, EI-03437693412).

[37] 徐聪, 韩明汉, 陈胜, 等. 合成直链烷基苯用循环移动床反应器的模拟 [J]. 化工学报, 2003, 54 (1): 68~73.

[38] 陈胜, 韩明汉, 徐聪, 等. 液固移动床中应力分布和颗粒流动状态研究 [J]. 石油化工, 2003, 32 (7): 582~587.

[39] 林靖, 韩明汉, 徐聪. 氢氟酸处理对 Beta 沸石催化剂烷基化反应的影响 [J]. 石油化工, 2003, 32 (2): 96~99 (EI-03137420992).

[40] 袁章福, 徐聪, 郑少华, 等. 攀枝花钛资源综合利用的新思路 [J]. 现代化工, 2003, 23 (5): 1~4.

[41] 李文兵, 刘建勋, 袁章福, 等. 金红石加碳氯化的热力学 [J]. 化工科技, 2003, 12 (1): 5~8.

[42] Bin Li, Zhangfu Yuan, Wenbing Li, et al. A New Method for Deoxidization and Chlorination of Refined Ilmenite with High Magnesia and Calcia Contents [J]. China Particuology, 2004, 2 (2): 84~88.

[43] 杨绪壮, 袁章福, 王志, 等. 氯化法钛白氧化反应器的设计技术 [J]. 化工设计, 2004, 14 (1): 5~10.

[44] 李文兵, 袁章福, 刘建勋, 等. 含钛矿物加碳氯化反应的热力学分析 [J]. 过程工程学报, 2004, 4 (2): 121~123.

[45] 徐聪, 袁章福. 用于四氯化钛生产的组合式流化床的模拟 [J]. 化工学报, 2004, 55 (9): 1459~1468.

[46] 徐聪, 袁章福, 肖文明. 用于 TiCl$_4$ 生产的复合式气力输送反应器的一维模拟—Ⅰ. 数学模型 [J]. 过程工程学报, 2004, 4 (6): 481~489.

[47] 徐聪, 袁章福, 王晓强. 用于四氯化钛生产的复合式气力输送反应器的一维模拟—Ⅱ. 反应器性质的计算结果 [J]. 过程工程学报, 2005, 5 (1): 18~22.

[48] 王志, 袁章福. 中国钛资源综合利用技术现状与新进展 [J]. 化工进展, 2004, 23 (4): 349~352.

[49] 范建峰, 袁章福, 李晶, 等. 熔融 CaCl$_2$-MgCl$_2$ 体系的粘度 [J]. 中国有色金属学报, 2004, 14 (10): 1759~1762.

[50] 李文兵, 刘建勋, 袁章福, 等. 金红石加碳氯化的热力学 [J]. 化工科技, 2004, 12 (1): 5~8.

[51] 周峨, 郑少华, 袁章福, 等. 氯化法钛白氧化反应器结构分析与模拟 [J]. 钛工业进展, 2004, 21 (6): 35~39.

［52］ Wenbing Li, Zhangfu Yuan, Cong Xu, et al. Effect of temperature on carbothermic reduction of ilmenite ［J］. Journal of Iron and Steel Research International, 2005, 12 （4）: 1 ~ 5.

［53］ 李斌, 袁章福, 徐聪, 等. 光化学沉积法制备掺杂 TiO_2 薄膜 ［J］. 北京科技大学学报, 2005, 27 （6）: 698 ~ 701.

［54］ 杨绪壮, 袁章福, 沈岳年. 甲醇及其衍生物低温氧化过程的热力学分析 ［J］. 计算机与应用化学, 2005, 22 （9）: 717 ~ 719.

［55］ 杨绪壮, 袁章福. 化工实验模拟系统的开发 ［J］. 计算机与应用化学, 2005, 22 （3）: 221 ~ 223.

［56］ 王晓强, 赖兆奕, 曾兴富, 等. 从循环经济角度看中国钛工业的发展方向 ［J］. 钛工业进展, 2005, 22 （3）: 1 ~ 4.

［57］ Zhangfu Yuan, Xiaoqiang Wang, Cong Xu, et al. A new process for comprehensive utilization of the complex titania ore ［J］. Minerals Engineering, 2006, 19 （9）: 975 ~ 978.

［58］ Zhangfu Yuan, Bin Li, Junling Zhang, et al. Synthesis of TiO_2 thin film by a modified sol-gel method and properties of the prepared films for photocatalyst ［J］. Journal of Sol-Gel Science and Technology, 2006, 39 （3）: 249 ~ 253.

［59］ Yuming Wang, Zhangfu Yuan. Reductive kinetics of the reaction between a natural ilmenite and carbon ［J］. International Journal of Mineral Processing, 2006, 81 （3）: 133-140

［60］ Zhi Wang, Zhangfu Yuan, E Zhou. Influence of temperature schedules on particle size and crystallinity of titania synthesized by vapor-phase oxidation route ［J］. Powder Technology, 2006, 170 （3）: 135 ~ 142.

［61］ E Zhou, Zhangfu Yuan, Zhi Wang, et al. Scaling of the oxidation reactor wall in TiO_2 synthesis from $TiCl_4$ by chloride process ［J］. Studies in Surface Science and Catalysis, 2006, 159: 417 ~ 420.

［62］ Cong Xu, Zhangfu Yuan, Xiaoqiang Wang, et al. $TiCl_4$ synthesis using combined fluidized bed by titanium slag containing high-level CaO and MgO ［J］. Studies in Surface Science and Catalysis, 2006, 159: 493 ~ 496.

［63］ E Zhou, Zhangfu Yuan, Zhi Wang. Mechanism of scaling on oxidation reactor wall in TiO_2 synthesis by chloride process ［J］. Transactions of Nonferrous Metals Society of China, 2006, 16 （2）: 426 ~ 431.

［64］ Cong Xu, Zhangfu Yuan, Xiaoqiang Wang. Preparation of $TiCl_4$ with the titanium slag containing magnesia and calcia in a combined fluidized bed ［J］. Chinese Journal of Chemical Engineering, 2006, 14 （3）: 281 ~ 287.

［65］ 王玉明, 刘瑞丰, 周荣会, 等. 制备四氯化钛过程中加碳氯化反应热力学 ［J］. 计算机与应用化学, 2006, 23 （3）: 263 ~ 266.

［66］ Zhangfu Yuan, Yifang Pan, E Zhou, et al. Comprehensive utilization of complex titania ore ［J］. Journal of Iron and Steel Research International, 2007, 14 （1）: 1 ~ 6.

［67］ Zhangfu Yuan, Junling Zhang, Bin Li, et al. Effect of metal ion dopants on photochemical properties of anatase TiO_2 film synthesized by a modified sol-gel method ［J］. Thin Solid Films, 2007, 515 （18）: 7091 ~ 7095.

［68］ 王玉明, 袁章福, 徐聪, 等. 四氯化钛制备中加碳氯化反应的研究 ［J］. 化学工程, 2007, 35 （4）: 26 ~ 29.

［69］ 周峨, 王志, 温建康, 等. $TiCl_4$ 高温气相氧化过程的动力学研究 ［J］. 稀有金属, 2007, 31 （5）: 656 ~ 660.

［70］ Yuming Wang, Zhangfu Yuan, Zhancheng Guo, et al. Reduction mechanism of natural ilmenite with graphite ［J］. Transactions of Nonferrous Metals Society of China, 2008, 18 （4）: 962 ~ 968.

［71］ 熊绍锋, 柯家骏, 谭强强, 等. 粗四氯化钛精制除钒的机理研究 ［J］. 中国稀土学报, 2008, 26 （1）: 108 ~ 111.

［72］ Zhangfu Yuan, Hiroyuki Matsuura, Yuming Wang, et al. Wettability and interfacial permeability between prereduced ilmenite and molten pig iron ［J］. ISIJ International, 2009, 49 (3): 323~328.

［73］ Yuming Wang, Zhangfu Yuan, Hiroyuki Matsuura, et al. Reduction extraction kinetics of titania and iron from an ilmenite by H$_2$-Ar gas mixtures ［J］. ISIJ International, 2009, 49 (2): 164~170.

［74］ 熊绍锋, 袁章福, 谭强强, 等. 钛渣碳热氯化尾气的组成 ［J］. 过程工程学报, 2009, 9 (1): 63~68.

［75］ Zhang J L, Yuan Z F, Xu B S, et al. Photocatalytic activity of TiO$_2$ nanotube layers coated with Ag and Pt ［J］. Advances in Applied Ceramics, 2010, 109 (6): 362~365.

［76］ Yuming Wang, Zhangfu Yuan, Hongxin Zhao, et al. Wetting between the prereduced ilmenite with carbon and molten iron ［J］. Transactions of Nonferrous Metals Society of China, 2010, 20 (5): 924~929.

［77］ Shaofeng Xiong, Zhangfu Yuan, Cong Xu, et al. Composition of off-gas produced by a combined fluidizing chlorination of titanium slag ［J］. Transactions of Nonferrous Metals Society of China, 2010, 20 (1): 128~134.

［78］ 席亮, 熊绍锋, 谭强强, 等. 多级串联复合流化床制备四氯化钛试验的基础研究 ［J］. 钛工业进展, 2010, 27 (2): 16~19.

［79］ Shaofeng Xiong, Zhangfu Yuan, Zhoulan Yin, et al. Removal of the vanadium impurities from crude TiCl$_4$ with high content of vanadium using a mixture of Al powder and white mineral oil ［J］. Hydrometallurgy, 2012, 119 (5): 16~22.

［80］ 张军玲, 袁章福, 谭强强, 等. 一种制备二氧化钛空心球状粉体的方法 ［P］. 中国, CN101580275, 2012-7-4.

［81］ 李建强, 袁章福, 窦磊. 一种测量中低温熔体表面张力、密度和润湿性的装置和方法 ［P］. 中国, CN 101308077, 2011-4-20.

［82］ 袁章福, 王志, 周峨, 等. 一种新型氧化反应器制备钛白的方法及其装置 ［P］. 中国, ZL20041 0009714.5, 2009-4-15.

［83］ 袁章福, 王晓强, 谭强强, 等. 一种直接从含钛矿物生产钛合金方法 ［P］. 中国, CN 100469910C, 2009-3-18.

［84］ 徐聪, 袁章福. 一种反应器及其用富钛料氯化制备四氯化钛的装置和方法 ［P］. 中国, ZL 200410039205.7, 2007-5-9.

［85］ 王中礼, 袁章福, 黄文来, 等. 用于含钛矿物氯化制备四氯化钛的装置和方法 ［P］. 中国, ZL 03 100110.6, 2005-5-25.

［86］ 袁章福, 徐聪, 黄文来. 用于含钛矿物氯化制备四氯化钛的装置 ［P］. 中国, ZL 03 200159.2, 2006-7-19.

［87］ 袁章福, 李文兵, 廖荣华, 等. 一种分离铁和钛制备高钛渣的方法和装置 ［P］. 中国, CN 1478908 A, 2004-3-3.

13 $TiCl_4$ 高温气相氧化反应器制备 TiO_2

13.1 氯化法钛白氧化反应器研究背景

我国钛资源储量居世界之首，占世界的45%，攀枝花的钒钛磁铁矿资源约96.6亿吨，其 TiO_2 的储量为8.73亿吨，占全国的90.5%以上[1,2]。攀枝花自开发建设以来，国家就非常重视我国的特色资源，但是攀枝花钛资源属于岩矿型的钒钛磁铁共生矿，综合开发利用的难度很大。另外，攀钢高炉年产铁380万吨，同时排出300万吨高炉渣（含24% TiO_2），已经成为严重的环境问题[3]。钛资源的利用有两个方向，一是金属钛，另一是钛白（TiO_2）。钛及其合金具有密度小、强度高、耐高温、耐腐蚀和无毒等性能，已经成为优异的轻型的结构材料、新型的功能材料和重要的医学生物材料，广泛应用于航空航天工业，并逐步向民用钛应用领域开拓，显示出巨大的发展潜力[4~6]。目前金属钛的生产方法主要是以 $TiCl_4$ 为原料的镁热还原法。Chen 等[7]报道了 TiO_2 电解直接提取钛的初步研究结果。直接电解提取钛新工艺是近年来发展起来的一种新型的无污染绿色冶金新技术[8~10]。钛白粉是重要的精细化工产品，由于它的密度、介电常数、折射率都很优越，被认为是目前世界上性能最好的一种白色颜料，广泛应用于涂料（60%）、塑料（16%）、造纸（14%）、油墨（3%）、化纤、橡胶（7%）等工业部门[11~13]。

13.1.1 钛白粉的生产方法

国外钛白粉工业化生产始于1916年的挪威，图13-1是钛白粉两种生产过程（硫酸法和氯化法）的比较。钛白的工业化生产首先是采用硫酸法，硫酸法是将钛铁矿粉与浓硫酸进行酸解反应生成硫酸氧钛，经水解生成偏钛酸，再经煅烧、粉碎即得到钛白产品。硫酸法的特点是原料钛铁矿和硫酸资源丰富，价格低廉，工艺技术成熟，而且设备简单，易于操作管理。氯化法钛白的生产技术难度大，其制备过程包括富钛料氯化、$TiCl_4$ 精制、$TiCl_4$ 氧化和 TiO_2 颗粒表面处理四个主要过程，其中 $TiCl_4$ 氧化是制备钛白粉最为关键的步骤，这是因为氧化炉反应器是氯化法制备钛白的核心设备和技术，反应器的结构参数、气流混合特征和工艺操作条件决定了产品的性能[14,15]。

进入20世纪80年代，由于各国环保法规的强化和用户对产品质量要求的提高，相继关闭了部分硫酸法钛白粉厂。硫酸法要生存，就必须解决环保问题。因此，国外硫酸法技术的发展趋势主要是如何摆脱环保压力，其中主要途径是改变原料路线，用含 TiO_2 70%以上的富钛料，主要是用钛渣来取代含 TiO_2 约50%的钛铁矿。相反，氯化法受天然金红石矿石资源的限制，各公司纷纷致力于以合成金红石或高钛渣为原料，甚至是低品位的钛精矿代替天然金红石[16~20]。其中最成功的是杜邦公司，该公司已将含 TiO_2 60%左右的钛铁矿成功地应用于氯化法钛白生产。世界钛白工业总的发展趋势是从硫酸法向氯化法转变，而且今后钛白新增生产能力也将以氯化法为主。2002年世界钛白总产量为471万吨，其中，氯化法钛白生产能力占57%。世界各地区钛白粉产量及工艺流程选择对比如图13-2所示。

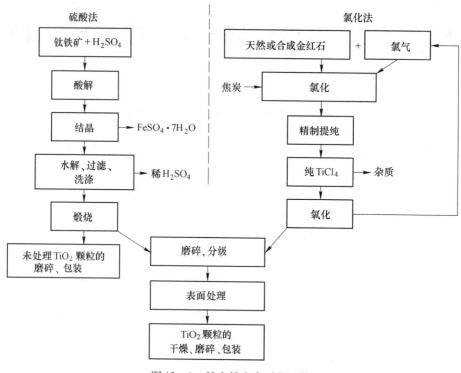

图 13-1　钛白粉生产过程比较

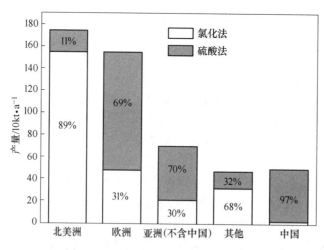

图 13-2　钛白粉产量及工艺选择对比

氯化法钛白粉的研究工作始于20世纪30年代，1932年德国的法本公司（现在的拜耳公司）首先发表了关于气相氧化 TiCl₄ 制造颜料级钛白粉的专利，大约在1958年由美国杜邦公司商业化。国外的氯化法钛白生产技术已趋成熟，由于氯化法钛白技术强大的生命力和竞争力，一直被国外钛白公司所垄断。关于反应器的结构放大、结疤的预防等问题基本没有相关报道，实行技术封锁和高度保密。一般认为氧化过程的三大关键技术问题是：产品形态的控制、反应气体的混合以及反应器结疤的清除。这三个问题解决的好坏，直接关系着钛白产品的质量高低。国内外的文献报道，一方面围绕确定质量指标与基本工艺参数相互关系的关联，一方面围绕除疤装置、进料装置、反应器加热装置进行的开发，由于实验条件的限定，没有普遍意义。

13.1.2　氧化反应产品性能控制模型的研究

Araki 等提出的 SiO_2 颗粒成核与生长机理模型如图 13 – 3 所示[21,22]。依据气溶胶动力学矩方程、单体总体平衡方程及经典均相成核理论，国外的研究人员建立了一些模拟反应器的流体力学模型和产品性能控制模型[23~31]。Pratsinis 等根据气溶胶动力学矩方程、单体总体平衡方程及经典均相成核理论，模拟了较低温度下伴随均相成核的气溶胶形成过程，研究间歇反应器、全混釜反应器、平推流反应器和层流管式反应器形式及过程参数对气溶胶粒子性能的影响，以及管式、环式和平行板层流反应器几何形状对粒子制备过程特征的影响。Kodas等基于相同理论研究了层流反应器中混合对产物性能的影响。但是经典成核理论描述高温超细粒子生长过程存在明显不足。Akhter 等将化学反应动力学和气溶胶动力学相结合，以高温气相反应动力学方程为基础，建立了超细粒子合成过程粒径及分布的控制模型，该模型适用于高源速率过程，弥补了经典理论的不足；既考虑了分子簇粒径的离散特性，又能有效地描述大粒子的生长，在超细粒子粒径范围内精确描述了粒径及分布的变化规律；应用分段化模型思想，使二维非线性偏微分方程组降为一维非线性微分—积分方程组，极大地简化了数值求解过程，定量给出了粒子粒度分布的影响因素，形成了粒径及分布的控制策略。Xiong 等将数量控制平衡方程用于描述颗粒烧结速率的凝并分布，正是有限凝并速率导致了不规则形貌的团聚颗粒的形成，该模型对颗粒形貌、平均尺寸及多分散性做了量化表征。

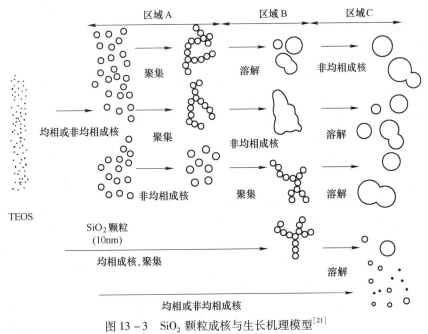

图 13 – 3　SiO_2 颗粒成核与生长机理模型[21]

13.1.3　反应器除疤方法及反应器结构的研究

及时清除反应器的疤层，是开发氯化法钛白生产技术的核心问题之一。国内外有关

TiCl₄ 气相氧化反应器的除疤技术，形式各异，手段多样[32~34]。美国杜邦公司早期的专利 USP3284159 采用冷氯气或惰性气体，在加压情况下，进入气相氧化反应器，通过多孔壁在管式反应器内形成一层遮蔽气幕，以阻止 TiO₂ 颗粒在器壁上黏结。多孔壁有一定的防结疤功能，但多孔壁微孔的加工相当困难，更重要的是该方法对 TiCl₄ 喷口处的结疤无能为力。英国专利 BP1208027 介绍了料膜除疤的方法，该方法所加的载气量相当大，相应的热损失也大，有可能引起熄火，使生产中断，或者是使 TiCl₄ 与 O₂ 的初始反应温度降低，影响产品质量，或者是能耗加大，增加成本，该专利仍没有解决 TiCl₄ 喷口处的结疤问题。其他专利如 USP3512219、BP171113 等采用强制性的除疤方法，即采用氧气或氮气将预热的石英砂，通过喷嘴，高速连续喷入氧化反应器内，靠其对 TiCl₄ 喷口及反应器壁的强烈冲刷作用，除掉疤层，然后用一系列的分离设备，将其分离出来，以循环使用。

专利 USP3540853、USP3582278 报道了一种进料环，该进料环通过均匀小孔，分割四氯化钛高温蒸气，实现高温氧气与四氯化钛的混合。专利 USP1286760、USP3615202 报道了采用狭缝射流，实现高温氧气与四氯化钛的混合。专利 USP3540853、USP3582278 为了防止反应器内壁结疤，在四氯化钛进料环的上方设置清洗环和在其下游设置气膜保护环。反应器的加热方式包括内加热和外加热两种。外加热会加剧反应器壁的腐蚀和结疤，因此一般采用内加热方式，即在将反应物送入反应器的同时，也把燃料包括一氧化碳、甲苯等送入反应器。因为燃料的燃烧产物会稀释反应生成的氯气，因此也采用等离子体加热法。有研究者提出以常压微波等离子体对反应器加热，因其具有较高的电子温度和较低的气体温度，有利于气相反应。通常精制四氯化钛液体在预热器中转化为气相，并预热至 450~800℃，如专利 91111900.0，氧气的预热一般采用燃烧法和等离子法预热到 1600~2000℃。

13.1.4　我国氯化法钛白技术研究进展

我国钛白粉的历史始于 20 世纪 50 年代中期，1955 年开始进行硫酸法生产钛白粉的研究，1956 年在上海用硫酸法生产搪瓷和电焊条钛白粉。从 60 年代我国开始研究氯化法钛白技术，组织化工部涂料所、中科院力学所、中科院化冶所（现为过程工程研究所）、有色研究院等单位做了大量基础和试验研究工作，先后又建设了厦门电化厂的年产 1000t 和天津化工厂的年产 3000t 的工业试验装置，成功地开发了富钛料氯化、粗四氯化钛精制的技术和设备，采用常压操作和刮刀除疤实现了氧化反应器连续温度运行，整个生产流程基本打通，钛白质量达到了日本 R - 820 的水平。但是，由于对 TiCl₄ 氧化反应、粒度控制以及工程放大理论等方面的研究不够深入，机械刮刀除疤方法存在许多固有的缺陷，产品质量得不到有效的控制，未能实现进一步的工业放大。而后又对一系列无刮刀氧化反应器进行了开发，如：高压静电除疤氧化炉、气幕除疤氧化炉、料幕除疤氧化炉、机械振动除疤氧化炉、超声振动除疤氧化炉、超声波除疤氧化炉、多孔壁除疤氧化炉、气流吹扫除疤氧化炉等，并于 1994 年取得了"高速气流喷粒除疤氧化炉"国家专利。锦州铁合金公司在国内实验成果和向国外咨询的基础上，以特殊的方式引进了不完善的技术和关键设备，于 1994 年建成了我国第一家年产 1.5 万吨的生产线，但是这条生产线没有达到预期的生产规模。中国科学院过程工程研究所与锦州铁合金（集团）有限责任公司从 1996 年开始联合，开发了具有我国自主知识产权的新型氧化炉反应器，在连续运转时间和产品质量等方面都有所提高。

13.1.4.1 氧化反应产品性能控制模型的研究

林发承等通过 8kW 和 30kW 高频等离子加热热模实验装置及冷模装置实验,分析了等离子气相氧化法制钛白的反应历程中停留时间、初始混合温度等因素,反应器内产生反流的条件和反流对成核、除疤、粒度生长的影响。提出以钛白粒度生长的物理量变化过程来模拟 $TiCl_4$ 气相氧化过程,确定反应器内的停留时间,推导反应器的设计参数[35]。许厚文等将氧化反应历程分为湍流混合、氧化反应、晶粒生长、颗粒骤冷和过程控制 5 部分,并对每个过程分别建立数学模型。采用未预混反应模型和流函数—涡量方法对气膜除疤反应器内的流场、温度场和浓度场等进行了模拟[36,37]。赵维安等进行了 3000t/a 中试装置的气流混合模化试验,考察了两股气流单位流通面积的动量比和它们之间的交角对混合不均匀度、完全混合长度以及"$TiCl_4$ 附壁浓度"等的影响,同时证明了将气流动量比作为工程放大的相似准则的可行性[38,39]。郑国梁等在 8kW 高频等离子体加热法制钛白试验中,进行了等离子体技术与气相氧化反应两个部分的工艺试验研究,制造了能够适合加热氧气的等离子体发生器,通过试验确定了基本参数。李晋林等测算了 $TiCl_4$ 氧化过程的热化学平衡产物的种类及组成,并通过测定 TiO_2 粒子中元素 Al 的分布,验证了计算结果,并讨论了 $AlCl_3$ 对晶型转换的作用及其加入量与氧化工艺条件的关系[40]。李春忠等将单分散气溶胶的凝并—生长模型和高温均相反应动力学结合起来,提出了 CVD 反应器中超细粒子形成过程的物理模型,建立了表征粒子粒度和粒度分布的反应—凝并数学模型。并在此基础上,对快相变速率和慢相变速率两种晶型转变情形,建立了化学气相淀积合成超细粒子过程中,表征超细粒子晶体组成及含量的物理模型和数学模型[41]。

13.1.4.2 反应器除疤方法和反应器结构的研究

专利 93243693.5 是一种氯化法钛白高速气流喷粒除疤氧化反应器[42]。高速气流携带的固体粒子,具有很大的动能,沿管壁向下运动,从而除掉高温区的烧结疤和炉内的沉积疤层。专利 00243616.7[43]反应器的喷盐装置使用旋转给盐阀,高速气流夹带适量的固体颗粒,动能很大,可使喷扫面连成一片,达到连续除疤的目的。对于上述喷砂式反应器,由于石英砂喷入量大,其消耗量也大,因而引起过度的热损失,同时石英砂易对喷嘴、反应器和冷却导管造成较大磨损,使其寿命降低,而且除疤装置对高温区和喷口处的疤不能清除干净,另外在石英砂预热、喷身及与产品分离和循环使用等方面还需要增加一系列额外的工艺设备。专利 01129318.7[44]采用了自制的人造钛白疤料代替石英砂做除疤料,该料既是除疤粒料又用来做原料,不磨损炉管壁又可以节约原料。但是该技术在工业应用中,对喷嘴处疤料的清除效果仍然不好。四氯化钛在进料环内的流动为变质量流动,环内不同区域的压力存在很大的不均匀性,导致不同周向位置的射流速度存在较大差异。采用环隙射流和均匀等尺寸开孔射流混合时,由于相邻区域射流的动量相近,射流的穿透距离也相近,较难保证四氯化钛在整个反应器的横向截面与高温氧气混合均匀。专利 00116465.1 及文献 [45] 提出在四氯化钛进料环上设置不等径或不同结构的射流孔,并使其相间排列,从而调整四氯化钛进料环各射流的动量比,实现反应物料的快速混合,或在四氯化钛进料环中设置一个整流环,对四氯化钛进料环内气体流动进行整流,使切向流动减慢,压力分布趋于均匀,从而得到性能显著改善的二氧化钛产品。文献 [46~49] 采用了径向进气和切向进气两种模型,发现径向进气模型由于附壁效应,气流在进口处对模型器壁的直接冲击和进口处流道的突然扩张，造成的阻力损失较大，因此，进气环宜选用切向进气方式。

图 13－4 是锦州四氯化钛氧化炉反应器的示意图。氧化反应过程为：（1）精制 TiCl$_4$ 经盘管加热器预热至一定温度并气化，气化的 TiCl$_4$ 进入 AlCl$_3$ 发生器；（2）铝粉经氮气保护采用脉冲方式与氯气并行加入 AlCl$_3$ 发生器，在 AlCl$_3$ 发生器中，一方面完成铝粉与氯气的反应生成 AlCl$_3$ 蒸气，另一方面使 AlCl$_3$ 与（1）带来的 TiCl$_4$ 蒸气混合均匀，同时使（1）所得预热 TiCl$_4$ 再次加热，即获得一定温度的 AlCl$_3$ 与 TiCl$_4$ 的混合蒸气；（3）合格氧气经另一盘管加热器使其加热至工艺要求温度，并引入氧化炉燃烧室，即预热氧气；（4）燃料从氧化炉前部经一燃料器，在氧气助燃下使之燃烧产生高温气流，并在氧化炉燃烧室与（3）所带来的氧气混合，使预热氧气进一步加热至工艺要求温度范围，获得再加热氧气；（5）再加热氧气与（2）所得 TiCl$_4$／AlCl$_3$ 蒸气在氧化炉中迅速混合、快速反应，即获得钛白中间品。

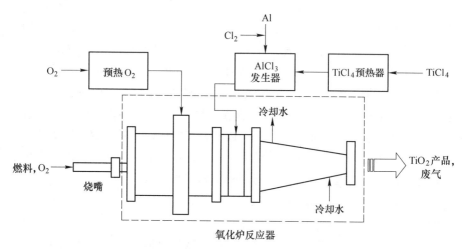

图 13－4　四氯化钛气相氧化工艺过程示意图

锦州氯化法钛白装置中氧化工艺技术的主要特点是：（1）对反应物料两步加热，即在预热炉内分别将 TiCl$_4$ 和 O$_2$ 预热到合适的温度，在反应物料进入氧化反应器同时引入雾化甲苯燃料，借其燃烧直接把反应物料加热到反应所需温度；（2）采用喷粒及机械除疤措施；（3）AlCl$_3$ 采用气相法引入；（4）采用较高的正压操作，给氧化尾气直接送往沸腾氯化创造了条件；（5）产品收集采用高温高效袋滤器一次完成。

目前氧化炉反应器应用和开发中仍存在的问题和困难，主要表现在[50,51]：

（1）氧化炉存在运行周期短，最长不足 17 天（国外先进水平，例如美国杜邦公司多为 40～60 天）。运行周期短的关键因素是生成的 TiO$_2$ 在氧化炉内"结疤"导致被迫停炉。

（2）钛白粉的产品质量（颗粒粒度及分布、晶型转化率、消色力等）处于不可控的状态，钛白半成品质量存在着不稳定性，同一生产周期内产品质量指标变化较大。主要是由于工艺设备与产品质量之间不能有效控制，即很难通过改变工艺参数或关键部件来控制产品粒度及分布。

（3）氧化炉采用的是喷粒除疤技术，从实际生产看并不奏效，而且人造疤粒给包膜工段、成品工段造成了一定的影响。

（4）氧化炉材质不能很好地适应其应有的环境要求，下线后氧化炉的反应区组件都出现不同程度的腐蚀问题，有时相当严重。

13.2 氯化法钛白氧化过程相关热力学计算

化学反应热力学计算，通常是依据反应自由能的变化及大小，判断在不同温度条件下，各种可能的反应趋势。HSC（焓、熵和热容）软件是专用于计算多元系在不同条件下体系的最低自由能，以及与此最低自由能对应的体系中能生成的物质种类和它们的数量的计算化学软件。采用 HSC 软件对氯化法钛白氧化过程相关热力学进行了计算，从理论上考察了反应平衡时各组分的关系、体系参数对氧化过程热力学的影响以及在现有操作条件下反应组分的温度变化等。

13.2.1 计算原理

HSC 是专门用于计算多元、多相、多个反应等复杂体系在不同条件下体系的最小 Gibbs 自由能，以及与此最小 Gibbs 自由能相对应的体系中能生成的物质种类和它们的数量的计算化学软件[52]。HSC 软件不同于传统的热化学仅仅计算反应过程的自由能与温度的关系，它是在体系温度、压力、元素种类和数量等条件给定以后，计算出体系的最低自由能，体系内所能存在的物质种类以及它们的数量，即体系的热化学平衡组分。

HSC 计算化学软件的理论基础可概述如下：对任何一个体系，该体系在一定条件下的自由能可表示为如式（13-1），平衡组分模拟的原理是体系总的 Gibbs 自由能最小，其具体过程如下。

假设体系有 N_D 个独立组元和 N_U 个非独立组元，包括 N_i 种元素，分布在 P 个相中，进行了 R 次反应。在第 j 相中，独立组元 D 和非独立组元 U 的摩尔数分别为 $M_{D,j}$、$M_{U,j}$，化学位分别为 $\mu_{D,j}$、$\mu_{U,j}$。则体系总的 Gibbs 自由能为：

$$G = \sum_{D=1}^{N_D} \sum_{j=1}^{P} M_{D,j} \mu_{D,j} + \sum_{U=1}^{N_U} \sum_{j=1}^{P} M_{U,j} \mu_{U,j} \qquad (13-1)$$

根据物料平衡，第 i 种元素在体系中总摩尔数 M_i 应该等于各组元内该元素摩尔数之和：

$$M_i = \sum_{D=1}^{N_D} \sum_{j=1}^{P} M_{D,j} \alpha_{D,j} + \sum_{U=1}^{N_U} \sum_{j=1}^{P} M_{U,j} \alpha_{U,i} \qquad (13-2)$$

式中，$\alpha_{D,j}$、$\alpha_{U,i}$ 为独立组元和非独立组元中第 i 种元素的原子数。

在恒温、恒压下，体系平衡的条件应是总的 Gibbs 自由能达到最小值，即 $G \rightarrow G_{min}$。

应用 Lagrange 不定因子法，令：

$$L = G - \sum_{i=1}^{N_i} \lambda_i \left(\sum_{D=1}^{N_D} \sum_{j=1}^{P} M_{D,j} \alpha_{D,j} + \sum_{U=1}^{N_U} \sum_{j=1}^{P} M_{U,j} \alpha_{U,i} - M_i \right) \qquad (13-3)$$

式中，λ_i 为 Lagrange 不定因子。

要使体系的自由能最小，必须有 $dL/dM_{D,j} = 0$，即：

$$\mu_{D,j} = \sum_{i=1}^{N_i} \lambda_i \alpha_{D,i} = 常数 \qquad (13-4)$$

也即，独立组元在各相中的化学位相等。同理，$dL/dM_{U,j} = 0$，得：

$$\mu_{U,j} = \sum_{i=1}^{N_i} \lambda_i \alpha_{U,i} = 常数 \qquad (13-5)$$

即非独立组元在各相中的化学位也相等。

将式（13-4）和式（13-5）以通式表示：

$$\mu_{k,j} = \sum_{i=1}^{N_i} \lambda_i \alpha_{k,i} = 常数 \qquad (13-6)$$

即组元 k 在各相中的化学位应相等。式（13-6）也可以表示为：

$$\sum_{i=1}^{N_i} \lambda_i \alpha_{k,i} = \mu_k^{\ominus} + RT\ln\alpha_{k,i} \qquad (13-7)$$

式中，$\mu_k^{\ominus}$ 为组元 k 的生成自由能；R 为气体常数；T 为绝对温度；α_k 为组元 k 的活度。

α_k 可以用摩尔分数近似代替：

$$\alpha_k = M_k \Big/ \sum_{k=1}^{N_k} M_k \qquad (13-8)$$

同样，式（13-2）也可以写成：

$$M_i = \sum_{k=1}^{N_k} \sum_{j=1}^{P} M_{k,j} \alpha_{k,i} \qquad (13-9)$$

式中，N_k 为体系总组元数（$N_k = N_D + N_U$）。

这样，复杂体系中 N_k 个组元在 P 个相中平衡成分计算条件即为式（13-7）和式（13-9）组成的联立方程组。求解该方程组，可计算出组元 k 的摩尔数 M_k，即可确定体系的平衡组成。再改变给定条件，重复以上计算，如此循环，便可以求得在一系列条件下的热化学平衡组分，从而获得热化学组成和数量与外界条件之间的关系。

13.2.2　计算结果及分析

13.2.2.1　$\Delta G^{\ominus} - T$ 关系图

在 TiCl₄ 气相氧化过程中，通常添加少量的晶型转化剂 AlCl₃，同时 TiCl₄ 中还可能带有微量的 SiCl₄ 等杂质。根据系统条件的不同会发生多种反应，而这些反应的发生、终止又彼此相关。进入氧化系统的物质种类及其流量见表 13-1。氧化系统 AlCl₃ 发生器内可能发生的反应如图 13-5 所示。氧化炉反应器内可能发生的反应如图 13-6 所示。在 AlCl₃ 发生器内以生成三氯化铝的反应为主。当以 N₂ 为载气时可能会生成 AlN。在氧化反应器内以生成氧化铝和二氧化钛的反应为主，并且晶型转化剂生成氧化铝的反应更容易些，这也为其起到成核剂的作用提供了条件。

表 13-1　进入氧化系统的物质种类及其流量

原　料	质量流量/kg·h⁻¹	摩尔流量/mol·h⁻¹
Al 粉	8.00	296.30
Cl₂	150.00	2112.68
脉冲 N₂	15.40	550.00
TiCl₄	5100.00	26842.10
甲苯	34.00	369.56
冷氧	111.43	3482.19

原　料	质量流量/kg·h^{-1}	摩尔流量/mol·h^{-1}
N_2	225.18	8042.14
热氧	870.00	27187.50
携带气（O_2）	70.00	2187.50

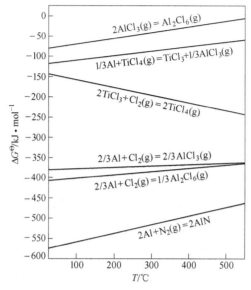

图 13－5　三氯化铝发生器内反应的 $\Delta G^{\ominus} - T$ 关系图

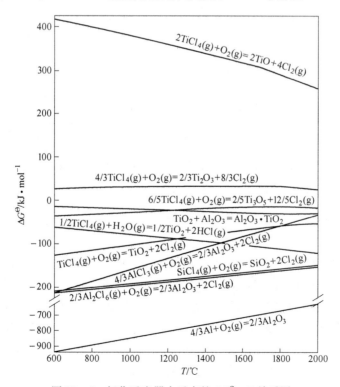

图 13－6　氧化反应器内反应的 $\Delta G^{\ominus} - T$ 关系图

13.2.2.2　$\Delta H - Q_p - T$ 计算

本计算根据攀枝花锦州钛业有限公司现有氧化工艺操作条件，就 $AlCl_3$ 发生器和氧化炉中各种可能发生的各化学反应，计算其热量变化。该热力学计算程序是：首先根据吉布斯自由焓 ΔG 判别各个反应在该条件下是否可能发生；其次根据物料热量（ΔH_f）及反应热（ΔH）（基尔霍夫定律，Kirchhoff）等，计算反应产生的总热量；假设此系统的热力学过程为绝热过程，即为隔离系统，根据实际生产中氧化炉内的相关物料流量及温度，计算了反应过程的热焓变化，进而得到了反应器不同位置处反应物料的温度变化过程。

根据分析结果，该系统进行的主要化学反应方程式如下：

$$2Al(s) + 3Cl_2(g) \Longrightarrow 2AlCl_3(g)$$
$$C_7H_8(l) + 9O_2(g) \Longrightarrow 7CO_2(g) + 4H_2O(g)$$
$$TiCl_4(g) + O_2(g) \Longrightarrow TiO_2(R,s) + 2Cl_2(g)$$
$$4AlCl_3(g) + 3O_2(g) \Longrightarrow 2Al_2O_3(s) + 6Cl_2(g)$$

氧化系统 $TiCl_4$ 和 O_2 在不同区域内的温度变化如图 13-7 所示。热力学计算结果表明，理论计算结果与生产实际基本符合。预热氧气在该燃烧系统中可以被加热到 900 ~ 1500℃，预热 $TiCl_4$ 在工业 $AlCl_3$ 发生器中可以被加热到 500 ~ 700℃，二者混合且反应前氧气温度可达 1400℃，反应生成物的温度可达 1750℃。

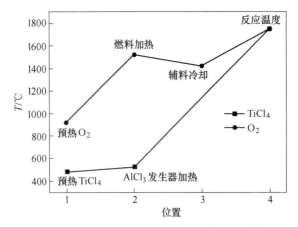

图 13-7　氧化反应系统 $TiCl_4$ 和 O_2 在不同区域的温度变化

13.2.2.3　反应条件对反应物平衡转化率的影响

反应温度、反应器内压力、配氧系数、$TiCl_4$ 浓度以及 $AlCl_3$ 的数量模拟了工业反应器的操作条件。

图 13-8 结果表明，反应温度对反应物 $TiCl_4$、$AlCl_3$ 的平衡转化率都有明显影响，尤其是对 $AlCl_3$ 的平衡转化率的影响要大于对 $TiCl_4$ 转化率的影响。在给定的工艺条件下，二者的转化率均随反应温度的升高而降低，但下降的速度不同。$AlCl_3$ 的平衡转化率在 1300℃ 以上迅速降低，也就是说当反应温度超过此点后，$AlCl_3$ 的晶型转化作用会越来越弱。图 13-9 结果表明反应器内的压力对 $AlCl_3$ 的平衡转化率的影响明显大于对 $TiCl_4$ 的影响，而且在高温区内增加反应器内的压力有利于 $AlCl_3$ 的转化。

图 13-10 结果表明 $TiCl_4$、$AlCl_3$ 的平衡转化率随着氧气浓度（配氧系数）的增加而

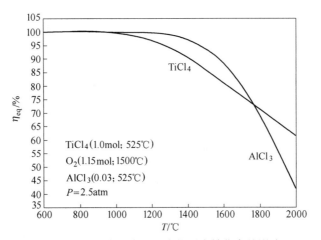

图 13-8 反应温度对反应物平衡转化率的影响

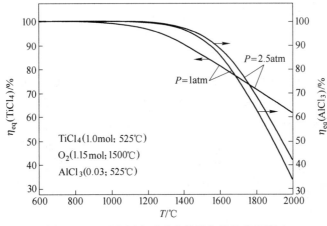

图 13-9 反应压力对反应物平衡转化率的影响

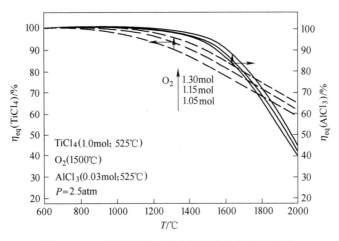

图 13-10 氧气浓度对反应物平衡转化率的影响

增加，而且在高温条件下，配氧系数对 $TiCl_4$ 的平衡转化率的影响要大于对 $AlCl_3$ 的影响。图 13-11 结果表明在氧气分压一定的情况下，$TiCl_4$ 浓度的增加，反应物 $TiCl_4$ 与 $AlCl_3$ 的平衡转化率都有明显降低，而且在高温区内 $TiCl_4$ 的平衡转化率降低明显，如在 1400℃下，

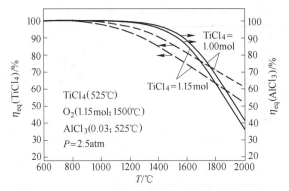

图 13-11   TiCl₄ 浓度对反应物平衡转化率的影响

当 TiCl₄ 量为 1.00mol 时，TiCl₄ 的转化率为 90.4%，而当 TiCl₄ 量为 1.15mol 时，TiCl₄ 的转化率为 85.2%。

13.2.2.4   晶型转化剂对反应物平衡转化率的影响

不同温度下晶型转化剂产物的平衡组成（绝对含量 α_{eq}，相对含量 β_{eq}）如图 13-12 所示，晶型转化剂添加量对反应物平衡转化率的影响如图 13-13 所示。晶型转化剂的热力学平衡组成为 Al₂O₃·TiO₂ 固溶体和 Al₂O₃，从其平衡组成看，晶型转化剂的产物以 Al₂O₃·TiO₂ 固溶体为主，这与李晋林[52] 的研究结果一致。但可以看出随着温度的升高，Al₂O₃·TiO₂ 固溶体的平衡组成迅速降低，使得晶型转化剂失去作用，所以对于 AlCl₃ 晶型转化剂，其存在一定的起作用的温度范围。在晶型转化剂的添加范围内，并没有对 TiCl₄ 的平衡转化率产生影响，而增加 AlCl₃ 的添加量有利于提高其本身的平衡转化率，所以 AlCl₃ 起晶型转化剂作用的能力也就相应增强。

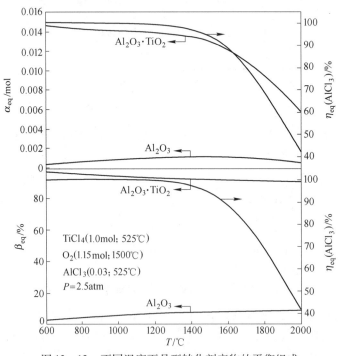

图 13-12   不同温度下晶型转化剂产物的平衡组成

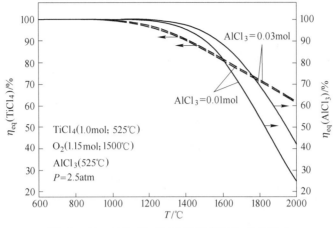

图 13 – 13　AlCl$_3$ 量对反应物平衡转化率的影响

13.3　TiCl$_4$ 高温气相氧化过程的动力学研究

13.3.1　TiCl$_4$ 氧化动力学的相关研究

在工业上，大部分的钛白粉都是使用预混合火焰燃烧器和管式气流反应器，在燃烧反应器中，预混合的甲烷、四氧化钛和氧气输送到火焰燃烧器中，并在后段回收粉体。在气流反应器中，载气通过 TiCl$_4$ 液体后与氧气混合，进入到炉子中加热到 1000℃ 以上。TiCl$_4$ 气相氧化反应过程是在氧化反应器内湍流情况下进行的伴有传热、传质及动量传递的化学反应过程，气相生成钛白颗粒的过程包括几个基元步骤，气相化学反应、表面反应、均相成核、非均相成核、颗粒凝并、颗粒聚集或烧结。各基元步骤的相对重要性决定了产物颗粒性能的差异。氧化反应在 800℃ 以上的高温条件下进行时，反应速率极快，几毫秒时间内即生成二氧化钛前驱体。当二氧化钛前驱体的浓度达到一定的过饱和度时，即生成二氧化钛晶核。晶核间碰撞凝并，或前驱体在晶核表面吸附淀积，使粒子快速长大。与此同时，粒子的晶型也开始由锐钛型向金红石型转变。对 TiCl$_4$ 的氧化动力学进行研究为探明对氧化机理的认识及优化氧化过程工艺操作条件非常有利。

Pratsinis 等[53]曾利用流体管式反应器研究了 TiCl$_4$ 氧化动力学，相近的试验也有采用垂直电炉反应器研究 TiCl$_4$ 的氧化动力学，并研究了反应温度对产物粒径的影响，这些作者发现随着反应温度、氧气浓度增加或 TiCl$_4$ 浓度降低，平均粒子粒径将下降。Suyama 同样研究了气相反应中添加剂对 TiO$_2$ 颗粒形成的影响，通过添加不同金属氯化物可增加或降低粒子粒径，通常情况下有添加剂的颗粒粒径为无添加剂的 0.25 ~ 0.5，通过检测添加金属氯化物后粒径分布也更窄，添加 FeCl$_3$ 和 AlBr$_3$ 可促进氧化反应，而添加 SiCl$_4$ 和 ZrCl$_4$ 则会抑制氧化反应。Kobata 等也利用水平层状流体物化反应器测量了动力学。还有的作者利用 TiO$_2$ 在硅基底的沉积薄膜研究 TiCl$_4$ 的氧化动力学。表 13 – 2 为 TiCl$_4$ 氧化生成 TiO$_2$ 的动力学值总表，大多试验表明与 TiCl$_4$ 有关的反应为一级反应，而与 O$_2$ 有关的反应则为 0 级反应，反应活化能的波动范围为 42 ~ 163kJ/mol，幂前因子波动范围为 4.9×10^3 ~

$2.5 \times 10^5 \text{s}^{-1}$，这可归于采用方法的显著差异及进出反应器的 TiCl₄ 的数量较少所带来的试验误差。

表 13 - 2　已计算出的 TiCl₄ 氧化动力学常数

参考文献	P_{TiCl_4}/atm	T/K	n	m	A/s^{-1}	E_a/kJ·mol^{-1}
Pratsinis 等[53]	0.005 ~ 0.02	973 ~ 1273	1	0	8.29×10^4	88.8
Suyama 等[54]	0.01 ~ 0.041		1	0	—	71
Antipov 等[55]	0.01 ~ 0.10		1	0	—	76
Mahawili[56]	0.005 ~ 0.04		1	0		42
Toyama 等[57]	0.05 ~ 0.12		0.9	0	—	163
Kobata 等[58]	0.01 ~ 0.07	700 ~ 1200	1	0	2.5×10^5	102
Ghostagore[59]	3.8E - 5 ~ 1.2E - 4		1	0	4.9×10^3	147
Timpone[60]	0.005 ~ 0.02		1	0	8.3×10^3	57
Yao 等[61]	0.005 ~ 0.025	800 ~ 1200	1.03	0[①] 0.44[②]	1.55×10^6[③]	62.4
Wang 等[62]	6.5 ~ 22mmol/L	750 ~ 950	1.0	0.5	2.45×10^2	66.8

①$P_{O_2} > 0.6$atm；

②$P_{O_2} < 0.6$atm；

③单位：mg/(atm²·min)。

13.3.2　实验方法

13.3.2.1　实验条件

气相法制备 TiO₂ 颗粒的实验装置及流程如图 13 - 14 所示。纯氩气作为载气通过 TiCl₄ 液态的蒸发器，从蒸发器出口的混合气体用干燥的纯氩气稀释，在反应器进口处与经干燥和电炉加热后的 O₂ 混合进入反应器。反应器是一根内径 15mm、长 1500mm 的石英玻璃管，反应器用管式电炉加热，反应器出口处接一个气冷夹套式热交换器和一个水冷夹套式热交换器，气冷夹套式热交换器内通入冷却气体氮气，该气体紧贴器壁面运动，形成气膜降低出口气体的温度，减少粒子凝并。生成的 TiO₂ 粒子采用自由沉降收集。TiCl₄ 的进口浓度通过调解载气流量和蒸发器温度控制。停留时间定义为反应器有效体积与在反应温度和压力下反应物料的体积流量之比。反应停留时间通过反应气体流速和加热段长度调节。反应器出口物料经粒子冷却系统，实现气固分离；反应尾气中的氯气和反应的 TiCl₄ 采用稀碱吸收后排空。调整进口反应温度、反应器温度、TiCl₄ 的浓度和气体流速并利用奥氏气体分析仪测定出口气体 Cl₂ 和 O₂ 浓度，以获得四氯化钛转化率。TiCl₄ 的实际消耗量通过实验前后气化器质量变化确定。反应器温度用 K 型热电偶进行测量，试验条件：反应器的运行温度为 800 ~ 1100℃，气流速度 4.5 ~ 6.5L/min，反应物 TiCl₄：O₂ 为 1:5 ~ 1:20，总压为 101.3kPa，出口 TiCl₄ 的浓度可根据出口氯气的总量进行计算，因此就可计算出 TiCl₄ 转化为 TiO₂ 的生成率，从而计算出反应活化能。反应速率 r_{TiCl_4} 定义为单位时间内 TiCl₄ 的反应量，单位：mol/s。

13.3.2.2　气体样品分析方法

图 13 - 15 为奥氏气体分析的流程示意图。测定时，首先关闭所有活栓，接上采样气

袋后，打开活栓 1 选取合适的气量作为测试气体。关闭活栓 1，然后从左向右依次打开活栓，分别测定各个组分的含量。

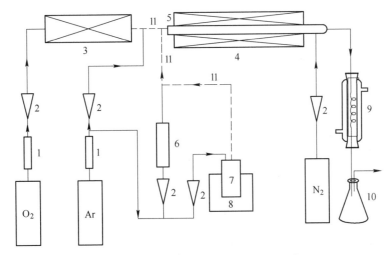

图 13 – 14　气相氧化法制备 TiO$_2$ 的实验装置

1—气体净化器；2—流量计；3—O$_2$ 预热装置；4—电炉；5—反应器；6—SnCl$_4$/AlCl$_3$ 气化器；

7—TiCl$_4$ 气化器；8—水浴池；9—水冷装置；10—Cl$_2$ 吸收瓶；11—电热丝

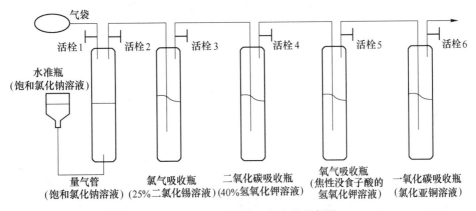

图 13 – 15　奥氏气体吸收流程示意图

13.3.3　动力学方程的建立

13.3.3.1　作图法

TiCl$_4$ 气相氧化反应通常用式（13 – 10）描述：

$$TiCl_4 + O_2 \Longrightarrow TiO_2 + 2Cl_2 \tag{13 – 10}$$

前人的研究表明，当氧气分压较高时，反应速率与 O$_2$ 浓度无关。在该氧化反应中，首先假定该反应为一级反应，即：

$$r_X = -kC_X \tag{13 – 11}$$

式中，r_X 为反应物 X 的反应速率，mol/s；k 为反应速率常数；C_X 为反应物 X 的浓度，mol/L。

动力学方程表达式可以用积分法或物料平衡原理推理得到。

A　积分法

速率方程（13 – 11）的微分方程为：

$$r_X = \frac{dC_X}{dt} = -kC_X \tag{13 – 12}$$

移项积分得：

$$\int \frac{dC_X}{C_X} = -\int k dt \tag{13 – 13}$$

由式（13 – 13）得：

$$\ln C_X = -kt + B \tag{13 – 14}$$

当 $t = 0$ 时，$C_X = C_{X_0}$ 得 $B = \ln C_{X_0}$，所以有：

$$\ln \frac{C_{X_0}}{C_X} = kt \tag{13 – 15}$$

$$k = \frac{1}{t} \ln \frac{C_{X_0}}{C_X} \tag{13 – 16}$$

由式（13 – 16）得：

$$C_X = C_{X_0} e^{-kt} \tag{13 – 17}$$

所以，将式（13 – 16）、式（13 – 17）代入式（13 – 11）得：

$$r_X = -\frac{1}{t} \ln \frac{C_{X_0}}{C_X} C_{X_0} e^{-kt} \tag{13 – 18}$$

B　物料平衡法

用活塞气流反应器模拟管式气流反应器中的活塞气流。通用的物料和反应平衡方程表示如下：

$$Q_{X_0} - Q_X + \int_V r_X dV = \frac{dN_X}{dt} \tag{13 – 19}$$

式中，Q_{X_0} 为组分 X 进入反应器的流量，mol/s；Q_X 为组分 X 流出反应器的流量，mol/s；$\int_V r_X dV$ 为组分 X 的生成或消耗量，mol/s；$\frac{dN_X}{dt}$ 为组分 X 在反应器中的富集，mol/s；r_X 为 X 的反应速率，mol/s；V 为反应器体积，L；t 为反应物停留时间，s；N_X 为组分 X 的摩尔数。

假设反应过程稳定进行 $\left(\frac{dN_X}{dt} = 0 \right)$，且没有轴向扩散，只有径向的快速扩散，因此：$\int_V r_X dV = r_X \Delta V$。

将假定条件和物料平衡代入式（13 – 19），则可得：

$$Q_X(V) - Q_X(V + \Delta V) + r_X \Delta V = 0 \tag{13 – 20}$$

$$r_X = \frac{Q_X(V + \Delta V) - Q_X(V)}{\Delta V} \tag{13 – 21}$$

当 $\Delta V \to 0$，则式（13 – 21）可转化为：

$$r_X = \frac{dQ_X}{dV} \tag{13-22}$$

式中，dQ_X 为组分 X 流量的微分；dV 为体积的积分；r_X 为组分 X 的反应速率。

由于

$$Q_X = C_X v_0 \tag{13-23}$$

式中，v 为气体流速，L/s（由于摩尔数没有改变，因此 $v = v_0$）；C_X 为组分 X 的浓度，mol/L。

将式（13-11）代入式（3-22），则式（13-22）可简化为：

$$-\int_{C_{X_0}}^{C_X} \frac{dC_X}{kC_X} = \int \frac{1}{v_0} dV$$

$$V = \frac{v_0}{k} \ln \frac{C_{X_0}}{C_X} \tag{13-24}$$

式（13-24）可进一步转化为：

$$\frac{C_X}{C_{X_0}} = \exp\left(-\frac{kV}{v_0}\right) \tag{13-25}$$

即

$$k = -\ln\frac{C_X}{C_{X_0}} \frac{v_0}{V} = -\frac{\ln x}{t} \tag{13-26}$$

其中

$$x = \frac{C_X}{C_{X_0}} = \frac{C_o}{C_i}$$

从式（13-26）可见，如果已知反应物进口浓度 C_i、出口浓度 C_o 和反应器体积 V、气流速度 v_0 就可计算出动力学常数 k。所以通过改变反应器温度相应会改变 X 的出口浓度，因此在试验中可测定不同温度(T)下的流体速率(v_0)，就可计算常数 k。

用阿伦尼乌斯公式表达反应速度常数 k：

$$k = A\exp\left(\frac{-E_a}{RT}\right) \tag{13-27}$$

$$\ln k = \frac{-E_a}{RT} + \ln A \tag{13-28}$$

式中，R 为气体常数，J/(mol·K)；T 为温度，K；E_a 为反应活化能，J/mol；A 为指前因子，s^{-1}。

将式（13-26）代入式（13-28），则得到：

$$\ln\left(-\frac{\ln x}{t}\right) = \frac{-E_a}{RT} + \ln A \tag{13-29}$$

式中，$x = \frac{C_o}{C_i}$，t 为反应物在反应器中的停留时间，s。

所以，式（13-11）变为

$$r_X = -kC_X = -\frac{\ln x}{t} C_X \tag{13-30}$$

13.3.3.2 最小二乘法

假设动力学方程为：

$$r_X = A e^{\frac{-E_a}{RT}} P_{TiCl_4}^m P_{O_2}^n \tag{13-31}$$

式中，r_X 为反应物 X 的反应速率，mol/s；A 为指前因子，s^{-1}；E_a 为反应活化能，J/mol；P_{TiCl_4} 为 TiCl$_4$ 气体分压，Pa；P_{O_2} 为 O$_2$ 气体分压，Pa；m 为气体 TiCl$_4$ 反应分级数；n 为气体 O$_2$ 反应分级数。

对式（13-31）两边取对数得

$$\lg r_X = \lg A - \frac{E_a}{2.303R} \frac{1}{T} + m \lg P_{TiCl_4} + n \lg P_{O_2} \qquad (13-32)$$

根据实验结果并利用最小二乘法解求解式（13-32），即得 TiCl$_4$ 气相氧化反应动力学方程。

13.3.4 动力学方程常数的求解

13.3.4.1 作图法

根据实验结果并通过作图求下列关系：$\ln k \sim \ln[TiCl_4]$ 与 $\ln k \sim 1/T$，得图 13-16 与图 13-17。实验数据的线性关系较好，表明本反应符合阿伦尼乌斯定律且对 TiCl$_4$ 为一级反应。通过对不同条件下的一系列实验数据进行回归分析，由图 13-17 可得 $A-1.0487 \times 10^4$s^{-1}，$E_a = 97.39$kJ/mol，所以 TiCl$_4$ 气相氧化反应的动力学方程为：

$$r_X = 1.0487 \times 10^4 e^{\frac{-97390}{RT}} C_{TiCl_4} \qquad (13-33)$$

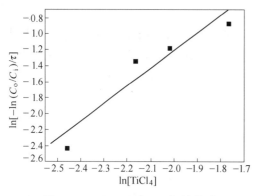

图 13-16 $\ln k \sim \ln[TiCl_4]$ 的关系

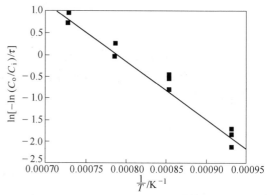

图 13-17 $1/T$ 与 $\ln k$ 的关系

13.3.4.2 最小二乘法

令式（13-31）为

$$y = a + bx_1 + cx_2 + dx_3 \qquad (13-34)$$

则 a、b、c、d 分别表示 $\lg A$、$\frac{E_a}{2.303R}$、m、n；y、x_1、x_2、x_3 分别表示 $\lg r_X$、$\frac{1}{T}$、$\lg P_{TiCl_4}$、$\lg P_{O_2}$。

根据实验数据并利用最小二乘法回归计算，得到以下方程：

$$y = 2.32 - 4181.51x_1 + 1.05x_2 + 0.11x_3 \qquad (13-35)$$

所以，有 $\lg A = 2.32$，$\frac{E_a}{2.303R} = -4181.51$，$m = 1.05$，$n = 0.11$。则，$A = 2.09 \times 10^2$mg/（Pa^2·min），$E_a = 80.06$kJ/mol。

由以上结果可得 TiCl$_4$ 气相氧化反应的动力学方程为：

$$r_{\mathrm{X}} = 2.09 \times 10^{2} \mathrm{e}^{\frac{-80060}{RT}} P_{\mathrm{TiCl_4}}^{1.05} P_{\mathrm{O_2}}^{0.11} \tag{13-36}$$

由式（13-33）和式（13-36）可知，本实验所采用的两种方法得到的表观活化能 E_{a} 有一定差距，这与初始假设的动力学方程形式和数据拟合的方法直接相关。本实验测定的表观活化能与文献结果的对比如图 13-18 所示。不同作者实验得到的表观活化能的数值差距明显，这主要是由于 TiCl₄ 的蒸气压较小，而反应体系中含有过量的氧气和稀释气体氩气，造成实验反应体系中 TiCl₄ 的浓度很低，所以这就给准确测定 TiCl₄ 的浓度带来了困难，从而给表观活化能的计算带来了误差。但为了满足反应物在高温区有足够短的停留时间，只能要求加大氧气和氩气的流量。另外，由于 TiCl₄ 氧化过程是一个非常快速的化学反应，为了能使反应速度减慢到能用经典的实验方法来确定反应物的浓度变化，也就必须降低反应物的浓度。从实验结果看，本实验所得的表观活化能基本处于文献值的平均水平。

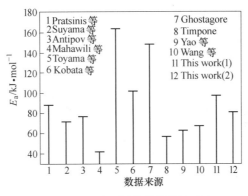

图 13-18　表观活化能结果的对比

13.3.5　反应条件对反应速率的影响

氧化反应在 800℃ 以上的高温条件下进行时，反应速率极快，几毫秒时间内即生成二氧化钛前驱体。当二氧化钛前驱体的浓度达到一定的过饱和度时，即生成二氧化钛晶核。晶核间碰撞凝并，或前驱体在晶核表面吸附淀积，使粒子快速长大。与此同时，粒子的晶型也开始由锐钛型向金红石型转变。气相法制备超细粒子过程中，粒子的大小由成核数和反应气体起始浓度决定，而成核速率（成核数量）与反应温度和反应气体浓度有关。

反应温度对反应速率的影响如图 13-19 所示，反应物 TiCl₄ 流量对反应速率的影响如图 13-20 所示。由图 13-19 可见，随着温度的升高，不同初始浓度比例反应物的氧化反应速率都增加。尤其在 1000℃ 以上时，反应速率随温度升高迅速增加。另外，增加过氧系数对提高反应速率也是有利的。从 $1/T$ 与 $\ln r_{\mathrm{TiCl_4}}$ 的关系发现，反应处于 Arrhenius 区域。由图 13-20 可见，在其他反应条件固定的情况下，氧化反应速率与 TiCl₄ 流量基本呈线性关系。Pratsinis 的研究表明，TiCl₄ 氧化反应速率与 TiCl₄ 分压呈一级关系，这与本研究的结果是一致的。

13.3.6　TiCl₄ 氧化反应机理分析

根据动力学实验的研究结果，TiCl₄ 氧化反应过程的机理分析如下：

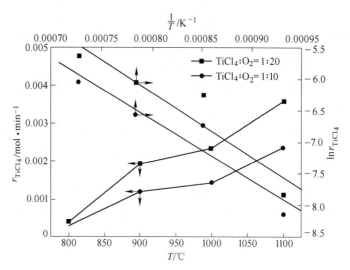

图 13-19 温度对反应速率的影响

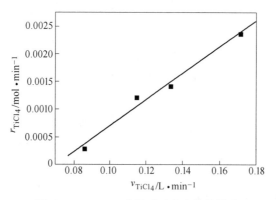

图 13-20 TiCl₄ 流量对反应速率的影响

首先，TiCl₄ 在高温下发生热分解反应，其反应速率受反应温度、压力限制：

$$TiCl_4 + M \longrightarrow TiCl_3 + Cl + M \tag{13-37}$$

随后进行下列反应：

$$TiCl_4 + Cl \longrightarrow TiCl_3 + Cl_2 \tag{13-38}$$

以上两个反应产生的 TiCl₃ 进行与 TiCl₄ 的类似过程，则有式（13-39）和式（13-40）：

$$TiCl_3 + M \longrightarrow TiCl_2 + Cl + M \tag{13-39}$$

$$TiCl_3 + Cl \longrightarrow TiCl_2 + Cl_2 \tag{13-40}$$

上述反应生成的 $TiCl_x(x=2，1，0)$ 与 TiCl₄ 发生反应：

$$TiCl_x + TiCl_4 \longrightarrow TiCl_3 + TiCl_{x+1} \tag{13-41}$$

反应式（13-41）为 TiCl₄ 的活化提供了一个途径，即进行歧化反应：

$$TiCl_y + TiCl_x \longrightarrow TiCl_{y-1} + TiCl_{x+1} \quad (y=3,2,1) \tag{13-42}$$

上述各反应式（13-37）~式（13-42）生成的 $TiCl_x(x=3，2，1，0)$ 发生氧化反应：

$$TiCl_x + O_2 \longrightarrow TiO_2Cl_{x-n} + Cl_n \quad (n=1,\cdots,x) \tag{13-43}$$

或者 $\qquad$ $TiCl_x + O_2 \longrightarrow TiOCl_{x-m} + OCl_m \quad (m = 0,1,2)$ $\qquad$ (13 – 44)

或者 $\qquad$ $TiOCl_y + O_2 \longrightarrow TiOCl_{y-m} + OCl_m \quad (m = 0,1,2)$ $\qquad$ (13 – 45)

由碰撞理论可知，单体在相互碰撞中积累的能量很容易通过 Ti—Cl 或 O—Cl 键的断裂而释放，同时产物 TiO_xCl_y 发生聚结：

$$TiO_kCl_x + TiO_kCl_y \longrightarrow (TiO_k)_2Cl_{x+y-n} + nCl \quad (k = 0,1,2) \qquad (13 – 46)$$

反应（13 – 46）引发了凝聚过程，所以紧接着进行下述反应：

$$(TiO_k)_iCl_x + (TiO_k)_jCl_y \longrightarrow (TiO_k)_{i+j}Cl_{x+y-n} + nCl \qquad (13 – 47)$$

随着反应的进行，Cl 逐渐被 O 取代并从产物前驱体中不断地转移，并且 $TiOCl_y$ 继续进行氧化反应。最终发生下列凝聚过程：

$$(TiO_2)_i + (TiO_2)_j \longrightarrow (TiO_2)_{i+j} \qquad (13 – 48)$$

通过以上分析并对上述过程进行简化，$TiCl_4$ 氧化的基本动力学的基本特征可以过下列反应表示：

$$TiCl_4 \xrightarrow{k_1} R + Cl \qquad (13 – 49)$$

$$TiCl_4 + Cl \xrightarrow{k_2} R + Cl_2 \qquad (13 – 50)$$

$$R + O_2 \xrightarrow{k_3} P + Cl \qquad (13 – 51)$$

$$P + P \xrightarrow{k_4} T \qquad (13 – 52)$$

假定生成 P 为稳态过程，则反应速率为：

$$r = k_4[P]^2 = k_3[R][O_2] \qquad (13 – 53)$$

同时，假定生成 R 为稳态过程，则反应速率式（13 – 53）变为：

$$r = \frac{k_3(k_1 + k_2[Cl])[O_2]}{k_{-2}[Cl_2] + k_3[O_2]}[TiCl_4] \qquad (13 – 54)$$

所以，总反应速率常数为：

$$k = \frac{k_3(k_1 + k_2[Cl])[O_2]}{k_{-2}[Cl_2] + k_3[O_2]} \qquad (13 – 55)$$

当 O_2 浓度极低时：$k_{-2}[Cl_2] > k_3[O_2]$，式（13 – 55）变为：

$$k = \frac{k_3(k_1 + k_2[Cl])}{k_{-2}[Cl_2]}[O_2] \qquad (13 – 56)$$

这时反应速率取决于氧气浓度，当与上述情况相反时，即 $k_{-2}[Cl_2] \ll k_3[O_2]$ 时，式（13 – 56）变为：

$$k = k_1 + k_2[Cl] \qquad (13 – 57)$$

13.4　反应条件对钛白粉粒度、形貌及晶型影响的研究

颜料的平均粒径、粒径分布、色泽和晶体结构是非常重要的物理性质。锐钛型与金红石型二氧化钛的结构与物理性质见表 13 – 3。在氯化法钛白工艺过程中，采用添加 $AlCl_3$ 来控制产品的晶型组成和颗粒大小，同时提高产品的光泽度和耐候性。Suyama 等认为气相法合成 TiO_2 粒子过程中，金红石相的形成主要在反应后期，晶体缺陷的形成有利于金

红石型 TiO_2 的合成。Mezey 的研究表明添加 $AlCl_3$ 在 0.01% ~10% 范围内，可以生成金红石型 TiO_2。$AlCl_3$ 将产品由多面体转变为不规则晶体，产品为钛白和无定形 Al_2O_3 组成，并且 Al 元素在钛白表面有富集现象，当 $AlCl_3/TiCl_4 \geqslant 0.07$ 时有固溶体铝钛酸盐生成，但粒子间烧结加剧、粒径增大。Vemury 和 Pratsinis 用 $TiCl_4$ 制备 TiO_2 的过程中发现，当 $SnCl_4$ 添加到反应物中时能够促进二氧化钛由锐钛型向金红石型的转化，但是其比表面积却减少。Mackenzie 研究了添加铜、锰、铁和锌的氧化物时 TiO_2 的晶体生长动力学和晶型转变动力学，发现晶型转化过程中涉及钛和氧原子发生重排，导致体积收缩和离子协同运动，产生的氧空位促进了晶体生长和晶型转变。Akhtar 研究表明加入硅、磷和硼等的氯化物延缓了晶型转化和 TiO_2 的气相烧结，TiO_2 粒子中金红石含量下降，原因在于 $Si(0.042nm)$、$P(0.035nm)$、$B(0.023nm)$ 离子半径小于 Ti 离子（$0.061nm$），这些离子以填隙方式进入 TiO_2 晶格，导致晶体缺陷减少、晶型转化受阻。Vemury 等研究发现，在燃烧反应器中加入 $AlCl_3$ 能提高金红石含量，但 TiO_2 粒子间烧结加剧，粒径增大，难以获得纳米尺度 TiO_2 颗粒。Suyama 等研究了 $TiCl_4$ 气相氧化反应中添加 $FeCl_3$、$AlBr_3$、$SiCl_4$、$ZrCl_4$ 对 TiO_2 粒径及分布的影响，结果表明加入这四种添加剂均使 TiO_2 粒径变小、分布变窄。他们认为这是由于添加剂进入反应区后，迅速析出许多微小晶体生长中心，其表面将进行完全的气固相反应，起到了控制粒径长大的作用。Xiong 等认为，高温条件下添加剂发生解离，产生的金属离子在 TiO_2 粒子表面吸附导致粒子荷电，由于静电斥力使粒子凝并受阻。施利毅等研究了反应温度、$AlCl_3$ 浓度对钛白粉晶型含量的影响，但认为 $AlCl_3$ 的作用机理和 TiO_2 晶型转化机理尚不明确。对我国唯一的氯化法钛白生成工艺中，存在产品金红石转化率不可控的问题，这是由于对 $TiCl_4$ 氧化机理及晶型转化剂的作用机理等还缺乏认识。尽管前人已有了些研究结果[63~68]，但由于制备条件的较大差异导致了不同甚至是相反的结论。

表 13 – 3 锐钛型与金红石型二氧化钛的结构与物理性质

性　质	金红石型	锐钛型
晶体结构	四方	四方
空间群	$P4_2/mnm$	$I4_1/amd$
点阵间隔（a//c)/nm	0.459//0.296	0.378//0.951
密度/g·cm⁻³	4.25	3.895
折射指数，550 nm	2.75	2.54
带宽/eV	3.05	3.25
熔点/℃	1830~1850	—

13.4.1　研究方法

产物 TiO_2 粒径及分布采用激光粒度分析仪（BI – 90，Brook – Haven Instrument Co.）测定；产物形貌采用透射电子显微镜（JEM – 1200EXⅡ，JEOL Co.）和扫描电子显微镜（JEOL JSM – 6700F）观察；产物 TiO_2 颗粒的晶体结构采用 X 射线衍射仪（XRD，D/MAX – RB 转靶衍射仪）分析，其中金红石含量采用 Spurr 和 Myers 方法计算；采用透射电子显微镜所带的能谱仪（EDS，QX2000，Link Co.）分析产物颗粒成分。

13.4.2　实验结果及讨论

13.4.2.1　工业钛白产品的性能表征

我国氯化法钛白粉的产品质量（颗粒粒度及分布、晶型转化率、消色力等）处于不可控的状态，钛白半成品质量存在着不稳定性，同一生产周期内产品质量指标变化较大，没有实现通过改变工艺参数或关键部件来控制产品粒度及分布。工业钛白半产品、产品与杜邦 R－902 标样粒度分布的比较如图 13－21 所示。TiO_2 成品与 Dopant 产品的 TEM 照片对比如图 13－22 所示。锦州氯化法钛白成品与杜邦 R－902 标样的其他性能比较见表 13－4。

从图 13－21 粒度分布曲线可见，TiO_2 半成品的粒度分布较窄，TiO_2 成品与 R－902 标样的粒度分布特征接近。TiO_2 半成品与成品的平均直径（d）分别为 260nm 和 292nm，而 R－902 产品的平均直径为 293nm，说明工业氧化产品粒径在较好控制条件下可以达到 R－902 产品的水平，所以最主要的是要掌握对粒度分布产生影响的关键因素及其控制规律。由图 13－22 可见，因为包膜等后处理工序，钛白产物的颗粒表面光滑，趋于圆整，工业钛白与杜邦 R－902 产品在形貌上区别不大。

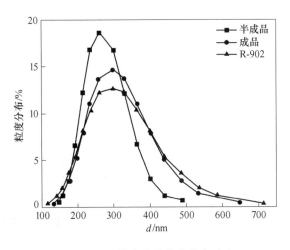

图 13－21　钛白产品粒度分布对比

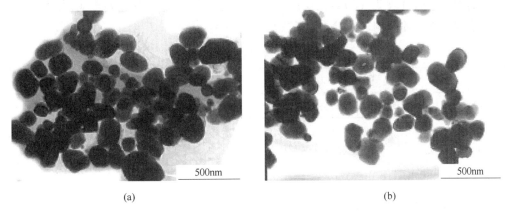

(a)　　　　　　　　　　　　　(b)

图 13－22　TiO_2 成品（a）与 Dopant 产品 R－902(b) 的 TEM 照片对比

表 13 –4   锦州氯化法钛白成品与杜邦 R – 902 标样的比较

产 品	金红石量/%	消色力	白度/%	TiO₂/%	SiO₂/%	Al₂O₃/%	ZrO₂/%	吸油值/g·100g⁻¹	pH 值	电阻率/Ω·m	挥发物/%
锦州	97.78	95.55	98.81	93.27	1.19	3.51	0	19.90	8.90	128.7	0.35
杜邦 R – 902	99.09	100.00	96.05	92.10	1.12	4.20	0	20.50	8.26	105.3	0.98

     由表 13 –4 可见，锦州氯化法钛白成品在晶型、消色力等方面低于杜邦 R – 902 标样的指标。图 13 – 23 表明在同一生产周期内工业半产品晶型转化率指标还存在着不稳定性并且低于杜邦 R – 902 的水平（ ＞99%）。

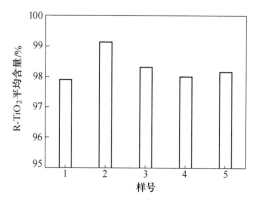

图 13 – 23   同一周期钛白半成品金红石含量

     我国氯化法钛白粉的晶型转化率存在不稳定性，直接影响了钛白粉的质量、性能。在气相氧化过程中，首先形成的是锐钛型 TiO₂，因为由锐钛型 TiO₂ 转化为金红石型 TiO₂ 的活化能较高（460kJ/mol），反应生成的锐钛型产品在反应区内不容易转化为金红石型。在没有晶型转化剂存在时，晶型转化速度较慢。如果要达到金红石化要延长停留时间，或者提高反应温度，这样都会使粒子长大，从而影响其性能。如何有效控制 TiO₂ 的晶型结构已引起一些研究者的关注。

13.4.2.2   反应条件对产品性能的影响[69]

     在实验室内通过改变气相氧化反应条件，研究了氧化过程的主要影响因素对产品粒度、形貌和晶型等的影响，实验采用条件见表 13 – 5。

表 13 –5   实验条件一览表

T_{F_1}/℃	T_{F_2}/℃	T_{TiCl_4}/℃	[TiCl₄]/mol·L⁻¹	v_{O_2}/L·min⁻¹	v_{Ar}/L·min⁻¹	v_{N_2}/L·min⁻¹	t/s
800 ~ 1100	900 ~ 1100	25 ~ 95	(0.677 ~ 1.018) × 10⁻³	0.5 ~ 2	3.0 ~ 4.5	0 ~ 3.0	0.5 ~ 1.0

     注：T_{F_1}—反应炉温度；T_{F_2}—氧气预热炉温度；T_{TiCl_4}—TiCl₄ 蒸发器温度；[TiCl₄]—TiCl₄ 浓度；v_{O_2}—氧气流速；v_{Ar}—氩气流速；v_{N_2}—冷却氮气流量；t—反应停留时间。

A   反应炉温度

a   平均粒度及粒度分布

氧气预热炉的温度都为 1000℃，当其他条件固定时，不同反应炉温度下 TiO₂ 的平均粒径结果如图 13-24 所示，粒度分布结果如图 13-25 所示。随着反应炉温度的升高，钛白产品颗粒先减小后增加，在 1000℃ 时产品粒度最小，而在 1100℃ 时产品粒度最大。另外，在相同条件下，$TiCl_4$ 浓度增加，产品粒度增加。钛白产物粒度基本呈正态分布，且随着反应温度的变化，产品粒度分布发生了变化，粒度分布整体偏移的结果进一步证实了温度对产物平均粒径的影响。这是因为气相法制备超细粒子过程中，成核速率（成核数量）与反应温度和反应气体浓度有关。通常，在高温下均相反应速率较快，能够形成足够的单体过饱和

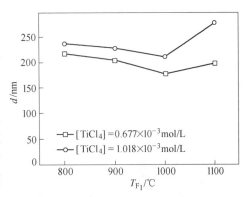

图 13-24　反应炉温度和 $TiCl_4$ 浓度对
产品平均粒径的影响

度，有利于形成超细粒子。但温度过高时，反应速率非常快，以致温度变化对成核速率的影响已不显著；而温度升高，表面反应速率加快，气体分子平均自由程增大，小颗粒之间的碰撞加剧，颗粒凝并生长速率增大，导致颗粒凝并长大，而且温度升高，粒子间易产生烧结，粒径分布达到渐进自保分布，难以实现对粒径的有效控制。另外，反应物起始浓度对粒度的影响，与粒子浓度、碰撞凝并概率相关。气相中粒子数目的浓度越大，使得粒子的凝并速率和表面反应速率增大，所以随着 $TiCl_4$ 浓度的增加，产物粒度明显增大。

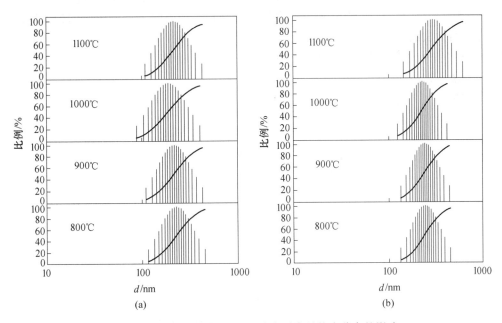

图 13-25　反应温度和 $TiCl_4$ 浓度对产品粒度分布的影响

(a) $[TiCl_4] = 0.677 \times 10^{-3} mol/L$；(b) $[TiCl_4] = 1.018 \times 10^{-3} mol/L$

b　颗粒形貌

不同反应炉温度下反应产物的颗粒形貌如图 13-26 所示。气相反应产物的形貌基本

一致, 产物颗粒多呈多边形。从 TEM 照片可进一步证实产物颗粒粒度受反应温度影响的关系, 图 13 – 26(b) 为 1000℃时结果, 其粒度最小, 图 13 – 26(c) 为 1100℃时的产品, 其粒度最大。

(a) 900℃　　　　　　　(b) 1000℃　　　　　　　(c) 1100℃

图 13 – 26　反应炉温度对产品形貌的影响

c　产物晶型

图 13 – 27 为反应炉温度分别为 900℃和 1100℃时反应产物的晶型。可见二者主要由锐钛型组成, 只含有少量的金红石型, 且二者差别不明显。这说明即使在 1100℃的高温下, 产物还是锐钛型占优。影响钛白粉晶型指标的主要因素有温度、晶型转化剂和停留时间。晶型转变需要一定时间, 没有加入晶型转化剂时, 晶型转化速率很慢。由于氧化反应的停留时间较短, 所以不能保证晶型转化所需的时间。一般来说, 反应温度升高, 晶型转变速率增快, 金红石质量分数提高。但反应温度高到一定值时, 一方面, 均相成核速率随温度升高而大大加快, 形成大量锐钛分子簇, 然后碰撞凝并形成锐钛粒子; 另一方面由于 TiO₂ 颗粒中晶体的缺陷浓度强烈地影响锐钛相向金红石相转变的速率, 而高温下晶体缺陷大大减少, 所以也使转变速率变慢。

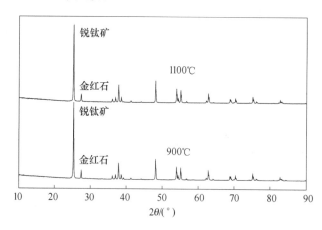

图 13 – 27　反应炉温度对产品晶型的影响

B　氧气预热炉温度

a　平均粒度及粒度分布

反应加热炉的温度为 1000℃, 当其他条件固定时, 采用两种不同尺寸反应器时, 不同

氧气预热炉温度下 TiO_2 的平均粒径结果如图 13 - 28 所示，粒度分布结果如图 13 - 29 所示。随着氧气预热炉温度的升高，产品粒度减小。反应物初始预热温度升高，产物粒度变小，这是因为增加初始氧气的温度，有利于加速粒子初期成核，也就是增加了反应体系内初始晶核的数目，所以反应初期晶核数量越多，产物粒子粒径越小。

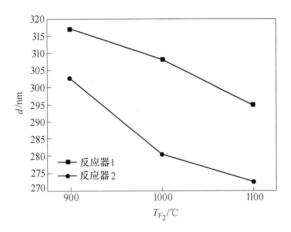

图 13 - 28 氧气预热炉温度对产品粒径的影响

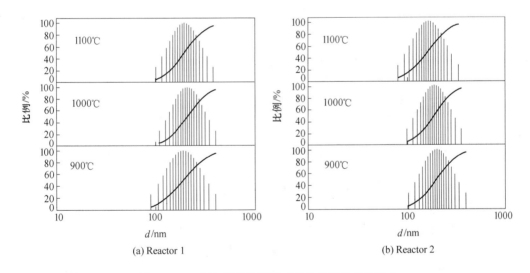

(a) Reactor 1   (b) Reactor 2

图 13 - 29 氧气预热炉温度对产品粒度分布的影响

b 颗粒形貌与晶型

不同氧气预热炉温度下反应产物的颗粒形貌如图 13 - 30 所示，产物 XRD 图谱如图 13 - 31 所示。产物的形貌基本接近，都为不规则的多面体团聚在一起的产物。提高氧气预热炉的温度，产物大颗粒附近聚集了大量的细小颗粒，如图 13 - 30(b) 所示。提高氧气预热炉温度并没有提高产物的金红石含量，产物基本以锐钛型为主。可见在本实验的条件，反应过程以生成锐钛型粒子为主。

C 氧气流量

a 平均粒度及粒度分布

(a) 900℃   (b) 1000℃

图 13 - 30　氧气预热炉温度对产品形貌的影响

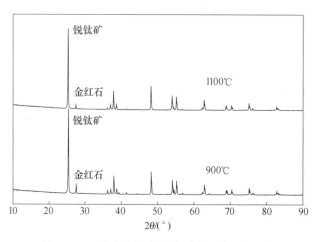

图 13 - 31　氧气预热炉温度对产品晶型的影响

　　反应加热炉和氧气预热炉的温度都为 1000℃，在其他条件固定时，改变氧气流量对产物平均粒径和粒度分布的影响见表 13 - 6 和图 13 - 32。产物粒度随着氧气流量的增加而增加。由热力学的计算结果，增加氧气流量，即增加氧气分压，可以提高 TiCl$_4$ 的转化率。由于粒子的大小由反应气体起始浓度和成核数之比决定，起始气体浓度越大，晶核通过对反应生成单体的吸附重建或通过原料气体吸附反应得到生长，所以增加初始单体的过饱和度，有利于颗粒长大过程的进行，从而增加产物粒度。

表 13 - 6　氧气流量对产品粒径的影响

$v_{O_2}/\text{L} \cdot \text{min}^{-1}$	1.0	2.0	3.0
平均粒径/nm	248.8	306.7	320.2

b　颗粒形貌与晶型

　　改变氧气流量对产物形貌和晶型含量的影响如图 13 - 33 和图 13 - 34 所示。氧气流量从 1.0L/min 增加 3.0L/min 后，对产物颗粒的表面形貌和晶型含量基本没有明显影响，产物基本是以锐钛型为主的多面体颗粒。

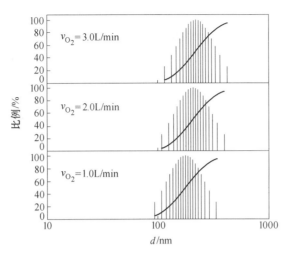

图 13 – 32　氧气流量对产品粒度分布的影响

(a)　　　　　　　　　　　　　　　　　(b)

图 13 – 33　氧气流量对产品形貌的影响

（a）1.0L/min；（b）3.0L/min

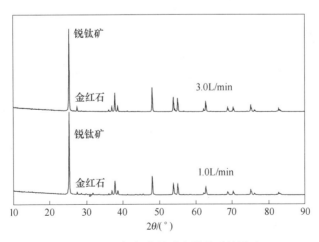

图 13 – 34　氧气流量对产品晶型的影响

D　强制冷却

借鉴化学气相冷凝技术的特点（chemical vapor condensation），通过改变反应器冷却段的温度梯度，实现对产品粒度的控制。本实验对反应器尾部进行了强制冷却，冷却夹套内氮气流量为 3.0L/min，实验对比了有无冷却对产品粒度和形貌的影响。

a　平均粒度及粒度分布

图 13 - 35 和图 13 - 36 给出了反应器尾部进行强制冷却对产物平均粒径及粒度分布的影响。对反应器尾部进行强制冷却，可明显降低产物的平均粒径。所以结合氧化反应的特点，认为氧化反应器内部应具有较大的温度梯度，使粒子的成核与生长尽可能分开进行，反应过程既要在较高的温度下进行，以保证足够快的反应速率与成核，从而增大产物的过饱和度，促使锐钛相向金红石相转变，同时又必须使产物迅速冷却，避免钛白粒子由凝并和烧结引起的长大。

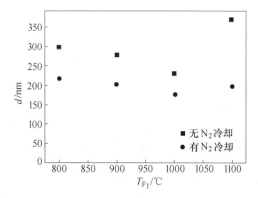

图 13 - 35　冷却对产品平均粒径的影响

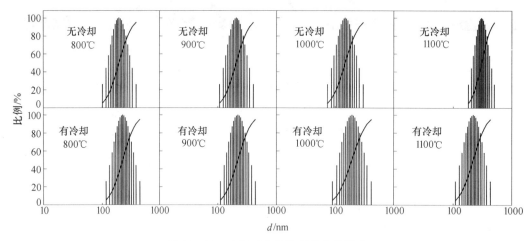

图 13 - 36　冷却对产品粒度分布的影响

b　颗粒形貌与晶型

图 13 - 37 也可以进一步证实冷却对产物粒度及其分布的影响。在反应前期以成核为主，而在反应后期成核终止，以表面生长为主。对反应器尾部进行强制冷却，相当于缩短了产物在高温条件下停留时间，即减少了颗粒的生长时间，从而避免了粒子的烧结长大。

(a)   (b)

图 13 - 37　反应器冷却对产品形貌的影响

（a）无 N_2 冷却；（b）有 N_2 冷却

但值得注意的是，在晶体形成过程中，原子重建得到稳定的原子排列需要一定的时间。因此，停留时间的选择必须控制粒子粒度增长到适当的程度又要保证 TiO_2 粒子完成晶型转化。图 13 - 38 表明强制冷却并没有增加产物的金红石含量。

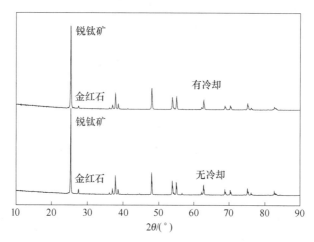

图 13 - 38　反应器冷却对产品晶型的影响

13.4.2.3　晶型转化剂的作用及 TiO_2 晶型转化机理

A　晶型转化剂 $AlCl_3$

在 1100℃时，当晶型转化剂 $AlCl_3$ 与 $TiCl_4$ 摩尔比为 0.03 时，晶型转化剂对钛白产品的形貌的影响如图 13 - 39 所示，对钛白产品的金红石含量的影响如图 13 - 40 所示。图 13 - 39（a）、（b）分别为有无添加晶型转化剂的钛白半产品的透射电镜照片，其中没有添加晶型转化剂的产品呈不规则的多边形，颗粒棱角分明，而添加晶型转化剂后所得钛白产物颗粒表面光滑，形成包覆结构并趋于圆整，粒度大小比较均匀。

从图 13 - 40 所示 XRD 谱图可见，未添加晶型转化剂的钛白产品有金红石相和锐钛相特征衍射峰出现，但钛白粉以锐钛相为主，而添加晶型转化剂的产品以金红石相为主。由

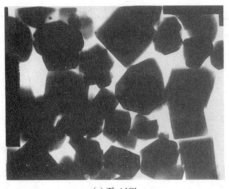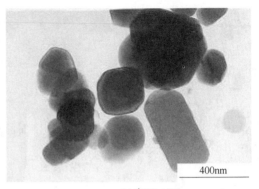

(a) 无 AlCl₃   (b) 有 3% AlCl₃

图 13 - 39   晶型转化剂 AlCl₃ 对产品形貌影响

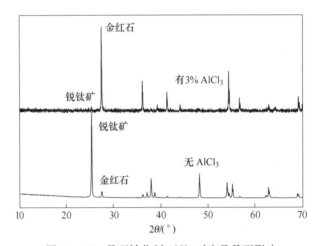

图 13 - 40   晶型转化剂 AlCl₃ 对产品晶型影响

锐钛相〈101〉晶面与金红石相〈110〉晶面的 X 射线衍射强度可以按式（13 - 58）推算出 TiO₂ 颗粒中的金红石含量。经计算，未添加晶型转化剂的 TiO₂ 半成品颗粒中金红石含量约为 4%，而添加晶型转化剂的 TiO₂ 成品颗粒中金红石含量约为 95%。

$$\frac{M_R}{M_A + M_R} = \frac{1}{1 + 1.26 I_A / I_R} \qquad (13-58)$$

为了进一步了解晶型转化剂 AlCl₃ 的作用机理，对工业钛白半产品和产品进行了颗粒表面及中心的 EDS 能谱分析，得到如图 13 - 41 所示的谱图及表 13 - 7 所示的 Ti 和 Al 元素的相对含量。钛白成品、半成品的表面及中心都出现了 Al 元素的特征峰，说明 AlCl₃ 确实参与了 TiCl₄ 的气相氧化反应过程，并同时具备晶型转化剂和成核剂的作用。表 13 - 7 中的数据显示，钛白半成品及成品颗粒的表面 Al 元素含量均超过颗粒中心的 Al 元素含量；钛白半成品颗粒的中心与表面的 Al 元素含量相对比值为 63.8%，而钛白成品颗粒的中心与表面 Al 元素含量相对比值为 52.5%，这是因为半成品经过包 Al、包 Si 等表面处理工序，从而增加了颗粒表面的 Al 元素含量。至于 AlCl₃ 的作用机理，一般认为 Al³⁺ 的半径（0.061nm）与 Ti⁴⁺ 半径（0.053nm）相近，配位数均为 6，并且都能与氧形成八面体，因

此 Al^{3+} 能占据 Ti^{4+} 在 TiO_2 晶格中的位置，形成取代型固溶体 $Al_2O_3 \cdot TiO_2$，该固溶体的产生导致钛白粉中氧空位的生成（$Al_2O_3 \rightarrow 2Al'_{Ti} + V_O + 3O$），从而增加了晶体缺陷，加速了钛白粉由锐钛型向金红石型的转变，这与热力学的计算结果是一致的。

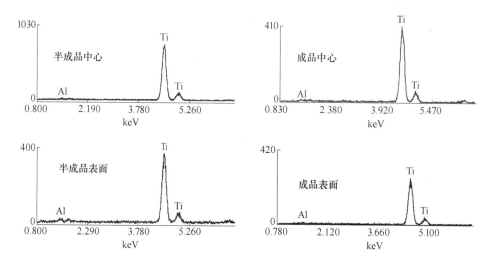

图 13 - 41　钛白半产品与产品表面和核心 Ti、Al 元素的 EDS 分析

表 13 - 7　钛白产品中铝元素含量的 EDS 分析

项　目	半 产 品		产　品	
	中心	表面	中心	表面
重量/%	0.6431	1.0084	0.6082	1.1578
原子/%	1.1360	1.7763	1.0770	2.0462

B　TiO_2 晶型转化机理

TiO_2 晶型转化是一个复杂的过程，主要取决于 TiO_2 单体的晶型、晶型转化剂和反应条件等。Morooka 等研究认为生成的 TiO_2 单体通过均相成核首先形成亚稳态锐钛分子簇，一部分通过多相反应成为锐钛型粒子，另一部分转化成热力学稳定的金红石型 TiO_2 粒子。Kobata 等研究表明，锐钛相向金红石相转变过程由锐钛粒子表面金红石核形成速率（k_N）和金红石向粒子内部径向线性生长速率（k_R）共同决定。当 $k_R \rightarrow \infty$ 时，转变过程由锐钛粒子表面金红石核的形成控制；当 k_R 与 k_N 相当时，由二者共同控制。可见在本实验的条件下，反应过程以生成锐钛型粒子为主。由图 13 - 42 给出的模型可知，锐钛分子簇或生长成锐钛颗粒（①），或转变成金红石分子簇（②）。虽然锐钛分子簇转变成金红石分子簇的速率很快，但是一旦锐钛簇分子生长成锐钛颗粒，就无法发生晶型转变。

13.4.3　气相氧化过程分析

Gurav 等认为气相氧化生成颗粒的主要经历如图 13 - 43 所示，通过以上研究及对前人研究结果的总结分析，氧化过程的物理模型可用图 13 - 44 说明。

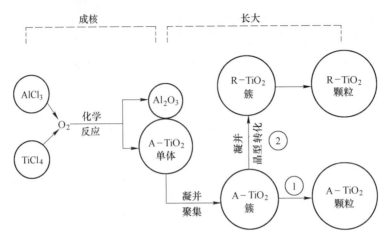

图 13-42   氧化反应成核—晶型转化—长大模型

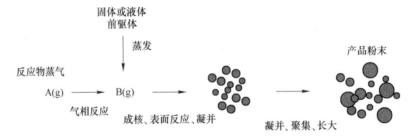

图 13-43   氧化反应过程的示意图

(adapted from Gurav et al. 1993)

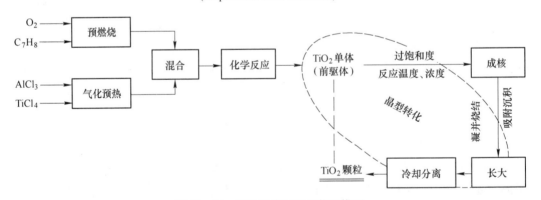

图 13-44   氧化反应过程的物理模型

　　气相反应合成超细颗粒过程中,主要经历化学反应、成核、长大和晶型转化等基元步骤。以上过程交叉进行,在发生反应和成核的同时,产物的分子、分子簇和粒子会通过凝并烧结形成。

　　为了实现粒子粒径、形貌和晶型的有效控制,必须掌握各步骤动力学规律及其对粒子形态的影响规律。在气相法 TiO$_2$ 生成的过程中,颗粒形成包括均相成核和生长。成核包括气态 TiO$_2$ 分子聚集成稳定的分子束,分子束具有一定的临界尺寸。TiO$_2$ 分子束形成的过程可用下式表示:

$$\text{TiCl}_4(\text{g}) + \text{O}_2(\text{g}) \longrightarrow \text{TiO}_2(\text{g}) + 2\text{Cl}_2 \tag{13-59}$$

$$nTiO_2(g) \longrightarrow (TiO_2)_n(s) \tag{13-60}$$

TiO_2 在均相成核的同时，$TiCl_4$ 在晶核表面吸附并进行非均相反应，临界分子束通过下面反应的持续进行，使粒子生长，最终形成 TiO_2 颗粒。

$$TiCl_4(g) \longrightarrow TiCl_4(absorbed) \tag{13-61}$$

$$TiCl_4(absorbed) \xrightarrow{O_2} TiO_2(s) + 2Cl_2 \tag{13-62}$$

（1）颗粒临界尺寸（r^*）的计算。

根据过饱和蒸气中均相成核时颗粒临界尺寸（r^*）的定义得：

$$r^* = -2\sigma/\Delta f_r \tag{13-63}$$

式中，σ 为 TiO_2 颗粒的表面能，一般取 $10^3 erg/cm^2$；Δf_r 为生成单位体积 TiO_2 时自由能的变化。

Δf_r 可由 $TiCl_4 - O_2$ 体系的过饱和度 SS 计算：

$$\Delta f_r = -(RT/V_{TiO_2})\ln SS \tag{13-64}$$

式中，V_{TiO_2} 为 TiO_2 的摩尔体积，平均摩尔体积为 $19.8 cm^3/mol$；SS 为过饱和度。

体系的过饱和度 SS 可由 TiO_2 的分压计算，在平衡条件下，反应式（13-59）的过饱和度可表示为：

$$SS = P_{TiO_2}/P_{TiO_2}^0 = K(P_{TiCl_4}P_{O_2}/P_{Cl_2}^2) \tag{13-65}$$

式中，K 为反应式（13-63）和式（13-67）的平衡常数。

$$TiCl_4(g) + O_2 \longrightarrow TiO_2(anatase) + 2Cl_2 \tag{13-66}$$

$$TiCl_4(g) + O_2 \longrightarrow TiO_2(rutile) + 2Cl_2 \tag{13-67}$$

反应的过饱和度可由反应体系与平衡体系气体的分压表示：

$$SS = \frac{(P_{TiCl_4}P_{O_2}/P_{Cl_2}^2)_{react}}{(P_{TiCl_4}P_{O_2}/P_{Cl_2}^2)_{equil}} \tag{13-68}$$

将式（13-68）代入式（13-64）得：

$$\Delta f_r = -(RT/V_{TiO_2})\ln\frac{(P_{TiCl_4}P_{O_2}/P_{Cl_2}^2)_{react}}{(P_{TiCl_4}P_{O_2}/P_{Cl_2}^2)_{equil}} \tag{13-69}$$

将式（13-69）代入式（13-63）得：

$$r^* = -2\sigma/(RT/V_{TiO_2})\ln\frac{(P_{TiCl_4}P_{O_2}/P_{Cl_2}^2)_{react}}{(P_{TiCl_4}P_{O_2}/P_{Cl_2}^2)_{equil}} \tag{13-70}$$

在给定的初始条件，如温度 T、初始 $O_2/TiCl_4$ 进料比以及 $TiCl_4$ 的转化率的情况下，可以计算 r^*。分子束的体积与 TiO_2 分子体积（$0.035 nm^3$）之比即为组成临界分子束的分子数。

（2）颗粒粒度分布的计算。

随着反应的进行，与均相成核相比，非均相成核在热力学上更有利，因此 TiO_2 均相成核主要发生在反应初期。通过控制反应初期的温度等条件可得粒径分布较窄的粒子。产品颗粒粒度分布取决于成核速率（R_N）与长大速率（R_G）的相对大小。产品粒度随着 R_G/R_N 的增加而增加。

$$R_N = k_N \exp(-E_N/RT)P_{MXn}^n P_{O_2}^m \tag{13-71}$$

$$R_G = k_G \exp(-E_G/RT)P_{MXn}^p P_{O_2}^q \tag{13-72}$$

$$R_G/R_N = k_G/k_N \exp\left[-(E_G - E_N)/RT\right]P_{MXn}^{p-n}P_{O_2}^{q-m} \qquad (13-73)$$

因此，产品的粒度分布将随着温度与反应气体的组成而变化，$p-n$ 与 $q-m$ 决定其效果。

13.5　氯化法钛白氧化反应器结疤物微观结构及结疤机理

TiCl₄ 氧化反应器是氯化法生产金红石型钛白粉最关键的设备。TiCl₄ 气相氧化制备 TiO₂ 粒子过程中，新生晶核很容易黏附在反应器壁上。一旦器壁某一局部发生黏附，新生的 TiO₂ 颗粒又成为新的活性中心，表面极易沉积固体粒子，并沿径向延伸长大[70~76]。当淀积物足够多时，会改变反应器内部的几何形状和气体流动条件，以致常常被迫停炉处理，并影响产品质量。结疤最严重的区段是反应器入口处，在这个区段，气相 TiO₂ 的过饱和度最大。然而有关反应器结构参数、氯化法工艺等关键技术，国外很少报道。目前我国氯化法钛白粉工艺中氧化反应器存在运行周期短的弊端，关键问题是生成的 TiO₂ 在氧化反应器内结疤，结疤改变了氧化反应器的空间形状和热交换特性，阻塞加料口，影响气流走向。及时清除反应器的结疤层，是保证氧化反应器长期运行，氯化法生产连续进行的重要措施。国内外有关 TiCl₄ 气相氧化反应器的除疤技术，形式各异，手段多样，如机械刮除法、料幕法、喷砂法和气膜保护法等。但由于目前对结疤过程及其机理尚不清楚，因此很难采取有效的除疤及预防结疤的措施。因此，分析结疤的成因，有助于钛白粉厂减少氧化炉结疤，提高生产效率和经济效益。本节研究了工业氧化反应器内结疤物及实验室反应器不同区域的结疤物的形貌特点和晶型结构，并分析了其结疤原因。

13.5.1　实验方法

利用扫描电子显微镜（JEOL JSM-6700F）分析结疤物的微观表面形貌，利用 X 射线衍射仪（D/MAX-RB 转靶衍射仪）分析结疤层的晶型结构。

13.5.2　实验结果和分析

13.5.2.1　工业反应器结疤物形貌分析[77]

锦州钛白粉厂 2003 年 1~6 月氧化炉运行周期统计如图 13-45 所示，2000~2003 年氧化炉停车原因统计如图 13-46 所示。由图 13-45 可知，我国工业氧化反应器在 2003 年的运行周期一般为 5~8 天，远低于国外连续运行 5 个星期以上的水平。图 13-46 的统计结果显示，随着氯化法钛白系统的连续运转，氧化反应器结疤导致的生成中断已成为停产的主要原因。

首先研究了我国的氯化法钛白工业氧化反应器的结疤层的微观结构和特点，分析了其结疤机理。氧化炉停车后从反应器内壁结疤最严重的位置（气流初始混合区域）取下的结疤物的外观形貌照片如图 13-47 所示，结疤物的 SEM 分析结果如图 13-48 所示。氧化反应器结疤物外形近似为片状物，有厚度不等的分层现象，总厚度约 1~3cm。SEM 分析表明结疤物大致分为三层，贴近反应器壁的内层为结疤物堆结层，TiO₂ 以颗粒形态存在，质地疏松，如图 13-48(a) 所示；靠近反应气流的外层为颗粒相互黏结形成的烧结层，颜

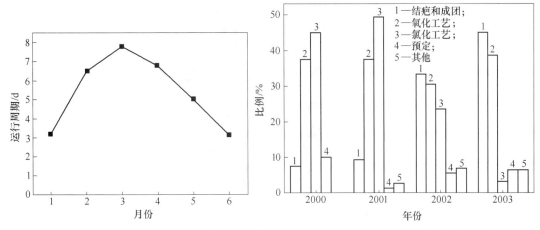

图 13-45　2003 年 1～6 月氧化炉运行周期统计　　图 13-46　2000～2003 年氧化炉停车原因统计

色呈灰白色，如图 13-48(c) 所示，可见外层质硬，结构致密；在堆结层和烧结层之间存在一个不明显的过渡层，即中间层，图 13-48(b) 显示了疏松的颗粒堆结层渐进过渡到烧结层，中间层 TiO₂ 颗粒虽未烧结，但部分 TiO₂ 颗粒已明显板结硬化，其硬度介于上述二层之间，可以认为是板结层。一般认为，氧化反应器壁表面的凹凸不平极易成为气固多相反应的晶体生长中心，有利于非均相成核作用的进行。随着反应的进行，新相 TiO₂ 颗粒不断黏附在反应器壁上，而新生的 TiO₂ 颗粒又成为新的活性中心，因此 TiO₂ 产物不断地在反应器壁上生长形成疤层，由于逐渐累积并被高温气流烧结而成为硬块结疤。

图 13-47　结疤物的形貌照片

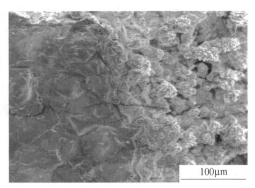

(a) 堆结层　　　　　　　　　　　　　　　　(b) 板结层

(c)烧结层

图 13 - 48   结疤堆结层、板结层和烧结层的 SEM 形貌

13.5.2.2   结疤物晶型分析

对结疤物堆结层（图 13 - 48（a））和烧结层（图 13 - 48（c））的晶型分析结果如图 13 - 49 所示。结果表明颗粒堆结层无锐钛相特征峰出现，基本是由金红石型 TiO$_2$ 组成的，而烧结层基本是由锐钛型 TiO$_2$ 组成的。

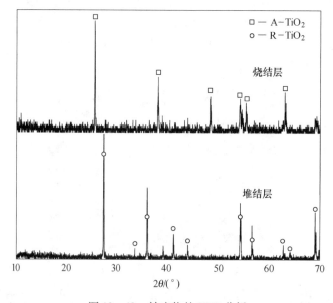

图 13 - 49   结疤物的 XRD 分析

一般认为影响 TiO$_2$ 晶型转变的主要因素是温度、晶型转化剂和停留时间。首先，分析一下温度对结疤物晶型转化的影响。Kobata 等和施利毅等[61]的研究结果表明随着反应温度的提高，TiO$_2$ 晶型转变率增大，但反应温度升高至一定值后，晶型转变率反而降低。这是因为，一方面随温度继续升高，均相成核速率大大加快，形成大量锐钛分子簇，然后碰撞凝并形成锐钛颗粒，晶型转变过程便终止。这可从图 13 - 42 的氧化反应成核—晶型转化—长大模型中得到解释。另一方面由于 TiO$_2$ 颗粒中晶体的缺陷浓度强烈地影响锐钛相向金红石相转变的速率，而高温下晶体缺陷大大减少，所以也使转变速率变慢。

其次，从晶型转化剂方面考虑，由热力学计算可知，在 1300℃ 以上随着温度的升高，$AlCl_3$ 的平衡转化率迅速降低，也就是在高温反应区部分晶型转化剂失去作用，这进一步说明了烧结层的晶型转变非常困难。因此在实际生产中，必须使反应器内的温度从反应区的 1800℃ 左右迅速降低到 1300℃ 以下，才可能使晶型转化剂得以发挥作用，同时也可以避免结疤烧结层的生成。

第三，由于氧化反应器壁始终处于水冷状态，其内表面的温度在 200~400℃ 左右，而反应区的温度高达 1800℃，所以首先在器壁生成的堆结层经历了较大的温度梯度，与工业产品钛白粉经历的温度梯度类似，其晶型也与产品相近，以金红石型为主。由于疏松的结疤内层（堆结层）的隔热作用，且随着疤层厚度的增加，结疤外层（烧结层）与水冷壁面的温差加大，所以结疤外层在成核—长大过程中始终处于高温状态，没有经历明显的温度梯度而无法完成晶型转变，所以烧结层就以初生的锐钛型 TiO_2 为主。综上所述，温度梯度是 TiO_2 晶型转变的过程中的必要推动力。

13.5.2.3 结疤过程的研究

在氧化反应炉 1000℃、氧气预热炉 1000℃ 的条件下，在反应器中心沿轴向放置一细石英棒（$\phi5 \times 1100mm$），实验考察了在一定条件下，石英棒上不同轴向位置结疤物的形态与晶型，以研究反应器不同区域的结疤机制，探索预防反应器结疤的措施。氧化反应进行 50min 后停止反应，自然降温冷却后，将反应器内的石英棒取出，沿石英棒不同轴向位置将结疤物分割或剥离下来，进行形貌与晶型分析。根据结疤物的形貌差异，将结疤物分为两种，为了叙述方便，将在反应区前部的结疤称为 S-F（Scale in Front），在反应区后部的结疤称为 S-R（Scale in Rear）。

A 结疤物形貌分析

结疤物 S-F 和 S-R 的形貌如图 13-50 和图 13-51 所示。对比图 13-50 和图 13-51 可见，反应区不同位置的结疤物形貌差别明显。在反应区前端结疤物类似一薄膜，而在反应区尾部结疤物形成较粗糙且结构相对松散的疤粒。结疤物 S-F 为一坚硬层状物，结构致密，颜色呈灰色，如图 13-50 所示，此处的结疤物与石英棒没有明显的分界面，此处的结疤物难以去除。而反应区后部的结疤 S-R 以颗粒形态存在，质地疏松，颜色呈灰白色，如图 13-51 所示，此处的结疤形态类似产物，结疤物与石英棒存在明显的界面，此处的结疤物较易去除。

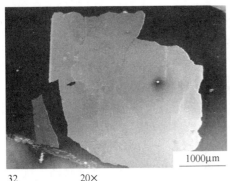

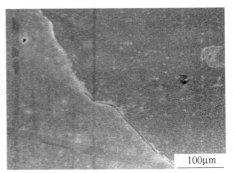

32   20×   32   200×

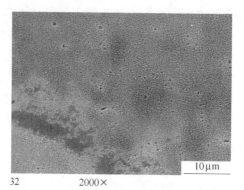

32　　　　　2000×

图 13 – 50　结疤物 S – F 的 SEM 形貌

30　　　　200×　　　　　　　　　33　　　　200×

33　　　　200×

图 13 – 51　结疤物 S – R 的 SEM 形貌

反应器不同位置的结疤机制可用成核与成膜机理进行解释[67,68]。由反应器不同位置结疤物的形态不同，说明反应器内不同位置的条件或有利于成核或有利于成膜。薄膜的形成和生长起因于产物单体、分子簇和颗粒的淀积。在反应区前端温度较高，有利于均相反应的进行，单体生成速率最大，此处单体浓度最高，高温使得单体的扩散速率增加，导致颗粒快速淀积并经长时间烧结而生成致密疤块。而在反应器尾端温度较低，反应主要以非均相成核与颗粒长大为主，经前期反应此处的反应物浓度较低，淀积速率很小，结疤主要是颗粒扩散导致的颗粒沉积。总之，反应最激烈的地方是结疤最严重的区段。所以，根据以上分析可知，避免反应器在高温反应区的结疤是解决氧化反应器结疤问题的关键。

B 结疤物晶型分析

对结疤物 S-F 和 S-R 的晶型进行了分析如图 13-52 所示。结果表明结疤物 S-F 主要由金红石型 TiO₂ 组成的，且存在部分锐钛相特征峰，而结疤物 S-R 基本是由锐钛型 TiO₂ 组成的，与钛白产品的金红石含量相当。结疤物 S-F 和 S-R 晶型的差别主要是由二者所处反应区的温度差别引起的，结疤物 S-F 处在反应区的高温区，且经过了长时间的烧结，其有足够的时间完成晶型转化，而结疤物 S-R 处在反应区的低温区，由于晶型转化需要较高的能量，所以尽管其停留时间较长也难以完成晶型转变。

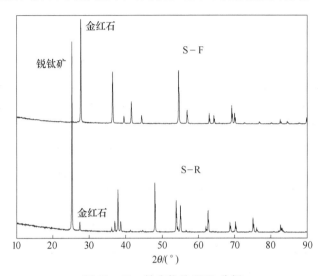

图 13-52 结疤物的 XRD 分析

13.5.3 结疤物成因分析及对策

13.5.3.1 结疤物成因分析

氧化炉的结疤主要是初生的具有很大表面积和黏性的气溶胶状的 TiO₂ 微粒和停留在高温区的絮料逐步烧结形成的坚硬疤块。认为造成氧化炉结疤的因素有以下几个方面：（1）氧化炉结构设计存在不合理；（2）预防结疤及除疤措施不够合理有效；（3）氧化炉材质不能耐受长时间的高温氧化腐蚀和冲刷，造成运行过程中炉内结构及几何尺寸的变化。

由于氧化炉反应器内高温、快速、强氧化和强腐蚀气氛给测试技术增加了很多困难，目前的实验测试方法和手段还无法很好地直接跟踪测量粒子的形态变化，所以前人通过冷模实验研究了氧化反应器内四氯化钛径向射流混合特征。氧化反应器的结构参数及操作条件对反应器内气流的混合状态产生显著作用，四氯化钛的喷射进料非常关键，因为它涉及能否实现氧气和 TiCl₄ 快速、均匀地混合，而反应器中气流的分布直接影响反应物料的停留时间、浓度分布等，进而影响到反应器结疤的状况。

工业反应器采用了周向环缝射流的进料环。图 13-53 给出了工业反应器射流与主流初始混合区域的径向浓度分布。C、C_m 分别为取样点处示踪气体浓度和截面上示踪气体的面积平均浓度，C/C_m 称为 TiCl₄ 集中系数；R 为反应器的半径。

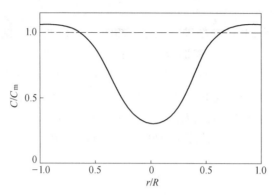

图 13-53　工业反应器初始混合区的 $TiCl_4$ 集中系数[69,70]

图 13-53 表明采用环缝结构时，该反应器射流在管截面上的初始分布很不均匀，$TiCl_4$ 在反应器壁附近的浓度最大，$TiCl_4$ 集中系数明显大于 1，而反应器中心的浓度最小，据此可描绘出径向射流在管内的流动状况[69,70]。根据工业反应器内的结构参数和操作条件，本实验对 $TiCl_4$ 射流的速度及与高温氧气流的动量比进行了计算，结果见表 13-8。

表 13-8　氧化反应器内流体速度及动量比的计算

原料	流量/kmol·h⁻¹	温度/K	压力/kPa	密度/kg·m⁻³	流速/m·s⁻¹	动量/kg·(m·s²)⁻¹	动量比
$TiCl_4$	26.84	773	391.3	11.57	24.37	6871.39	4.14
O_2	27.19	1198	433.3	1.39	35.56	1660.21	

在射流混合过程中，物料混合起因于分子扩散、湍流扩散和对流扩散，在氧化反应器中这三种作用同时存在，$TiCl_4$ 射流通过对流扩散分布到轴向气流中，形成较大尺度的宏观混合气流；再经过湍流扩散，分裂成更小尺度的气体微团，最终通过分子扩散达到分子尺度的微观混合。对流扩散主要取决于射流在轴向气流中的穿透能力，射流的穿透能力影响射流体在轴向流体中的初始分布[71]。计算结果表明射流 $TiCl_4$ 的速度明显低于轴向流体，且二者的动力比也只有 4.14，这就造成了错流射流体在轴向流内的较低穿透率。过去大量冷态实验也发现在初始混合区域，射流通过对流扩散分布到轴向气流中，但由于低穿透率反应器内形成了较大尺度的宏观逆流气团，延长了反应产物在反应器内的停留时间，而且由于氧化过程采用过氧操作，所以就可能导致在反应器壁附近生成的 TiO_2 颗粒具有较高的过饱和度，并且由于非均相成核及吸附作用，导致结疤的生成和加重。

13.5.3.2　解决结疤物生成的对策

氧化反应器的结构是氧化反应器设计成功与否的关键。反应器中气流的分布将直接影响反应物料的停留时间分布、浓度分布、温度和压强分布等，并进而影响到反应产物的性能。与此同时，反应器的结构参数、反应气流混合特征的改善必然有利于预防结疤的生成。一般意义上讲，钛白氧化反应器有以下几部分组成：高温氧入口、二次氧入口、$TiCl_4$ 气体入口、气体分布装置、反应室、除疤装置（多种方式）、冷却装置（直冷、间冷）以及氧气预热装置（多种）等。为了获得最佳混合效果，得到粒度与晶型均一的产品，氧化反应器结构形式的设计以及反应器内气流分布规律的研究非常重要。目前国际上氧化反应装置的发展方向是：

（1）氧化反应器向高温、高压发展。随着对产品质量要求和对反应器产能要求的提高，反应器的设计日益向高温与高压方向发展，高温高压反应器能够更准确地控制粒子大小和粒度分布，较少结疤并提高单机产能。

（2）$TiCl_4$ 多点加入。主要是利用 $TiCl_4$ 与氧气反应的放热原理，先用一部分 $TiCl_4$ 与氧气进行反应，利用反应的生成热来加热 $TiCl_4$，这样通过特殊的进料设计，$TiCl_4$ 的预热温度可以降低，从而起到节省费用的目的。

（3）使用"气幕 + 喷盐"防疤措施。目前国外多数工厂均使用"气幕 + 喷盐"的防疤措施，即使用氧化尾气、氯气或氮气在 $TiCl_4$ 进料位置（混合区）及后续反应区高速切向进入反应器，在反应器内壁形成气幕，以隔离反应产物固体 TiO_2 与反应气内壁，防止结疤；同时在反应区进行喷盐进行吹扫，除去结疤；在冷却区进行喷盐去除结疤和进行急冷，目前最常使用的盐是 NaCl，因为 NaCl 在水洗工序溶解在洗涤水中与物料进行分离，不需要使用额外的分离措施。

（4）流态化 $AlCl_3$ 发生器。使用流态化 $AlCl_3$ 发生器，Al 粉反应更完全，从而颜料 TiO_2 中 Al_2O_3 的量更易于控制。

传统的设计思想认为，反应器应该是反应区内径向浓度均匀分布的湍流反应器，这样可以达到最佳的混合效果和反应效果，气体浓度在反应器截面上分布越均匀，对反应过程越有利。但是，针对钛白氧化反应器容易结疤的特点，认为新型氧化反应器应该为反应区内径向浓度不均匀分布的湍流反应器。结合研究结果及文献报道，认为通过选择径向浓度分布不均匀的气流分布方式，例如，采用壁面浓度低、中心浓度高的气体分布方式，反应将集中在反应器中心部分进行，避免了在器壁附近存在较高浓度的反应产物，因为器壁附近的高浓度反应产物容易造成反应器壁的结疤现象。提出的防止和消除结疤的有效途径包括：一方面，提高射流气体的速度和穿透率，减小流体初始微团尺寸，降低反应气体的附壁效应，减少高温反应气流与反应器壁的接触，从而降低二氧化钛前驱体在反应器壁附近的过饱和度和停留时间。另一方面，加速反应器壁的冷却，在反应器内形成较大的温度梯度，从而避免或减少结疤烧结层的生成，以便于除疤。另外，可以采用气膜在器壁与高温反应区之间建立一个不含 TiO_2 的气体屏障，气膜除阻止 TiO_2 抵达壁面外，还可以降低壁温以减少对 TiO_2 的黏附力。设计的新型氧化反应器已申请了国家专利（授权号 ZL20041009714.5）[78]。

13.6 结 论

通过对 $TiCl_4$ 高温气相氧化过程相关热力学、动力学，反应操作条件以及晶型转化剂对钛白产物粒度、形貌和晶型的影响以及反应器结疤过程的研究，得出的主要结论如下：

（1）Ti – Al – Cl – O 四元系的热化学特性是氯化法钛白氧化工艺的理论基础。反应条件对 $TiCl_4$ 及 $AlCl_3$ 平衡转化率的影响规律为指导工业生产奠定了理论基础。

（2）晶型转化剂的平衡产物以 $Al_2O_3 \cdot TiO_2$ 固溶体为主，且其平衡转化率在 1300℃ 以上随着温度的升高迅速降低，为分析钛白粉的晶型转化机理提供了条件。

（3）对 $TiCl_4$ 氧化过程的动力学过程进行了计算分析，考察了反应条件温度和 $TiCl_4$ 流量对反应速率的影响，得出了 $TiCl_4$ 气相氧化反应的表观活化能和频率因子，求得了氧化过程的动力学方程。采用作图法和最小二乘法求得的反应表观活化能分别为 97.390kJ/mol 和 80.01kJ/mol，频率因子分别为 $1.0487 \times 10^4 s^{-1}$ 和 $2.09 \times 10^2 mg/(Pa^2 \cdot min)$。反应动力学方程为：

$$r_X = 1.0487 \times 10^4 e^{\frac{-97390}{RT}} C_{TiCl_4}$$

$$r_X = 2.09 \times 10^2 e^{\frac{-80060}{RT}} P_{TiCl_4}^{1.05} P_{O_2}^{0.11}$$

（4）我国氯化法钛白生产的钛白粉产物的颗粒表面光滑，趋于圆整，其粒度、粒度分布等指标已达到 R-902 的实物水平，但同一生产周期内半产品晶型转化率指标还存在着不稳定性并且低于杜邦 R-902 的水平。

（5）在气相法制备钛白粉过程中，操作条件对粒子的粒度、形貌、晶型等有一定的影响规律。产品粒度随反应炉温度升高先降低后增加，随氧气预热炉温度的增加而降低，随氧气流量的增加而增加；在不添加晶型转化剂的情况下，产物晶型受反应条件的影响较小；通过强化反应器尾部冷却等措施可控制产品粒径。

（6）不添加晶型转化剂时，钛白颗粒为多边体结构，添加 AlCl₃ 后粒子变得圆整，形成包覆结构。添加晶型转化剂 3% 时，TiO₂ 成品颗粒中金红石含量约为 95%。EDS 检测到钛白颗粒表面和核心均有 Al 元素存在，AlCl₃ 起到了晶型转化和成核的作用。

（7）TiCl₄ 氧化反应器结疤严重，是影响氯化法工业连续生产钛白的主要因素。SEM 分析表明，二氧化钛结疤物分层，且厚度不等，基本由堆结层、板结层和烧结层构成。XRD 分析表明颗粒堆结层主要为金红石型二氧化钛，烧结层为锐钛型二氧化钛。

（8）结疤物内外层晶型的差异是由两层结疤物所处环境的温度的区别以及由此引起的晶型转化剂转化率的差别造成的。氧化反应器内温度梯度是晶型转化的必要推动力。

（9）反应区不同位置的结疤物形貌差别明显。在反应区前端处形成薄膜，而在反应区尾部形成较粗糙且结构松散的疤粒。反应器不同位置的结疤机制可用成核与成膜机理进行解释。反应最激烈的地方是结疤最严重的区段，避免反应器在高温反应区的结疤是解决氧化反应器结疤问题的关键。

（10）射流混合初始区域的浓度场分布表明结疤物的形成主要与反应器内射流 TiCl₄ 的低穿透率造成其附壁效应加强和形成的大尺度气团有关，即器壁附近存在高浓度 TiCl₄ 及其长停留时间可能是导致结疤的主要原因。从改变射流 TiCl₄ 的流体力学性质，加强反应器壁的降温和采用气膜保护等方面提出了预防结疤生成的新思路。

符 号 表

A	指前因子（s^{-1}）
$\alpha_{D,j}$	独立组元中第 i 种元素的原子数
$\alpha_{D,i}$	非独立组元中第 i 种元素的原子数
α_k	组元 k 的活度
C_i	反应物进口浓度（mol/L）
C_o	反应物出口浓度（mol/L）
C_X	反应物 X 的浓度（mol/L）

d	钛白产物平均粒径（nm）
E_a	反应活化能（J/mol）
G	Gibbs 自由能（J/mol）
k	反应速率常数
N_k	体系总组元数
N_X	组分 X 的摩尔数
P_{TiCl_4}	$TiCl_4$ 气体分压（Pa）
P_{O_2}	O_2 气体分压（Pa）
Q_{X_0}	组分 X 进入反应器的流量（mol/s）
Q_X	组分 X 流出反应器的流量（mol/s）
R	气体常数（J/(mol·K)）
R_N	成核速率
R_G	长大速率
r_X	反应物 X 的反应速率（mol/s）
SS	过饱和度
T	绝对温度（K）
t	反应物在反应器中的停留时间（s）
μ	化学位（J/mol）
μ_k^0	组元 k 的生成自由能（J/mol）
V	反应器体积（L）
V_{TiO_2}	TiO_2 的摩尔体积（cm^3/mol）
v	气体流速（L/s）
m	气体 $TiCl_4$ 反应分级数
n	气体 O_2 反应分级数
σ	TiO_2 颗粒的表面能（erg/cm^2）
Δf_r	生成单位体积 TiO_2 时自有能的变化
λ_i	Lagrange 不定因子

参 考 文 献

[1] 袁章福，徐聪，郑少华，等. 攀枝花钛资源综合利用的新思路 [J]. 现代化工，2003，23（5）：1～8.

[2] 莫畏，邓国珠，罗方承. 钛冶金 [M]. 北京：冶金工业出版社，1998.

[3] 孙康. 钛提取冶金物理化学 [M]. 北京：冶金工业出版社，2001.

[4] 李东英. 我国的钛工业 [J]. 有色冶炼，2000，29（3）：1～6.

[5] 周廉. 我国钛工业的形势与任务 [J]. 钛工业进展，2002，107（4）：7～12.

[6] 王志，袁章福，郭占成. 金属钛生产工艺的研究进展 [J]. 过程工程学报，2004，4（1）：90～96.

[7] 王志，袁章福. 中国钛资源综合利用技术现状与新进展 [J]. 化工进展，2004，23（4）：349～352.

[8] 王志，袁章福，郭占成. 熔盐电解法直接制备钛合金新工艺探讨 [J]. 有色金属（季刊），2003，55（4）：32～34.

[9] 邓国珠. 世界钛资源及其开发利用现状 [J]. 钛工业进展，2002，14（5）：9～12.

[10] Chen Z, Fray D J, Farthing T W. Direct Electrochemical Reduction to Titanium in Molten Calcium [J]. Nature, 2000, 407 (21): 361~364.

[11] 李文兵, 袁章福, 朱胜友, 等. 顺流串联流化床流动特性研究 [J]. 化工科技, 2003 (5): 15~19.

[12] 王中礼, 袁章福, 郭慕孙, 等. 用于含钛矿物氯化制备四氯化钛的装置和方法 [P]. 中国, CN03100110.6, 2003 - 1 - 3.

[13] 袁章福, 廖荣华, 胡鸿飞, 等. 一种分离铁和钛制备高钛渣的方法和装置 [P]. 中国, CN02129512.3, 2002 - 8 - 29.

[14] 王贻谦, 刘长河, 张清. 氯化法钛白引进设备运行及国产化 [J]. 钛工业进展, 2002, 14 (4): 1~6.

[15] 王志, 袁章福. 中国钛资源综合利用技术现状与新进展 [J]. 化工进展. 2004, 23 (4): 349~352.

[16] 邓国珠. 富钛料生产现状和今后的发展 [J]. 钛工业进展. 2000, 12 (4): 1~5.

[17] 王铁明. 制约我国钛渣生产和应用的原因与对策 [J]. 钛工业进展, 2002, 14 (1): 10~12.

[18] 邓国珠. 钛冶金的进展和发展方向探讨 [J]. 稀有金属, 2002, 26 (5): 391~396.

[19] 余文华, 邓君, 龚红军. 钛精矿火法富集及直接还原方法的评价 [J]. 攀钢技术, 2001, 24 (2): 25~29.

[20] Yang F, Hlavacek V. Recycling Titanium Form Ti-waste by a Low - temperature Extraction Process [J]. AIChE J, 2000, 46 (12): 2499~2503.

[21] Araki T, Ono T, Matsukata M, et al. Proc. 1st Int. Forum on Particle Technology, Denver, CO, 1994, 2: 281.

[22] Pratsinis S E. Flame Aerosol Synthesis of Ceramic Powders [J]. Prog Energy Combust Sci, 1998, 24: 197~219.

[23] Pratsinis S E, Vemury S. Particle Formation in Gases: A Review [J]. Powder Technology, 1996, 88: 267~273.

[24] Swihart M T. Vapor - phase Synthesis of Nanoparticles [J]. Current Opinion in Colloid and Interface Science, 2003, 8: 127~133.

[25] Bandyopadhyaya R, Lall A A, Friedlander K F. Aerosol Dynamics and the Synthesis of Fine Solid Particles [J]. Powder Technology, 2004, 139: 193~199.

[26] Kodas T T, Friedlander S K, Pratsinis S E. Ind Eng Chem Res, 1987, 26: 1999~2006.

[27] Xiong Yun, Pratsinis S E. Formation of Agglomerate Particles by Coagulation and Sintering-Part I, A Two-dimensional Solution of the Population Balance Equation [J]. Journal of Aerosol Science, 1993, 24 (3): 283~300.

[28] Xiong Yun, Pratsinis S E. Formation of Agglomerate Particles by Coagulation and Sintering-Part II, The evolution of the Morphology of Aerosol-made Titania, silica and silica-doped titania powders [J]. Journal of Aerosol Science, 1993, 24 (3): 301~313.

[29] Xiong Yun, Pratsinis S E. Modeling the Formation of boron Carbide Particles in an Aerosol Flow Reactor [J]. AIChE Journal, 1992, 38 (11): 1685~1692.

[30] Tsantilis S, Pratsinis S E. Evolution of Primary and Aggregate Particle-size Distribution by Coagulation and Sintering [J]. AIChE Journal, 2000, 46 (2): 407~415.

[31] Morooka S, Okubo T, Kusakabe K. Modification of Submicron Particles by Chemical Vapor Deposition in Fluidized Bed [J]. Powder Tech, 1990, 63: 105.

[32] 约翰 C. 毛焦尔, 阿兰 J. 莫里斯. 生产二氧化钛的方法和装置 [P]. 中国, CN97191153.3, 1998 - 11 - 18.

[33] 李春忠，丛德滋，吕志敏，等．氯化钛白氧化反应器 [P]．中国，CN00116465.1，2000．

[34] 张建达，李学舒，邱绪昌，等．等离子氯化法制备金红石型钛白粉 [P]．中国，CN91111900.0，1991．

[35] 林发承，赵维安，朱玉峰，等．四氯化钛氧化法钛白的粒度控制和氧化反应器参数选择 [J]．化工冶金，1984，5（1）：44～53．

[36] 许厚文，张森．气膜除疤氧化炉内流场的数值模拟 [J]．化工冶金，1988，9（3）：1～6．

[37] 许厚文．等离子氯化法钛白反应过程数学模型的建立 [J]．化工冶金，1986，7（3）：1～12．

[38] 赵维安，刘洲林，白春沛，等．钛白反应器气流混合模化实验 [J]．化工冶金，1987，8（1）：64～75．

[39] 赵维安．管式反应器气相初始混合最佳条件的实验研究 [J]．化学工程，1991，19（4）：31～36．

[40] 李晋林，朱玉峰，马兵，等．三氯化铝在氯化法钛白工艺中晶型转化机理的研究 [J]．化工冶金，1990，11（2）：95～99．

[41] 施利毅，李春忠，陈爱平，等．TiCl$_4$ 高温气相氧化合成纳米二氧化钛颗粒的研究 [J]．功能材料，2000，31（6）：622～627．

[42] 孙元智，许厚文．氯化法钛白高速气流喷粒除疤氧化反应器 [P]．中国，CN93243693.5，1993．

[43] 孙元智，刘长河，张清，等．氯化法钛白喷粒除疤氧化反应器 [P]．中国，CN00243616.7，2000．

[44] 孙元智，黄鑫泉，刘长河，等．氯化法钛白喷粒除疤的氧化炉及其除疤方法 [P]．中国，CN01129318.7，2001．

[45] 吕志敏，李春忠，丛德滋，等．环形分布器气体的流动及气流均布 [J]．化学工程，2001，29（2）：26～30．

[46] 张曙明．氯化法钛白冷模实验研究 [J]．涂料工业，2000（5）：20～21．

[47] 张曙明．气流分布环中气体变质量流动及进气方式的探讨 [J]．化工设计，2002，12（1）：26～28．

[48] 吕志敏，李春忠，丛德滋，等．环形流道变质量流动的静压分布模型 [J]．华东理工大学学报，2001，27（6）：623～665．

[49] 吕志敏，李春忠，丛德滋．环形分布器内气流静压分布规律的近似理论分析 [J]．盐城工学院学报（自然科学版），2003，16（1）：1～4．

[50] 杨绪壮，袁章福，王志，等．氯化法钛白氧化反应器的设计技术 [J]．化工设计，2004，14（1）：5～10．

[51] 周峨，郑少华，袁章福，等．氯化法钛白氧化反应器结构分析与模拟 [J]．钛工业进展，2004，21（6）：35～39．

[52] 李晋林，朱玉峰，马兵，等．Ti－Al－O－Cl 四元系热力学平衡计算 [J]．化工冶金，1993，14（4）：305～309．

[53] Pratsinis S E，Bai H，Biswas P，et al. Kinetics of TiCl$_4$ Oxidation [J]．J Am Ceram Soc，1990，73：2158．

[54] Suyama Y，Kato A. TiO$_2$ Produced by Vapor-Phase Oxygenolysis of TiCl$_4$ [J]．J Am Ceram Soc，1976，59：146．

[55] Antipov I V，Koshunov B G，Gofman L M. Kinetics of the Reaction of Titanium Tetrachloride with Oxygen [J]．J Appl Chem USSR，1967，40：11．

[56] Mahawili I，Weinberg F J. A Study of Titanium Tetrachloride Oxidation in a Ratating Arc Plasama Jet [J]．AIChE Symoposium，1979，75：11．

[57] Toyama S，Nakamura M，Mori H，et al. The Production of Ultrafine Particles by Vapor Phase Oxiation from Chlorede [J]．Proc. 2nd Wld. Con.：Part. Tech. 1990，9：360．

[58] Kobata A, Kusakabe K, Morooka S. Growth and Transformation of TiO₂ Crystallites in Aerosol Reactor [J]. AIChE Journal, 1991, 37 (3): 347~359.

[59] Ghostagore R. Mechanism of Heterogeneous Deposition of Thin Film Rutile [J]. J Electrochem Soc, 1970, 117: 529.

[60] Timpone. A Method to Study the Oxidation Kinetics of Titanium Tetrachloride [J]. Case Western Reserve University, 1997: 12.

[61] 姚光辉, 胡黎明. 化学气相淀积 TiO₂ 超细颗粒过程的动力学研究 [J]. 化工冶金, 1993, 14 (2): 130~134.

[62] 王松, 胡黎明, 郑柏存, 等. 化学气相淀积反应器内 TiCl₄ 氧化反应动力学 [J]. 华东化工学院学报, 1992, 18 (4): 440~443.

[63] Akhtar M K, Pratsinis S E, Mastranglo V R. Vapor Phase Synthesis of Al-doped Titania Powders [J]. J Mater Res, 1994, 9 (5): 1241~1249.

[64] Akhtar M K, Xiong Y, Pratsinis S E. Vapor Synthesis of Titania Powder by Titanium Tetrachloride Oxidation [J]. AIChE Journal, 1991, 37 (10): 1561~1570.

[65] Hee Dong Jang, Seong-Kil Kim. Controlled Synthesis of Titanium Dioxide Nanoparticles in a Modified Diffusion Flame Reactor [J]. Materials Research Bulletin, 2001, 36: 627~637.

[66] Liyi Shi, Chunzhong Li, Aiping Chen, et al. Morphology and Structure of Nanosized TiO₂ Particles Synthesized by Gas-phase Reaction [J]. Materials Chemistry and Physics, 2000, 66: 51~57.

[67] 施利毅, 李春忠, 房鼎业. 气相氧化法制备超细 TiO₂ 粒子的研究进展 [J]. 材料导报, 1998, 12 (6): 23~26.

[68] 姜海波, 李春忠, 丛德滋, 等. 气相燃烧合成二氧化钛纳米颗粒 [J]. 中国粉体技术, 2001, 7 (2): 28~32.

[69] Wang Z, Yuan Z, Zhou E. Influence of temperature schedules on particle size and crystalline phase of titania synthesized by vapor-phase oxidation route [J]. Powder Technology, 2006, 170: 135~142.

[70] 朱以华, 陈爱平, 李春忠, 等. 化学气相合成 TiO₂ 过程中的冷壁凝结机理 [J]. 华东理工大学学报, 1999, 25 (4): 382~385.

[71] 姜海波, 李春忠, 吕志敏, 等. 氯化钛白氧化反应器壁结疤机理 [J]. 华东理工大学学报, 2001, 27 (2): 152~156.

[72] 吕志敏, 张曙明, 李春忠, 等. 气相氧化反应器内错流射流场数值模拟 [J]. 化学工程. 2003, 31 (4): 49~53.

[73] Yu J H, Kim S Y, Lee J S, et al. In-situ Obervation of Formation of Nanosized TiO₂ Powder in Chemical Vapor Condensation [J]. Nanostructured Materials, 1999, 12: 199~202.

[74] 吕志敏, 李春忠, 丛德滋. 氯化法制备钛白氧化反应器内射流混合特性研究 [J]. 化学工程, 2001, 29 (3): 25~29.

[75] 吕志敏, 李春忠, 丛德滋, 等. 环形分布器气体内气体变质量流动及压强分布规律 [J]. 华东理工大学学报, 2000, 26 (4): 362~366.

[76] Harnby N, Edwards M F, Nierow A W. 工业中的混合过程 [M]. 俞芷青, 王英琛, 译. 北京: 中国石化出版社, 1991: 199.

[77] Zhou E, Yuan Z, Wang Z, et al. Mechanism of Scaling on the Oxidation Reactor Wall in TiO₂ Synthesis by Chloride Process [J]. Transactions of Nonferrous Metals Society of China, 2006, 16: 426~431.

[78] 袁章福, 王志, 周峨, 等. 一种新型氧化反应器制备钛白的方法及其装置 [P]. 中国, ZL2004 10009714.5, 2009-4-15.